W0300838

»Eine der aufregendsten Entdeckungen der letzten Jahre«, schrieb die Presse zum Erscheinen des *Zeitbaums*. Friedrich Cramer stellt hier einen neuen, umfassenden Zeitbegriff vor, der den aktuellen Erkenntnissen in Physik, Chaostheorie, Kosmologie und Biologie Rechnung trägt. So ist ein Handbuch entstanden, das für den Wissenschaftler wie für den Laien gleichermaßen zum Lesen – und Nachschlagen dienen kann.
Es erscheint nicht mehr länger möglich, mit dem starren Newtonschen Zeitbegriff der Dauer zu operieren: Zeit ist de facto weder gleichförmig noch reversibel. In einer prozessualen Welt durchschreitet die Zeit selber die Systeme, prägt ihnen ihren Zeitmodus, ihre jeweilige Eigenzeit auf. Und doch hängen alle Eigenzeiten in einem einzigen Kosmos zusammen.
Für diesen Zusammenhang werden Begriff und Bild des ›Zeitbaums‹ vorgeschlagen: In einem evolvierenden Weltall evolviert die Zeit selber, auch die Zeit hat ihren Stammbaum genauso wie die Elementarteilchen, die Hauptreihensterne, die Mineralien und die Lebewesen.
Professor Dr. rer. nat. Friedrich Cramer, geboren 1923, von 1962 bis 1991 Direktor im Max-Planck-Institut für Experimentelle Medizin in Göttingen. Im Insel Verlag erschienen *Amazonas* (Novelle, 1991); *Die Natur der Schönheit. Zur Dynamik der schönen Formen* (zus. mit W. Kaempfer, 1992); *Chaos und Ordnung. Die komplexe Struktur des Lebendigen* (1993; liegt bereits als englischsprachige Ausgabe vor); eine Sammlung von Gedichten und Prosa: *Spiel der Synapsen* (1994) sowie seine Autobiographie *Kindheit, Jugend und Krieg* (1995).

insel taschenbuch 1849

Friedrich Cramer

Der Zeitbaum

Friedrich Cramer
Der Zeitbaum

Grundlegung einer allgemeinen Zeittheorie

Insel Verlag

insel taschenbuch 1849
Erste Auflage 1996
© Insel Verlag Frankfurt am Main und Leipzig 1993
Alle Rechte vorbehalten, insbesondere das der Übersetzung,
des öffentlichen Vortrags sowie der Übertragung
durch Rundfunk und Fernsehen, auch einzelner Teile.
Kein Teil des Werkes darf in irgendeiner Form
(durch Fotografie, Mikrofilm oder andere Verfahren)
ohne schriftliche Genehmigung des Verlages reproduziert
oder unter Verwendung elektronischer Systeme verarbeitet,
vervielfältigt oder verbreitet werden.
Hinweise zu dieser Ausgabe am Schluß des Bandes
Vertrieb durch den Suhrkamp Taschenbuch Verlag
Umschlag: Michael Hagemann
Druck: Nomos Verlagsgesellschaft, Baden-Baden
Printed in Germany

2 3 4 5 6 – 06 05 04 03 02 01

Inhalt

Vorwort 9
Einleitung: Die Zeit ist aus den Fugen 11

1. *Die Zeit im Denken – Zur Geschichte des Zeitbegriffs* 15

1.1 Zeitpfeil und Zeitkreis – die griechischen Philosophen 15
1.2 Aristoteles – Zeit des Werdens 23
1.3 Newton – die Zeit der Uhren 30
1.4 Entropie – in der Realität ist die Welt irreversibel 42
1.5 Anthropisches versus entropisches Prinzip . . 52
1.5.1 Noch einmal das entropische Prinzip 53
1.5.2 Das anthropische Prinzip 54
1.6 Relativität – die Beziehung von Raum und Zeit 59
1.6.1 Die zweifache Struktur der Zeit 61
1.6.2 Relativität und Prozessualität – Gleichzeitigkeit des Ungleichzeitigen 65
1.6.3 Vergangenheit, Gegenwart und Zukunft 67
1.6.4 Die Einheit von Zeit, Prozeß und Ereignis . . . 70
1.7 Quantenmechanik und Chaostheorie 73
1.7.1 Quantenmechanik – die Zeit im Mikrokosmos 75
1.7.1.1 Unschärfe – die Subjekt-Objekt-Beziehung . . 76
1.7.1.2 Komplementarität – Welle-Teilchen-Dualismus 77
1.7.1.3 Ganzheit – das Ganze ist mehr als die Summe der Teile 79
1.7.1.4 Die Geschichtlichkeit der Zeit 80
1.7.1.5 Zeitliche ›Erklärungen‹ verflüchtigen sich . . . 82

1.7.2 Chaos und Ordnung – Zeitsprünge im Makrokosmos 83
1.7.2.1 Was ist Chaos? 83
1.7.2.2 Bifurkationen 86
1.8 Kräfte und Vektoren 99
1.9 Felder 108
1.10 Der Zeitbaum 116

2. *Kosmische Zeit* 123

2.1 Ur-Ursprung und Mythos 123
2.2 Urknall – die Geschichtlichkeit der Materie . . 127
2.2.1 Der kosmologische Zeitbaum 128
2.2.2 Die ersten 3 Minuten – vom Knall zur Corona 133
2.2.3 Abkühlung – die Kaskade neuer Strukturen . 139
2.2.4 Der Zeitbaum der Sonnen – Geburt, Altern und Sterben von Sternen 145
2.3 Schwarze Löcher – geronnene Zeit 151
2.4 Synchronizität, Konvergenz und Resonanz – Mechanismen der Zeitverschränkung 159
2.4.1 Was geschieht wirklich? 160
2.4.2 Quantenmechanische Ganzheit 161
2.4.3 Resonanz 164
2.4.4 Synchronizität und Erfahrungshorizont 166
2.4.5 Konvergenz – Gestalt 172
2.5 Zeit und Raum bei Prigogine 182
2.6 Groß und klein – Punkte und Zeitpunkte . . . 189
2.7 Chemische Zeit 191
2.7.1 Radioaktivität 194
2.7.2 Zeit und Reaktion 199
2.7.3 Ökosysteme 201

3. *Lebenszeit* 213

3.1 Evolution – unser Stammbaum 213
3.1.1 Unser Stammbaum als Zeitbaum 214

3.1.2 Der Hyperzyklus 217
3.2 Ontogenese – der innere Stammbaum des Individuums 223
3.3 Biologische Uhren – Eigenzeit und Resonanz . 230
3.3.1 Biologische Kreisprozesse 231
3.3.2 Uhren 234
3.3.3 Resonanzen 236
3.3.4 Zeitbäume 238
3.4 Noch einmal: Groß und klein 247
3.5 Altern und Tod 253
3.6 Zeit der Liebe 257
3.7 Das Entstehen des Neuen 262

Anmerkungen 265
Register 275

Vorwort

45 Jahre experimenteller wissenschaftlicher Forschung[1] haben mich die *Offenheit*, die Unvollendbarkeit aller möglichen Konzepte gelehrt: Wissenschaft ist ein Prozeß. Im Grunde war mir das von Anfang an klar; als Dreißigjähriger hatte ich geschrieben:

> Man kann auf jedem Felde der Wissenschaft nur ein kleinstes Teilstückchen bearbeiten, und dennoch hofft und glaubt man, von einer Teilfrage her ausweitend und umgreifend schließlich die ganze Kenntnis gewinnen zu können. Endlich mag man zu einem Wissensstande gelangen, der es gestattet, manche Fakten zu einem Bilde zusammenzufügen. Aber waren die hierzu notwendigen Vereinfachungen erlaubt? Das Bild wird alsbald wieder trivial. Man sammelt von neuem, ergänzt, fügt zusammen und hofft auf ein vollständigeres Zusammenstimmen. Jene Polarität zwischen Synthese und Analyse, zwischen Experiment und Theorie, zwischen Handeln und Denken bewegt unsere experimentelle Wissenschaft.[2]

In der Routine des Forscheralltags, unter den Anforderungen der Organisation und Leitung eines großen Institutes, mußten solche theoretischen Überlegungen naturgemäß zurückstehen und auf weitere Ausarbeitung warten. Auch war zu bedenken, daß ich meine Studenten und Schüler notwendig nur mit einem Konzept von gewisser *Geschlossenheit* in unsere Wissenschaft einführen konnte, was auf mich selbst zurückwirken mußte. Je mehr ich dann in meiner Forschung in biochemisch-molekularbiologische Bereiche, in den letzten Jahren auch zu zellbiologischen Konzepten vorstieß, um so deutlicher wurde mir, daß das wissenschaftstheoretische Fundament der biologisch-medizinischen Wissenschaften, das sich doch noch weitgehend von der Klassischen Physik ableitete, einer Erneuerung bedurfte: *Evolution, Entstehung des Neuen, Leben, Tod finden in den klassischen Wissenschaftstheorien keinen Platz.*

In meinem Buch *Chaos und Ordnung – Die komplexe Struktur des Lebendigen* hatte ich 1988 den ersten Versuch unternommen, die dynamische, evolutive Struktur des Kosmos und des Lebens mit den Begriffen des »Deterministischen Chaos« zu verstehen.[3] »Chaos und Ordnung« war eher ein Konzept, und so hatte ich damals im Vorwort geschrieben: »Jedes der neun Kapitel könnte ein eigenes Buch abgeben, wenn ich die darin skizzierten Gedanken weiter ausführte. Vielleicht habe ich eines Tages Zeit dazu.« Fast scheint es, als könnte ich dieses Versprechen nach und nach einlösen: Mit dem 1992 erschienenen *Die Natur der Schönheit – Zur Dynamik der Schönen Formen* (mit Wolfgang Kaempfer)[4] sind die Gedanken des 6. Kapitels (»Die Welt ist harmonisch«) ausgearbeitet worden. Mit dem jetzt vorgestellten *Zeitbaum* greife ich auf die Kapitel 7 und 8 zurück (»Evolution – Idee oder Materie«, »Altern und Sterben – unsere Zeit«).

Freilich haben in der Zwischenzeit meine Gedanken über die evolvierende Zeit und über Eigenzeiten wesentliche Erweiterungen und Bereicherungen erfahren durch die Diskussion mit Wolfgang Kaempfer, die in einem 1990 gemeinsam publizierten Grundkonzept niedergelegt sind[5]; W. Kaempfer hat die doppelte Struktur der Zeit 1991 in *Die Zeit und die Uhren* vorgestellt.[6] Nach Erscheinen des vorliegenden Bandes, der den *Kosmos* und das *Leben* unter dem Aspekt des *Zeitbaumes* behandelt, wird ein weiterer Band von W. Kaempfer, *Die Zeit des Menschen*, die Reihe der Publikationen über die Zeit abschließen.[7]

Ich danke Frau Monika Welskop für die Hilfe bei der Herstellung des Manuskriptes. Und ohne den Rat und die Hilfe von Frau Deniz Kurtoglu wäre die Abfassung des Werkes nicht denkbar gewesen.

Göttingen, im August 1992 Friedrich Cramer

Einleitung: Die Zeit ist aus den Fugen

Die Zeit ist aus den Fugen, o verfluchte Schicksalstücken,
daß ich geboren ward, um sie zurechtzurücken![1]

So stöhnt Hamlet in Shakespeares gleichnamigem Drama, nachdem er mit dem Geist seines Vaters gesprochen und die schreckliche Mär erfahren hat von dessen Ermordung durch Onkel und Mutter, heimtückisch, beim Mittagsschlaf im Garten durch Einträufeln von Eibengift ins Ohr. »The time is out of joint«, heißt es im Original, sie ist ausgerenkt, geradezu aus der Gelenkpfanne gesprungen wie ein Schultergelenk: eine Schulterluxation, daher ist das Bild genommen, und Hamlet soll die Zeit wieder einrenken, den dislozierten Kugelkopf des Oberarms wieder in die Schulterpfanne relozieren – wie man medizinisch sagt. Hamlet soll die Rolle des Chirurgen übernehmen, damit der durch das *ungeheure Ereignis* gestörte Zeitstrom wieder seinen ruhigen Gang nehmen kann, damit die Bewegungen von Arm, Hand und Fingern gleichmäßig, sanft, harmonisch zum Wohle des ganzen Körpers funktionieren. Das Bild der ausgerenkten Schulter, das dem Meister Shakespeare wohlvertraut war, wenn Mitglieder seiner Schauspielertruppe bei ihren akrobatischen Akten ausrutschten oder stürzten, dient ihm hier zur Charakterisierung des Zeitmodus oder besser der Zeitmodi. Denn offenbar gibt es zwei Formen der Zeit, die zurechtgerückte, glatt verlaufende und darum völlig unbemerkt bleibende Zeit und die ausgerenkte Zeit, die aus den Fugen ist. Wie man weiß, gelingt es Hamlet nicht, »die Zeit zurechtzurücken«: Er und fast alle Hauptcharaktere des Dramas sind am Ende tot, auch die arme, unschuldige, *entrückte* Ophelia, und doch:

> Umbalsamt, meine Liebe, bist du, bist umtaut
> von *frischer Zeit* – kein Tod, dich fortzuschwemmen.[2]

Was also ist die Zeit? Sie fließt scheinbar gleichmäßig dahin, so daß man sie nicht merkt. Sie springt schmerzhaft aus den Gelenken und sie erneuert sich, sie wird »frische Zeit«.

> Nicht Angst, mir eigen, nicht der weltenweiten
> Wahrträume Sinn für Dinge, die da kommen, kann
> ermessen meiner Liebe Fristen oder Zeiten,
> *entgrenzt* und *unverwirkt* ist sie, in niemands Bann.[2]

Eine Zeit also, die »entgrenzt der Liebe Fristen oder Zeiten«, die diese Fristen unmeßbar macht. Was also gibt es für Zeiten? Gibt es *eine* Zeit, gibt es *viele* Zeiten? Wie hängen sie dann miteinander zusammen?

> Was also ist die Zeit? Wenn mich niemand darüber fragt, so weiß ich es; wenn ich es aber jemandem auf seine Frage erklären möchte, so weiß ich es nicht. Das jedoch kann ich zuversichtlich sagen: Ich weiß, daß es keine vergangene Zeit gäbe, wenn nichts vorüberginge, keine zukünftige, wenn nichts da wäre. Wie sind aber nun jene beiden Zeiten Vergangenheit und Zukunft, da jedoch die Gegenwart nicht mehr ist, und die Zukunft noch nicht ist?

Das fragt Augustinus.[3] Es scheint klar, daß es *die Zeit* als einheitliches Maß für den Lauf der Gestirne oder das Ticken einer Quarzuhr einerseits und für Geburt, Liebe, das Entstehen eines Kunstwerkes oder das Sterben andererseits nicht gibt. Und doch treibt alles in einem großen Zeitstrom dahin.

Im folgenden wird der Versuch unternommen, den Gang der Zeit in den verschiedenen Systemen aufzuspüren und zu charakterisieren, um schließlich die verschiedenen Systeme bzw. deren Zeitmodi miteinander in Verbindung bringen zu können. Dabei wird sich herausstellen, daß auch die Zeit sich in der *prozessualen* Welt entfaltet, daß die Zeit evolviert, sich differenziert, sich spezialisiert, kurz daß sie einen Evolutionsbaum bildet, mit dem sich ihre Struktur charakterisieren läßt und der *Zeitbaum* genannt werden soll.[4]

1. Die Zeit im Denken – Zur Geschichte des Zeitbegriffs

1.1 Zeitpfeil und Zeitkreis – die griechischen Philosophen

Nun aber nehmen wir [durch unsere Sinne] wahr Tag und Nacht und auch die Monate und die Jahresumläufe und haben so durch dies alles die Zahl sowie den Begriff der Zeit empfangen und sind zur Untersuchung über die Natur des Alls angeregt worden [...] Wir müssen als die wahre Ursache erkennen, daß Gott die Sehkraft für uns erfunden und uns verliehen hat, damit wir die Umläufe der Vernunft im Weltgebäude betrachten und sie auf die Kreisbewegungen unseres eigenen Nachdenkens anwenden könnten, welche jenen verwandt sind, soweit es das Durchschütterte mit dem Unerschütterlichen sein kann, und damit wir nach ihrer genauen Durchforschung und nachdem uns die Berechnung ihres richtigen Ganges, wie er ihrem Wesen entspricht, gelungen, in Nachahmung der von allem Irrsal freien Umkreisungen des Gottes die in uns selber ordneten. [...] Und die Sprache ist zu diesem gleichen Zwecke bestimmt und trägt den größten Teil dazu bei, wie auch die musikalische Anwendung der Stimme uns verliehen ist, um neben dem Gehöre die Harmonie uns zugänglich zu machen. Die Harmonie aber, welche mit den Umkreisungen der Seele in uns verwandte Umläufe hat, erscheint dem, welcher vernunftgemäß des Umgangs mit den Musen pflegt, nicht als zu einem bloßen vernunftlosen Vergnügen, wie man sie jetzt ansieht, bestimmt; sondern sie ist uns von den Musen als Helferin verliehen, um den in Zwiespalt geratenen Umlauf der Seele in uns zur Ordnung und Übereinstimmung mit sich selber zurückzuführen.[5]

Mit dem Beginn der abendländischen Philosophie im alten Griechenland hat das Nachdenken über die Zeit angefangen. Ja, man kann behaupten, daß Philosophie von Anbeginn ein

Philosophieren über die Zeit war, wenn Platon sagt, daß wir durch die Vermittlung der Gestirne »die Zahl sowie den Begriff der Zeit empfangen haben und [...] zur Untersuchung über die Natur des Alls angeregt worden« sind. Die ältesten erhaltenen Fragmente der Vorsokratiker, noch 150 Jahre vor Platon, haben als wesentliches Thema den Zeitbegriff. Und bereits hier ist das, was der *Doppelcharakter der Zeit* genannt werden soll, bereits klar ausgesprochen. Wenn Heraklit aus Ephesus (ca. 500 v. Chr.) sagt: »Es ist unmöglich, zweimal in denselben Fluß hineinzusteigen«[6], so meint er mit diesem Bilde, daß es keine identischen Wiederholungen gibt, daß Ereignisse nicht reproduzierbar sind. Denn wenn ich am nächsten Tage an derselben Stelle des Flusses ins Wasser steige, so ist es eben nicht mehr dasselbe Wasser, nicht einmal mehr dasselbe Flußbett und derselbe Ufersand. Und auch ich habe mich verändert, bin einen Tag älter geworden und habe zusätzliche Erfahrungen gewonnen, z. B. die des Badens am vergangenen Tage. Heraklit spricht hier gleichnishaft den irreversiblen Charakter der Zeit an, den *Zeitpfeil.*

Der nach Thales wahrscheinlich älteste bekannte griechische Philosoph Anaximander aus Milet (geboren 610 v. Chr.) hat eine andere Auffassung von Zeit, von der sich Platons kreisförmige Ordnung im Timaios ableiten könnte. Anaximander sagt: »Aus welchen [seienden Dingen] die seienden Dinge ihr Entstehen haben, dorthin findet auch ihr Vergehen statt, wie es in Ordnung ist, denn sie leisten einander Recht und Strafe für das Unrecht, gemäß der zeitlichen Ordnung.«[6] Es gibt nur dieses eine Fragment von Anaximander und es ist der erste authentisch niedergeschriebene philosophische Satz abendländischer Geschichte. Was meint Anaximander? In der Sprache des archaischen Urteils wird ein erstes ›Naturgesetz‹ formuliert. Man darf annehmen, daß Anaximander als Schüler des Thales (von dem freilich nur indirekte Äußerungen überliefert sind) die Natur als polar auffaßte, als einen Gegensatz zwischen »trocken« und »feucht«, zwischen

»warm« und »kalt«, der einerseits auf Ausgleich drängt, andererseits sich immer wieder polarisiert. Thales – von dem übrigens der mathematische Satz stammt, an den so mancher sich aus seinem Geometrieunterricht in der Schule noch erinnern wird – lehrte, daß der Ursprung der Welt und ihr Urelement das Wasser sei, aus dem eben in der Polarität zwischen trocken und feucht alles andere entstanden sei und weiterhin entstehe. Diesen Gedanken nimmt Anaximander auf und kleidet ihn in die Form eines archaischen Urteils. In etwas freierer Übersetzung ließe sich sagen: »Woraus immer ein Ding, eine Sache, ein Zustand entsteht, dorthin kehrt es naturgesetzlich wieder zurück. Der Prozeß des Ablösens oder Erscheinens ist reversibel. Anfang und Ende gehören zusammen, das Ding kann seinen Ursprung nicht vergessen und kehrt in einer zyklischen Bewegung wieder in ihn zurück, mit anderen Worten: alles kreist, ist rückgekoppelt, ist reversibel.« Das ist das zweite (in der Chronologie vielleicht das erste) Zeitkonzept. Bereits zu Beginn des Philosophierens über Zeit ist also die Schwierigkeit eines einheitlichen Zeitkonzepts zutage getreten. Denn offensichtlich haben beide Betrachtungsweisen, die des *Zeitkreises* und die des *Zeitpfeiles*, etwas für sich.

Parmenides, ein anderer klassischer Vordenker der Philosophie, lebte um 500 v. Chr. in Elea im seinerzeit griechischen Unteritalien. Von ihm ist ein großes, in Gedichtform verfaßtes Fragment überliefert. Er sagt über das Seiende: »Denn welche Herkunft für es wirst du untersuchen wollen? Wie, woher wäre es gewachsen? Ich werde nicht gutheißen, daß du sagst oder gar verstehst: ›aus Nichtseiendem‹. Denn welche Verbindlichkeit könnte es dazu veranlaßt haben, vom Nichts anfangend, sich an einem späteren oder früheren Zeitpunkt zu entwickeln? Also ist es unumgänglich, daß es entweder ganz und gar ist oder überhaupt nicht.« Damit erteilt Parmenides einem prozessualen und evolutiven Weltbild, wie wir es uns heute vorstellen, eine klare Absage. Die Welt ist, und damit Punkt. Und so läuft natürlich alles in sich zurück, die Zeit dieser Welt ist zyklisch. Hören wir weiter, was Parmenides zu sagen hat:

> Wie könnte dann Seiendes zugrunde gehen, wie könnte es entstehen? Denn entstand es, so war es vorher nicht und ebensowenig, wenn es *erst in Zukunft* einmal sein sollte. Also ist Entstehen ausgelöscht und unerfahrbar Zerstörung.
>
> Auch teilbar ist das Seiende nicht, weil es als Ganzheit existiert. Und es gibt nicht etwa hier oder da ein stärkeres oder schwächeres Sein, das seinen Zusammenhang hindern könnte; es ist vielmehr ganz von innen, von Seiendem erfüllt. Darum ist es ganz zusammenhängend; denn Seiendes stößt dicht an Seiendes.
>
> Aber unbeweglich – unveränderlich liegt es in den Grenzen gewaltiger Bande ohne Ursprung, ohne Aufhören; denn Entstehen und Vergehen wurden weit in die Ferne verschlagen, es verstieß sie die wahre Verläßlichkeit. Bei sich selbst und als dasselbe und in sich selbst verharrend ruht es in sich und verharrt standhaft an Ort und Stelle. Denn die machtvolle Notwendigkeit hält es in den Banden der Grenze, die es ringsum umschließt, weil das Seiende nicht ohne Abschluß sein darf; denn es ist nirgendwo mangelhaft, fehlte ihm aber irgend etwas, so würde es ihm an Ganzheit mangeln.[6]

Was will uns Parmenides sagen? Nur ein Gegenstand oder ein Prozeß, von dem wir sagen können, daß *er* oder *es ist*, *ist wirklich*. Wenn wir von etwas behaupten, *es war* oder *es wird sein*, dann ist es nicht wirklich und für uns irrelevant. Die wahre Welt ist eine Welt der Dauer, der Reversibilität, die Welt, die später Newton physikalisch konstruieren wird.

Es ist gewiß nicht zufällig, daß Zenon, ein Schüler des Parmenides, der um 460 wirkte, sich in seinen berühmten Paradoxa über die Bewegung, über den Zeitpfeil, man darf schon sagen, lustig machte. Das Denken des Parmenides und seiner Schule geht ja von der Überzeugung aus, daß jede Veränderung, auch jede mechanische Bewegung, die wir in der Welt wahrnehmen, nur ein unerheblicher Schein sei, den wir uns vorspiegeln. Das wahrhaft Seiende ist unveränderlich, vergeht nicht, entsteht nicht, teilt sich nicht, ist ungeworden. Es ist eins und unteilbar, und nur auf dieses *Eine* kann sich unser Denken richten; dies ist ein absolut statisches Denken. Und hier das Paradox des Zenon: Man stelle sich einen fliegenden Pfeil vor, z. B. auch den *Zeitpfeil*. In jedem Augenblick nimmt der Schaft des Pfeiles einen Raumbereich ein, der genau seiner Länge entspricht. Offenbar hat er keinen Raum, sich zu bewegen. Er kann sich gar nicht bewegen. Was wir als Flug des Pfeils wahrnehmen, ist ein bloßes Spiel der Sinne. Das Paradoxon besteht darin, daß die Logik der Argumentation einwandfrei erscheint, daß aber andererseits die Zuverlässigkeit der Sinneseindrücke, die wir vom aktuellen Flug des Pfeiles haben, dem nicht entspricht. Wer hat nun recht? Die Logik oder die Sinneseindrücke. Die Schule von Elea entscheidet sich für die Logik und die Dauer des Absoluten.

Ähnlich ist das Beispiel von Achilles und der Schildkröte, das wahrscheinlich nicht von Zenon selber stammt, aber analog argumentiert.

> Achilles und die Schildkröte wollen über hundert Meter um die Wette laufen. Achilles, seines Sieges sicher, gibt der Schildkröte eine Vorgabe von zehn Metern. Der Wettlauf beginnt. Nach ein paar Sprüngen hat Achilles den Punkt erreicht, an dem die Schildkröte startete. Die Schildkröte ist nur noch einen Meter vor Achilles. Im nächsten Augenblick wird Achilles diesen Punkt erreicht und die Schildkröte eingeholt haben? Aber in diesem kurzen Augenblick ist die Schildkröte wieder ein kleines Stückchen weitergekommen, so daß Achilles wieder nur ein kleines Stückchen hinter ihr ist undsofort. Er wird sie nie ganz einholen, sozusagen erst im Unendlichen.[7]

Wir, die wir auf Bewegung in der Zeit fixiert sind, die wir unseren Sinneserfahrungen trauen, empfinden diese Geschichte als unsinnig. Es ist eine Aporie, ein unlösbarer Widerspruch zwischen Logik und Anschauung.

Auf den ersten Blick scheint es uns undenkbar, daß von einer Philosophie, die so radikal die Realität der empirischen Welt leugnet, überhaupt ein denkerischer Einfluß auf diejenige Wissenschaft ausgegangen sein könnte, die gerade diese Welt der Bewegungen, nämlich die Physik, zum Gegenstand ihrer Untersuchung hat. Und doch wirkt diese Philosophie des Absoluten, der Statik, bis in unsere Tage. Daraus leitet sich das leidenschaftliche Streben der klassischen und auch der modernen Physik ab, hinter der Veränderlichkeit der Erscheinungen das unveränderlich Bleibende zu erkennen und nachzuweisen, zu zeigen, daß überall dort, wo das unbefangene Denken Entstehen und Vergehen festzustellen glaubt, sich in gewissem Sinne doch nichts verändert hat. Diesem Streben dienen die Erhaltungsgesetze für Materie, für Impuls, für Energie, der 1. Hauptsatz der Thermodynamik, die Einsteinsche Formel und die Suche nach der *Weltformel*. Denn eine solche kann notwendigerweise nur statisch sein.[8] Jede wirklich kausale Erklärung der Natur muß in der Reduktion auf eine unveränderliche Identität bestehen. Entweder besteht diese Identität, das ist das unveränderliche *eine Seiende*, und dann gibt es *kausale Erklärungen*, oder die Welt ist ein Prozeß, auch das eine *Seiende ist Veränderungen unterworfen* und dann gibt es *keine Kausalität*. Wir müssen uns aufgrund der wissenschaftlichen Erkenntnisse der letzten 50 Jahre für die letztere Auffassung entscheiden und brechen damit eindeutig mit einer 2500 Jahre alten Denktradition. Davon wird später noch ausführlich die Rede sein.

Platon, der von 428 bis 348 v. Chr. in Athen lebte und an der von ihm 380 v. Chr. gegründeten berühmten Akademie lehrte, gibt die erste große Zusammenschau des Denkens und Wissens seiner Zeit, wobei er seine Gedanken und die des Sokrates (der selber nichts aufgezeichnet hat) zusammenfaßte. Die Mathematisierung der Wissenschaft geht von ihm aus. Nach ihm sind die Dinge, die wir wahrnehmen, nur unvollständige Kopien, Imitationen oder Spiegelungen idealer

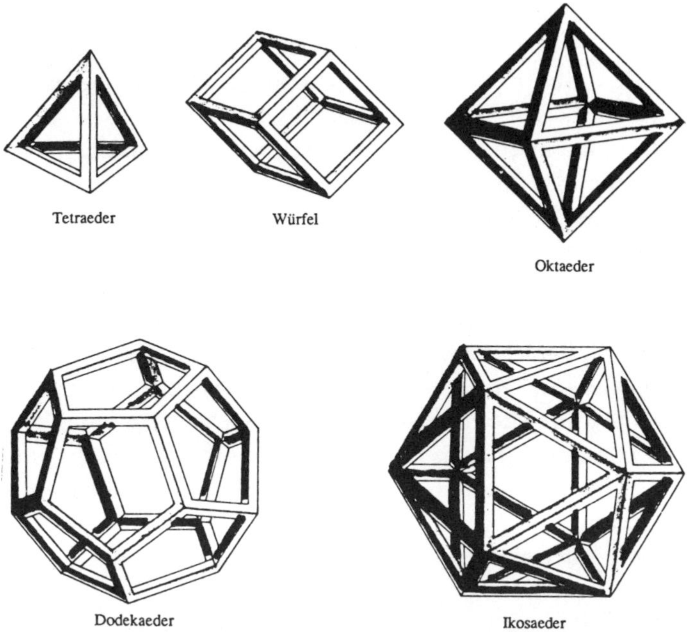

Abb. 1.1 Die fünf platonischen Körper. Sie sind zeitlos. Zeit ist ein Trugbild. Nach Platon repäsentieren diese Körper die Beziehungen in der Welt.

Formen oder Ideen, die in einer übersinnlichen Welt außerhalb von Raum und Zeit ein selbständiges, nur durch das reine Denken annähernd erfaßbares Dasein führen. Es sind dies die ewigen Muster und Vorbilder, die wir nie vollständig erfassen können, die aber dennoch reale Bedeutung haben. Am ehesten scheinen diese Ideen in den zeitlosen Formen der Geometrie ausgedrückt, am reinsten in den sogenannten platonischen Körpern.

Auch die reinsten Körper, eben die platonischen, können von unseren Sinnen nur zeitlich wahrgenommen werden, und deshalb ist jede reale Repräsentation dieser Grundfiguren eine gewisse Verfälschung. Die moderne Physik drückt das, was unsere Sinne als physische Beziehungen wahrnehmen, in mathematischen Symbolen aus: Auch das stammt von Platon. In der platonischen Struktur der modernen Physik wird die Zeit oft für eine geistige Vorstellung gehalten, die in der wirklichen Welt keine Entsprechung hat.[9]

Die platonischen Körper repräsentieren im einzelnen: das Tetraeder das Feuer, der Würfel die Erde, das Oktaeder die Luft, das Ikosaeder das Wasser und das Dodekaeder die Welt im ganzen. Es sind dies Formeln, Formeln eigentlich im ganz modernen Sinne wie unsere chemischen Formeln. Nehmen wir die Formel des Wassers H_2O. Die Formel H_2O ist weder naß, noch kann man sie kochen lassen oder Tee damit aufgießen. Sie gibt auch kein Abbild des ›wirklichen‹ Atoms, etwa im Sinne des Bohrschen Atommodells. Man kann daraus nicht entnehmen, daß aus 2 H_2 und 1 O_2 durch eine gewaltige Knallgasexplosion das Molekül des Wassers entsteht, und dennoch ist dies eine gültige Formel für das Wasser, die jeder sechzehnjährige Schüler zu akzeptieren gelernt hat.

Sehr klar beschreibt Platon den kosmologischen Prozeß:

> Als nun aber der Vater, welcher das All erzeugt hatte, es ansah, wie es bewegt und belebt und ein Bild der ewigen Götter geworden war, da empfand er Wohlgefallen daran und in dieser seiner Freude beschloß er, es noch mehr seinem Urbilde ähnlich zu machen. Gleichwie nun dieses selber ein unvergängliches Lebendiges ist, so unternahm er es daher, auch dieses All nach Möglichkeit zu einem ebensolchen zu machen. Nun war aber die Natur des höchsten Lebendigen eine ewige, und diese auf das Entstandene vollständig zu übertragen, war eben nicht möglich; aber ein bewegtes Bild der Ewigkeit beschließt er zu machen und bildet, um zugleich dadurch dem Weltgebäude seine innere Einrichtung zu geben, von der in der Einheit beharrenden Ewigkeit ein nach der Vielheit der Zahl sich vorbewegendes dauerndes Abbild, eben das, was wir Zeit genannt haben. Nämlich Tage, Nächte, Monate und Jahre, welche es vor der Entstehung des Weltalls nicht gab, läßt er jetzt mit der

> Zusammenfügung desselben zugleich mit ins Entstehen treten. Dies alles aber sind Teile der Zeit, und was war und sein wird, sind Formen der entstandenen Zeit, obwohl wir mit Unrecht, ohne dies zu bedenken, diese dem ewigen Sein beilegen.[10]

Die moderne Naturwissenschaft beruht im Grunde noch immer auf der platonischen Aufteilung der Welt in Zeitlosigkeit und Zeit. Eine der Thesen dieses Buches wird sein, daß Zeitlosigkeit und Zeit oder, wie es hier genannt wird, reversible Zeit und irreversible Zeit (t_r und t_i) nicht unverbunden als Gegensätze unabhängig voneinander existieren, die Zeitlosigkeit (t_r) gewissermaßen ein unerreichbares Ideal, und die Zeit, in der sich etwas ereignet (t_i), unerklärbar, unbeschreibbar, sondern daß beide in einer Art Getriebe zusammenhängen, in welchem das Weltgeschehen aufgehängt ist und das hier *Zeitbaum* genannt wird.[11]

1.2 Aristoteles – Zeit des Werdens

Lust wird rege zum Sang, wie sich Formen in andere Körper
wandelten. Götter, o seid – denn ihr ja habt sie gewandelt –
meinem Beginnen geneigt und vom Uranfange der Schöpfung
führt bis auf unsere Zeit des Gedichts fortlaufenden Faden.
[...]
Drauf von sich selber gebar die Erde die andern Geschöpfe
mannigfaltiger Art, als warm von dem Feuer der Sonne
ward das verbliebene Naß und der Schlamm und die wäßrigen Sümpfe
schwollen, von Hitze gespannt, und befruchtete Keime der Wesen,
wie in dem Schoße der Mutter genährt vom belebenden Boden,
wuchsen und mehr und mehr in feste Gestalt sich begaben.
So auch, wenn sich verliert von den nassen Gefilden des Nilus
siebenmündiger Strom und zum früheren Bette zurückkehrt
und von dem Äthergestirn der frische Morast sich erhitzet,

trifft zahlreiches Getier in gewendeten Schollen der Landmann
und sieht manche davon erst eben begonnen, gerade
während der Zeit der Geburt, und andere in der Entwicklung
noch nicht fertiggediehn; oft ist an demselbigen Körper
lebend bereits ein Teil, der andere klumpige Erde.
Denn wo Feuchtes gewinnen und Wärme die richtige Mischung,
wird empfangen die Frucht, und alles entsteht von den beiden.
Während das Feuer im Streit mit dem Naß, bringt dunstiger Brodem
alles hervor, und der Zeugung ist hold zwieträchtige Eintracht.
Wie nunmehr, von der neulichen Flut noch schlammig, die Erde
von dem ätherischen Strahl und den Gluten der Höhe gewärmt war,
brachte sie Arten hervor unzählige, und sie erneute
alte Gebilde zum Teil, teils zeugte sie neue Geschöpfe.[12]

In diesem Gedicht aus Ovids (43 v. Chr.-18 n. Chr.) *Metamorphosen* werden *Veränderungen* beschrieben, bedichtet; das Thema der *Metamorphosen* ist bekanntlich das *Werden*; die Metamorphosen sind aus aristotelischem Denken erwachsen.

Die Zeit Platons ist, wie sich zeigen ließ, die Zeit einer Analoguhr. Denn das Zifferblatt ist ja das Abbild des Kosmos, und oft genug sind Zifferblätter mit Tierkreiszeichen, Planetenzeichen und Sternbildern versehen. Diese beziehen sich direkt auf die *eine kosmische Zeit*. Die Zifferblattuhr ist eine *Analoguhr*, weil sie analog zum Kosmos gebaut ist. Das Zifferblatt ist die bewegte Darstellung der platonischen Idee der Zeit, die als Idee unbewegt und ewig ist. Die Zeit wird durch die Analoguhr »gemäß der Zahl« gemessen. Aristoteles (384 bis 322 v. Chr.), der Schüler Platons und Erzieher Alexanders des Großen, führte einen Zeitbegriff ein, den wir heute als digitale Zeit bezeichnen würden, ein Zeitbegriff, der sich nicht unbedingt auf die ewige, *eine* unveränderliche Zeit beruft. Für ihn ist die Bewegung das Primäre und die Zeit eine Größe, die diese Bewegung, Veränderung, Metamorphose zu beschreiben gestattet, mehr nicht. Er schreibt in seiner Physik: »Zeit ist Zahl des Prozesses hinsichtlich des Früher oder Später«.[13] Die Einbettung des ›Früher‹ oder ›Später‹ in einen absoluten Zeitrahmen ist dagegen nicht in dem Maße erheblich. Aristoteles schlägt eine Art *Systemzeit* vor, und solche Systemzeiten mißt die Digitaluhr, unter Umständen sehr genau. Unser gegenwärtiger Zeitstandard stammt von der Digitaluhr des Caesiumatoms, er definiert eine Sekunde als die Dauer von 9191631770 Perioden der Schwingungen des ^{133}Caesiumatoms.[33]

Genau besehen ist die aristotelische Abkoppelung von der *ewigen Zeit* eine gewaltige geistige Emanzipationsleistung. Denn die Zeit als eine sekundäre, abgeleitete Größe aufzufassen, bedeutet im Grunde Aufgabe von Sicherheit, stellt einen Akt der Abkoppelung vom statischen kosmischen Prozeß dar. Die prähistorischen Menschen in ihrer bedrohten Existenz hatten durch ihre Ankoppelung an Sonne, Mond und Sterne, an die ewige unveränderliche Natur einen Zufluchtsort gewonnen, und zwar in allen Kulturen unabhängig voneinander. Die großen prähistorischen Bauwerke sind im Grunde Sternwarten, sind Brücken zwischen der flüchtigen Menschenexistenz und dem ewigen Kosmos, ob es nun die Monolithen von Stonehenge in England (ca. 2000 v. Chr.), die ägyptischen Pyramiden (2500-2300 v. Chr.) oder die aztekischen Tempelbauwerke (300 n.Chr.) sind. Für Aristoteles steht nicht das *Sein*, sondern das *Werden* im Mittelpunkt der Betrachtungen, die *Veränderungen*. Eigentlich hat Aristoteles eine erste, freilich wenig exakt und formelhaft darstellbare Relativitätstheorie geschaffen, denn *früher* und *später* sind doch offensichtlich relative Zeitangaben.

Betrachten wir den Begriff des aristotelischen Prozesses genauer. Jeder Prozeß verläuft zwischen etwas noch nicht Vorhandenem, etwas, das ins Sein treten kann, das eine Potentialität ist, und zwischen dem, was zukünftig sein *könnte*, auf das hin also der Prozeß sich bewegt, d.h. auf ein Ziel (finis) hin. Der Prozeß geschieht im Spannungsfeld von Potentialität und Finalität. Nehmen wir das Beispiel eines Getreidekorns. In ihm steckt die Potenz für einen ganzen Halm mit Ähre. Diese Potenz schlummert gewissermaßen. Sie ist aber dennoch vorhanden. Das Wesentliche am Getreidekorn ist nicht sein statisches *Sein*, sondern seine *Potenz*, nur deswegen ist es ja geerntet und bis zum nächsten Frühjahr aufgehoben worden. Mit dem Einsähen und Keimen beginnt seine aristotelische Zeit, die digitale Zeit des Getreides. Das Fortschreiten dieser Zeit läßt sich am *früher* oder *später* messen, z. B. indem man ein Zentimetermaß neben den wachsenden Getreidehalm stellt und bei jedem Sonnenaufgang die entsprechenden Zentimeter einträgt. Die digitale Zeit hat freilich durch den Vergleich mit der *Sonnenzeit* eine Anbindung an die Zeit des Seins. Aber das ist nicht das Wesentliche. Aristoteles nennt eine Prozeßphase (eine Phase der Metamorphose), die dem Ausgangszustand näher ist, das Frühere, eine Phase, die dem Endzustand näher ist, das Spätere.

In der Metamorphose gibt es also deswegen ein ›früher‹ oder ›später‹, weil sein Prozeß richtungsgebunden ist. Die Richtung steht eindeutig fest. Es ist die Ausgerichtetheit auf eine spezifische Erfüllung hin, nämlich auf den ausgewachsenen Getreidehalm mit einer reifen Ähre; der gerichtete Prozeß ist nicht umkehrbar. Jeder Prozeß ist demnach gerichtet, *irreversibel*. Aristoteles hat damit den Begriff der *Irreversibilität* eingeführt. Das stellt fürwahr eine Komplizierung des einfachen Systems der kosmischen Zeit dar, eine Komplizierung und Verunsicherung. Denn seiner Definition zufolge hat dann jeder einzelne Naturprozeß seine eigene Zeit, seine *Eigenzeit*.[14] Die Einheit der Natur ist gewissermaßen gleich zu Beginn der abendländischen Philosophie aufgehoben.

Man könnte nun argumentieren, die einzelnen realiter irreversiblen Eigenzeiten seien im Grunde nur Abspaltungen der einen ewigen »absoluten, wahren mathematischen, gleichmäßig fließenden Zeit«, wie Isaac Newton 2000 Jahre später sagen wird. Der Einwand kann leicht widerlegt werden, denn das für ewig und unveränderlich gehaltene Planetensystem hat, wie wir aus der modernen Kosmogonie wissen, auch seine Geschichte, seine eigene Zeit, und selbst das Caesiumatom wird eines Tages zu ticken aufhören, wenn es in ein schwarzes Loch gerät und mit anderen Kernen verschmilzt. Es gibt keine kosmologischen, platonischen Uhren, sondern nur unzählig viele Digitaluhren. Manche davon mögen so träge sein, daß wir Veränderungen an ihnen im Sinne von Vor- oder Nachgehen nicht bemerken können; schon gar nicht konnten das die Menschen der Antike mit ihren weniger genauen Meßinstrumenten. Aber in einer prozeßhaften Welt, so wie wir sie jetzt verstehen müssen, ist eine absolute Zeit eine unerlaubte Vereinfachung, eine platonische Idee. Freilich können solche Fixierungen, solche Ideen sehr wichtig und sehr erfolgreich sein; das wird im nächsten Kapitel über Newton gezeigt werden. Es ändert jedoch nichts an der Tatsache, daß Metamorphosen irreversibel sind, daß die Zeitlichkeit dieser Welt mit einem irreversiblen Zeitmodus, er soll t_i genannt werden, beschrieben werden muß.

Ein weiterer von Aristoteles eingeführter Begriff muß hier behandelt werden, der der *Entelechie*.[15] Er versteht darunter, daß ein Gegenstand – wir würden heute besser sagen: ein System – seine Zweckbestimmung in sich trägt (εν τελος εχειν, d.h. sein Ziel in sich habend). Ein System, das sich von einem Vorzustand auf einen neuen, noch nicht erreichten Zustand hin entwickelt, weiß sozusagen, was es will. Wir werden später sehen, daß der Begriff der Selbstorganisation in der modernen Biologie diesen Gedanken wieder aufnimmt.

Das abendländische Denken ist und bleibt durch die beiden Denkweisen geprägt: Die *absolute Zeit*, eingebettet in das absolute Sein in der Ideenwelt des Platon – und die *Zeit des Werdens*, die irreversible Zeit des Aristoteles. Die christlichen Kirchenväter, anfangend mit Paulus, nehmen dieses Gedankengut auf und amalgamieren es mit den Gedanken der vier Evangelien. Erst dadurch wird überhaupt das Christentum hoffähig und in der philosophisch geschulten antiken Welt akzeptabel. Wenn Paulus an die hellenistischen Korinther schreibt: »Denn unser Wissen ist Stückwerk, und unser Weissagen ist Stückwerk. Wenn aber kommen wird das Vollkommene, so wird das Stückwerk aufhören. Da ich ein Kind war, da redete ich wie ein Kind und war klug wie ein Kind und hatte kindische Anschläge; da ich aber ein Mann ward, tat ich ab, was kindisch war. Wir sehen jetzt durch einen Spiegel in einem dunklen Wort; dann aber von Angesicht zu Angesicht. Jetzt erkenne ich's stückweise; dann aber werde ich erkennen, gleich wie ich erkannt bin«[16], so ist das eine Übernahme und Adaptation von Platons Höhlengleichnis über die Möglichkeiten des menschlichen Erkennens. Bekanntlich beschreibt Platon den Zustand der Menschen als vergleichbar dem von Höhlenbewohnern, die seit ihrer Geburt nie aus ihrer Höhle herausgekommen sind und sich nur durch einen fernen Schimmer vom Höhleneingang her über den Zustand der Welt orientieren können: daß es draußen dunkel und hell wird, daß es manchmal kalt und warm hereinweht, daß merkwürdiges Gezwitscher ertönt und so fort. Als es einem der Höhlenbewohner gelingt, die Höhle für einige Zeit zu verlassen, und er mit einem enthusiastischen Bericht über den ›wirklichen‹ Zustand der Welt zurückkehrt, wird er ausgelacht, ja angefeindet.

Augustinus schreibt, wie schon oben erwähnt, in den *Confessiones*:

> Wenn wir die Silben der Hymne »Deus creator omnium« auf uns wirken lassen, so bemerken wir, daß sie nicht zu einem bewegten Körper gehören, der der unmittelbaren Beobachtung zugänglich ist. Sie sind nur flüchtige Stimmen, ich messe die Länge einer Silbe an einer anderen: In dir, mein Geist, messe ich meine Zeiten [...] Den Eindruck, den die vorüberge-

> henden Dinge in dir hervorbringen und der bleibt [...], messe ich. Also ist er es, den wir Zeit nennen, oder aber ich kann die Zeit nicht messen.[17]

Das aristotelische »Denken des Werdens« hat sich in der christlichen Philosophie, insbesondere der Scholastik, als die wesentliche Denkrichtung durchgesetzt, indem nämlich das menschliche Dasein als eine Zeit des Wachsens zu Gott hin verstanden wird, als eine geschichtliche Zeit, als ein irreversibler Prozeß vom Kreuzestod Christi bis zum Jüngsten Tag. Damit ist die Finalität des Daseins festgelegt, dessen Ziel, Telos, die vollständige Erkenntnis Gottes ist (»ich werde erkennen, wie ich erkannt bin«): Gott ist die Entelechie schlechthin. Albertus Magnus und dessen Schüler Thomas von Aquin kanonisieren den Aristotelismus geradezu und machen aus Aristoteles einen Kirchenvater. Thomas von Aquin entwirft mit Hilfe der aristotelischen Philosophie ein einheitliches System, das für die Theologie jahrhundertelang Geltung hat und in der katholischen Theologie noch heute maßgeblich ist.

Eine erste Lockerung dieses nach und nach erstarrenden scholastischen Systems leitete u.a. Nikolaus von Kues, der Cusaner, ein. In seiner Schrift über die gelehrte Unwissenheit sagt er, »obwohl die Welt nicht unendlich ist, kann sie doch nicht als endlich vorgestellt werden, weil sie keine Grenzen hat, die sie umschließen«.[18] Diese widersprüchliche Einheit ist als Coincidentia oppositorum bekannt. Es fällt schwer, wirklich zu begreifen, was Nikolaus von Kues mystisch erfaßte, aber wir werden später hören, daß die moderne allgemeine Relativitätstheorie lehrt, die Welt sei endlich, aber ohne Grenzen, und daß dies wesentlich mit unserem Zeitbegriff zu tun hat.

1.3 Newton – die Zeit der Uhren

Mein Vater, müssen Sie wissen, der ursprünglich Handel mit türkischen Waren getrieben, seit Jahren aber dieses Geschäft aufgegeben hatte, um sich auf sein väterliches Landgut in der Grafschaft zurückzuziehen und dort auch zu sterben, mein Vater war, glaube ich, in allem, was er unternahm, einer der pünktlichsten Männer, die je auf Erden gelebt haben, ob es sich nun um ein Geschäft oder um ein Vergnügen handelte. Um ein Beispiel dieser seiner peinlichsten Pünktlichkeit, deren Sklave er in der Tat zuletzt geworden war, zu geben, so hatte er es sich viele Jahre seines Lebens hindurch zur Regel gemacht, in der ersten Sonntagsnacht jedes Monats das ganze Jahr hindurch, so sicher wie daß diese Sonntagsnacht käme, eine große Uhr im Hause, die oben am Ende der Hintertreppe stand, eigenhändig aufzuziehen. Und da er sich um die Zeit, von der ich jetzt spreche, im Alter zwischen fünfzig und sechzig Jahren befand, so hatte er gleicherweise eine andere kleine Familienangelegenheit für denselben Zeitpunkt zur Erledigung angesetzt, um auf solche Weise beides, wie er sich oft zu Onkel Toby ausdrückte, sich auf einmal vom Halse zu schaffen und damit nicht mehr den ganzen übrigen Monat hindurch belästigt zu werden.

Das Ganze hatte nun eine einzige Mißhelligkeit im Gefolge, die in einem großen Ausmaß auf mich selber zurückfiel und deren Folgen, fürchte ich, mich bis hin zum Grabe begleiten werden, nämlich die, daß es infolge einer unglückseligen Assoziation von Ideen, die keinerlei Verbindung miteinander in der Natur haben, schließlich so weit kam, daß meine Mutter niemals hören konnte, wie die besagte Uhr aufgezogen wurde, ohne daß ihr nicht alsogleich jene gewisse andere Angelegenheit unvermeidlich in Erinnerung kam, und umgekehrt. Welche höchst merkwürdige Ideenassoziation nach der Behauptung des scharfsinnigen Locke, der sicherlich die Natur solcher Dinge besser verstand als die meisten Menschen, mehr verkehrte Handlungen verursacht haben soll als alle anderen wie immer beschaffenen Quellen des Vorurteils im Menschen. [...] »Ach bitte, Lieber«, sprach meine Mutter, »hast du nicht die Uhr aufzuziehen vergessen?« »Großer Gott«, rief mein Vater aus, seine Stimme zu mäßigen sich bemühend, »hat jemals seit der Erschaffung der Welt ein Weib den Mann mit einer so albernen Frage mittendrin unterbrochen?«[19]

In seinem psychologisch-ironischen Roman *Tristram Shandy*, einem der größten Romane der Weltliteratur, schildert Laurence Sterne (1713-1768), eine Generation nach Newton, die merkwürdigen Charaktere seiner verschrobenen Verwandten und insbesondere die Umstände seiner schließlich doch noch zustande gekommenen Zeugung. Noch vor der Geburt des Tristram Shandy ist alles Wesentliche über sein Leben und seine Ansichten gesagt. Eine groteske Umkehrung der Zeitverhältnisse, die Erzählung eines skurrilen Lebens gegen die Zeit, ein müheloses Zurücklaufenlassen der Zeit, der *Weltroman der Reversibilität*. Sicherlich konnte dieses Romanwerk erst nach Newton geschrieben werden. Aber ich greife vor.

Das aristotelische Denken hatte zu Beginn der Neuzeit zu zahlreichen Widersprüchen geführt, insbesondere, was die Mechanik und die Lehre von den Bewegungen anlangte. Die aristotelische Physik kannte das Experiment nicht, ja selbst die exakte Beobachtung lag nicht im Bereich ihrer Denkmöglichkeiten. Erkenntnisse wurden durch Erfahrungen und Anschauungen gewonnen, und daraus wurden Schlüsse gezogen. Niemand wäre aber auf den Gedanken gekommen, eine Versuchsanordnung aufzubauen, wie das heute in jedem Schulunterricht von Beginn an üblich ist. Die kopernikanische Theorie, daß die Erde die Sonne umkreise und nicht umgekehrt, brachte der aristotelischen Physik große Probleme. Nach Aristoteles haben die vier Grundelemente, Erde, Wasser, Feuer und Luft, einen je für sie ausgezeichneten Platz im

Kosmos. Auf diesen Platz strebt jedes der Elemente aus eigenem Antriebe. Aus diesem Grunde, so Aristoteles, fallen feste, das heißt erdhafte Dinge zur Erde, weil sie zu ihrem natürlichen Ort im Weltzentrum streben. Wenn daher nach Kopernikus sich während des Falles die Erde bewegen würde, so würde ihr der fallende Gegenstand nicht folgen, sondern weiter entlang der ursprünglichen festen Linie im Raum fallen. Das ist jedoch offensichtlich nicht der Fall, und deshalb ist nach Aristoteles und der Scholastik eine Bewegung der Erde auszuschließen. Kopernikus umgeht dieses Problem, indem er eine Art »Ganzheitstheorie der Schwere« einführt, wonach alle Teile ein natürliches Streben haben, eine Ganzheit hervorzubringen.[20] Wegen Übereinstimmung ihrer Erdhaftigkeit fallen also Steine auch mit der bewegten Erde mit. Begrifflich fehlt den frühen Denkern das Konzept der Trägheit, wie es im 1. Newtonschen Gesetz ausgedrückt wird, ich komme darauf noch zurück. Wenn wir beobachten, daß ein Körper sich bewegt, so müssen wir nach Kopernikus, Kepler u.a. annehmen, daß er aktiv angetrieben wird, in jedem Moment einen Stoß erhält, sonst würde er sehr bald zur Ruhe kommen.[21] »Jeder materielle Körper ist sich selbst und seiner Natur nach zur Ruhe bestimmt, an welchen Ort er auch versetzt wird. Denn Ruhe ist wie Finsternis ein Mangel, der keiner Erschaffung bedarf, sondern dem Erschaffenen anhaftet wie ein Nichts. Bewegung ist dagegen etwas Positives wie das Licht. Wenn demnach ein Stein von seinem Ort bewegt wird, so geschieht dies nicht, insofern er materiell ist, sondern insofern er einen äußeren Stoß oder eine Anziehung erleidet oder in sich eine Fähigkeit besitzt, die sich irgendwohin orientiert.«[22] Kepler stützt sich in seinen Überlegungen auf William Gilbert, der 1600 ein Werk über den Magnetismus veröffentlicht hatte.[23] Im Anschluß an Gilbert betrachtet Kepler die Schwere als eine magnetische Anziehungskraft: »Die schwäre ist nichts anderes dan der Magnetische Zug der Erden.«[24] Die Schwere wird damit zu einer äußeren Kraft. Sie ist kein »inneres Wollen« des Körpers, keine Entelechie. Diese »magnetische Kraft« ist nach Kepler proportional den Gewichten der beteiligten Körper, und sie wirkt wechselseitig. Kepler konnte damit Ebbe und Flut, die Bewegung der Gezeiten, erklären.[25]

In der Person und in der Biographie von Johannes Kepler (1571-1630) verdichtet und verdeutlicht sich der dramatische Umbruch dessen, was wir Kopernikanische Wende nennen. Der junge Kepler hatte im Jahre 1596 ein Modell des Kosmos vorgeschlagen, wonach die Planetenbahnen in einem System höchstmöglicher Harmonie verlaufen. Die Planeten sollten sich auf Kugelschalen bewegen, denen jeweils die platonischen Körper (vgl. Abb. 1.1) eingeschrieben sind, also der Tetraeder, der Kubus, der Ikosaeder und das Pentagondodekaeder. Der junge Kepler denkt und fühlt noch ganz in der platonischen und aristotelisch-scholastischen Tradition und versucht göttliches Mysterium und exakte Wissenschaft zu vereinen. Die Einleitung zum *Mysterium cosmographicum* ist das Magnifikat eines mittelalterlichen Astronomen.

> Groß ist unser Herr, und groß ist seine Macht und seiner Weisheit kein Ende. Lobet ihn, Sonne, Mond und Planeten, in welcher Sprache immer Euer Loblied dem Schöpfer erklingen mag. Lobet ihn, ihr himmlischen Harmonien, und auch ihr, die Zeugen und Bestätiger seiner enthüllten Wahrheiten. Und du, meine Seele, singe die Ehre des Herrn dein Leben lang! Von ihm und durch ihn und zu ihm sind alle Dinge, die sichtbaren und unsichtbaren. Ihm allein sei Ehre und Ruhm von Ewigkeit zu Ewigkeit! Ich danke dir, Schöpfer und Herr, daß du mir diese Freude an deiner Schöpfung, das Entzücken über die Werke deiner Hände geschenkt hast. Ich habe die Herrlichkeit deiner Werke den Menschen kundgetan, soweit mein endlicher Geist deine Unendlichkeit zu fassen vermochte. Wo ich etwas gesagt habe, das deiner unwürdig ist oder wo ich der eigenen Ehre nachgetrachtet habe, da vergib mir in Gnaden.[26]

Ganz deutlich wird hier das Eine der antiken Philosophen,

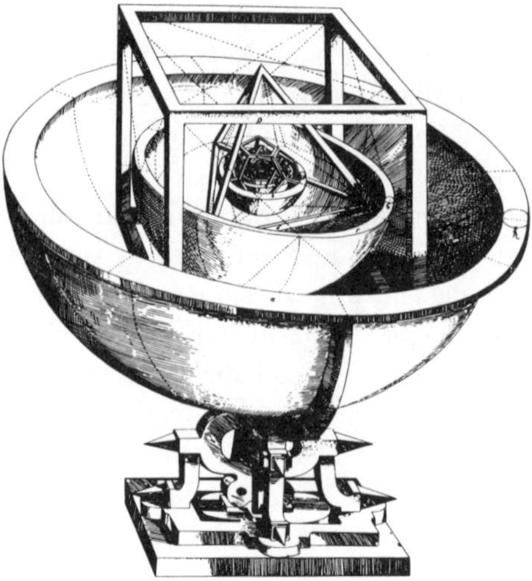

Abb. 1.2 Keplers Weltmodell.

das sich am besten in den regelmäßigen Formen und Gleichungen der Mathematik »auf die Erde holen läßt«, mit dem christlichen Schöpfergott identifiziert.

Die Planeten bewegen sich auf Kugelschalen, denen die platonischen Körper eingeschrieben sind. Dadurch versuchte Kepler die Planetenabstände zu erklären.

Die Grundlage dieser harmonisierenden Betrachtungsweise ist die Kreisbewegung, der Kreis als ideale Figur der Periodik. Um so bemerkenswerter ist es, daß Kepler selbst diese Gedanken aufgab, gezwungen durch die für ihre Zeit unerhört genauen Beobachtungen des dänischen Astronomen Tycho Brahe (1546-1601), der mit Kepler gleichzeitig am Hofe Rudolfs II. wirkte. Kepler kann diese Beobachtungen nur dann erklären, wenn die Sonne nicht im Mittelpunkt eines *Kreises*, sondern in einer *Ellipse* steht. Man kann sich heute kaum mehr vorstellen, was eine solche *Desakralisierung* des Weltbildes bedeutete, die er schließlich wagte aufgrund einiger relativ geringfügiger Abweichungen der Planetenbewegungen von den aus der Kreisbewegung vorhergesagten Bahnen. Hier wird vielleicht zum ersten Mal in der Geschichte der Naturwissenschaften das Primat der experimentellen Beobachtung deutlich. Kepler hat damit den *Idealkosmos* in einen *zeitlichen Kosmos* verwandelt. In seinem 2. Gesetz sagt Kepler, daß die Radien der elliptisch umlaufenden Planeten in gleichen Zeiten gleiche Flächen überstreichen. Damit ist zum ersten Mal die Zeit als ein absolutes Maß der Bewegung eingeführt, nicht nur als ein aristotelisches Maß für das Vorher / Nachher. »Kepler machte den Himmel zeitlich. Die mittelalterliche Unterscheidung zwischen Himmel und Erde verschwand, und das Zeitalter der Vernunft und des Zweifels zog herauf.«[27] Kepler hat die platonische Idealität zerstört.

Galileo Galilei (1564-1642) verhalf der experimentellen Physik durch genaue Experimente, durch *Zeitmessungen* an fallenden Körpern, an Pendeluhren, endgültig zum Durchbruch. Als Beispiel für sein Denken sei hier ein Abschnitt aus dem *Dialogo* wiedergegeben.[28] In diesem fiktiven Dialog diskutieren Salviati, der Galileis Auffassung vertritt, und Sagredo, ein progressiver Laie, sowie Simplicio, ein Vertreter der aristotelischen Philosophie. Salviati wird gebeten, das Prinzip näher zu charakterisieren, nach welchem die Bewegung der Erde verläuft und ob dieses im Sinne des Aristoteles ein inneres oder ein äußeres Prinzip sei. Salviati (Galilei) ist bereit, dies zu erklären, sobald sein Gegner gesagt habe, durch welche Ursache die Teile der Erde nach unten gezogen werden. Simplicio: »Das ist sehr bekannt, jedermann weiß doch, daß dies die Schwere ist.« Und darauf Salviati (Galilei): »Ihr irrt, Signor Simplicio, Ihr hättet sagen müssen: Jeder weiß, daß sie die Schwere *heißt*.«[28] Und er führt weiter aus: Indem wir eine immer wiederkehrende Erscheinung in unserer Erfahrung aufnahmen und ihr einen bestimmten Namen gaben, glaubten wir, etwas davon zu verstehen. Dabei hätten wir uns nur daran gewöhnt. All unser sogenanntes Erklären

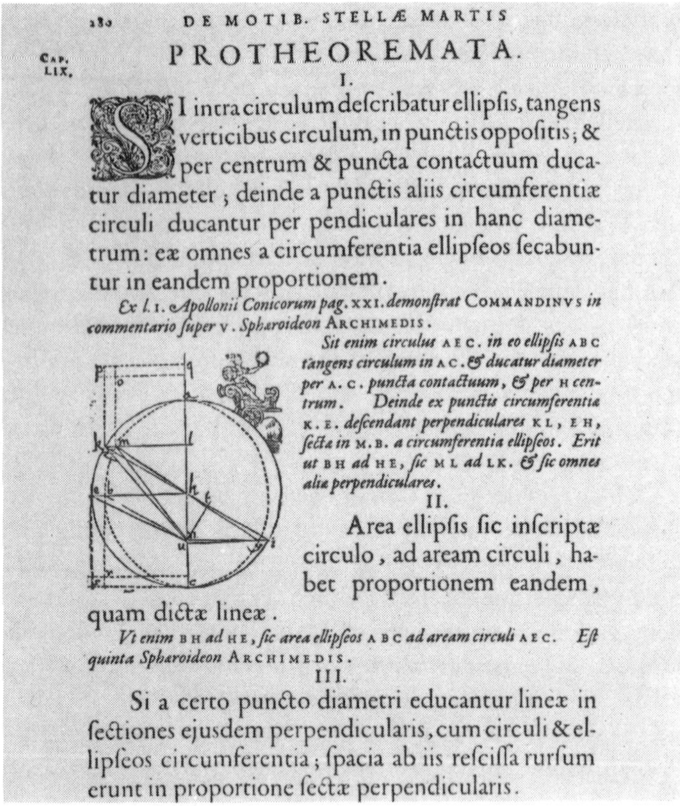

280 DE MOTIB. STELLÆ MARTIS

Cap. LIX.

PROTHEOREMATA.

I.

SI intra circulum deſcribatur ellipſis, tangens verticibus circulum, in punctis oppoſitis; & per centrum & puncta contactuum ducatur diameter; deinde a punctis aliis circumferentiæ circuli ducantur perpendiculares in hanc diametrum: eæ omnes a circumferentia ellipſeos ſecabuntur in eandem proportionem.

Ex l. 1. Apollonii Conicorum pag. XXI. *demonſtrat* COMMANDINVS *in commentario ſuper* V. *Sphæroideon* ARCHIMEDIS.

Sit enim circulus AEC. *in eo ellipſis* ABC *tangens circulum in* A C. *& ducatur diameter per* A. C. *puncta contactuum, & per* H *centrum. Deinde ex punctis circumferentiæ* K. E. *deſcendant perpendiculares* KL, EH, *ſecta in* M. B. *a circumferentia ellipſeos. Erit ut* BH *ad* HE, *ſic* ML *ad* LK. *& ſic omnes aliæ perpendiculares.*

II.

Area ellipſis ſic inſcriptæ circulo, ad aream circuli, habet proportionem eandem, quam dictæ lineæ.

Vt enim BH *ad* HE, *ſic area ellipſeos* ABC *ad aream circuli* AEC. *Eſt quinta Sphæroideon* ARCHIMEDIS.

III.

Si a certo puncto diametri educantur lineæ in ſectiones ejuſdem perpendicularis, cum circuli & ellipſeos circumferentia; ſpacia ab iis reſciſſa rurſum erunt in proportione ſectæ perpendicularis.

Abb. 1.3 Keplers Bruch mit der aristotelischen Annahme, daß der Himmel vollkommen sei. Eine Seite aus der 1609 in Prag veröffentlichten *Astronomia nova*. Sie stellt den Anfang des Beweises dar, daß der Mars auf einer elliptischen Bahn verläuft. Der Kriegsgott Mars fährt mit seinem Streitwagen auf der nunmehr elliptisch erkannten Umlaufbahn des Planeten umher.[27]

von Naturerscheinungen laufe letzten Endes darauf hinaus, daß wir eine letztlich unbekannte Ursache mit einem Worte versehen: »Schwere virtus, vis impressa intelligentia informans, intelligentia insistans oder einfach Natur«.[29] Eine unglaublich ernüchternde, profanisierende und höchst moderne Feststellung, die leider immer wieder vergessen wird. Denn auch die Naturwissenschaftler haben ihre Dogmen, an die sie sich klammern müssen. Was hier über die Schwere gesagt wird – Newton wird es 50 Jahre später Gravitation nennen –, gilt auch für den hier behandelten Begriff der Zeit. »Denn eben, wo Begriffe fehlen, stellt ein Wort zur rechten Zeit sich ein.«[30] Durch Galileis Experimentalphysik und viele andere umwälzende Entdeckungen des 16. und 17. Jahrhunderts wurde das Newtonsche Zeitalter vorbereitet: Newton hat die Zeit angehalten, dafür aber die Uhren aufgezogen.

Fast jeder Physiker und moderne Zeitgenosse wird, ja muß protestieren, wenn ich sage, Newton habe die Zeit angehalten. Denn sagt er nicht im Scholium der *Principia*:

> I. Die absolute, wahre mathematische Zeit fließt gleichmäßig an sich und ihrer Natur nach, ohne Beziehung auf irgend etwas Äußerliches. Sie wird mit einem anderen Ausdruck als »Dauer« bezeichnet: relativ, augenscheinlich und gewöhnlich ist »ihr« beliebiges, sinnliches und durch Bewegung gegebenes äußeres Maß (sei es nun exakt oder ungleichmäßig), das man gewöhnlich anstelle der wahren Zeit verwendet; wie z.B. die Stunde, der Tag, der Monat, das Jahr.
>
> II. Der absolute Raum verharrt seiner Natur entsprechend ohne Beziehung auf irgend etwas Äußeres: »sich selbst« gleich und unbeweglich: Relativ ist das Maß dieses Raumes oder ein wie immer abgemessenes bewegliches Stück, das mit unseren Sinnen durch seine Lage zu Körpern bestimmt wird, und gewöhnlich anstelle des unbewegten Raumes verwendet wird: wie z.B. ein abgegrenztes Raumstück im irdischen Bereich, in der Atmosphäre oder am Himmel definiert durch seine Lage bezüglich der Erde. Der absolute und der relative Raum sind

> der Art und der Größe nach derselbe; aber sie bleiben nicht immer numerisch identisch. Denn wenn beispielsweise die Erde sich bewegte, dann wird der Raum unserer Atmosphäre, der relativ und bezüglich der Erde immer derselbe bleibt, jetzt der eine Teil des absoluten Raumes, in den die Atmosphäre eintritt, sein, dann ein anderer Teil von ihm; und so wird er, absolut gesehen, ständig wechseln [...]
> III. Die absolute Zeit wird in der Astronomie von der relativen durch die Zeitgleichung unterschieden. Die natürlichen Tage sind nämlich ungleichmäßig, man verwendet sie gewöhnlich aber, als ob sie gleich wären, als Maß der Zeit. Diese Ungleichheit korrigieren die Astronomen, um die Himmelsbewegungen auf der Basis einer wahren Zeit zu messen. Es kann sein, daß es keine *vollständig* gleichmäßige Bewegung gibt, durch die man die Zeit genau messen könnte. Alle Bewegungen können beschleunigt und verlangsamt werden, aber der Fluß der absoluten Zeit kann sich nicht ändern [...][31]

Die Zeit wird dadurch zu einer völlig abgelösten (= absoluten) Größe, sie wird nicht einmal mehr mit der Bewegung der Sterne in Beziehung gesetzt, wie Platon vorgeschlagen hatte, obwohl die Sterne ein bequemes Maß zu ihrer relativen Messung darstellen können. Sie sind vielmehr zu einer Uhr degradiert. Die Zeit ist auch nicht mehr das Maß für das Vorher und Nachher – wie Aristoteles gemeint hatte –, und sie ist auch nicht mehr ein Maß für den Geist Gottes, der gemäß der Zeit in die Welt wirkt. Die Zeit wird zu einer abstrakten universellen Ordnung, die völlig unabhängig davon ist, was in der Zeit geschieht. Fraser sagt dazu:

> Das Postulat der absoluten Zeit, wie diese Idee genannt wird, war ein Geniestreich Newtons. Es ermöglichte die Formulierung wissenschaftlicher Gesetze in Gleichungen, in denen das Symbol t für Zeit steht und als ›Sie wissen schon, was gemeint ist‹ definiert ist. *Das sogenannte t der Physiker geht an allen Fragen nach der Natur der Zeit vorbei* [Hervorhebung durch den Verfasser]. Weder Newtons absolute Zeit noch Einsteins relativistische Zeit sagt [...] irgend etwas darüber aus, was wir

> uns unter Gegenwart, Vergangenheit oder Zukunft vorstellen sollen. Beide nehmen an, wir wüßten schon, was mit Zeit gemeint sein soll.[32]

Wie es Galilei schon bezüglich der Schwere gesagt hatte: Zeit ist ein Wort, weil die Begriffe fehlen. Ja, das Wort Zeit ist fast schon eine Worthülse geworden.

Die Zeit, t, eine Worthülse? Wie hätte der große Newton mit einer Worthülse ein neues Zeitalter eröffnen können? Mit seiner Revolution, seiner Umwälzung, ja Umkehrung – nämlich damit, daß Zeit und Raum abstrakt und absolut gesetzt werden, und damit, daß materielle, physikalische und biologische Geschehen als relativ zu diesen beiden Grundgrößen angesehen werden müssen – hat er überhaupt erst ein Gerüst geschaffen, an dem alle Vorgänge der Natur aufgehängt, angeordnet und verstanden werden können. Und ohne Zweifel hat damit Newton die Physik und all das erst ermöglicht, was wir heute als physikalische Wissenschaft, ja als Wissenschaft schlechthin bezeichnen. Er hat das Zeitalter der Technik eröffnet. Und jeder weiß, wie gewaltig die Veränderungen sind, die durch diese Entdeckungen hervorgerufen wurden: Dampfmaschine, Elektrizität, Atomenergie, Computer, Roboter, alle sind im absoluten Raum-Zeit-Gerüst von Newton aufgehängt. Aber auch uns, unser Denken, unser ›Weltbildapparat‹ der Wahrnehmung, bis hinein in unser ›Weltgefühl‹ hat die Newtonsche Zeit in sich aufgenommen, niemand kann sich dem entziehen. Und als tägliche Benützer von Technik üben wir das Newtonsche Kausal-Zeit-Schema dauernd ein: Mit jedem Anknipsen des Lichtschalters, dem Drehen des Zündschlüssels, dem Inhalieren der Tagesschau treiben wir Exerzitien in Newtonismus. Deshalb wird es den Zeitgenossen fast unmöglich gemacht, die Zeit anders als reversibel, anders als die Newtonsche Dauer zu sehen und zu empfinden. Mit dieser Schwierigkeit bei der Akzeptanz der hier entwickelten Zeittheorie als einer Theorie, in der die Zeit in zwei

Modi auftreten kann, dem Modus t_r (newtonisch) und dem Modus t_i (lebendig), muß ich rechnen.

Newton habe die Zeit angehalten und die Uhren aufgezogen, so hieß es oben. Nicht zufällig setzt um die Mitte des 17. Jahrhunderts eine stürmische Entwicklung der Uhren ein, ja man kann geradezu von einem Uhrenkult sprechen. Der Holländer Huygens (1629-1657) entdeckte die Pendeluhr und die Unruhe.[33, 34, 35]

> Die Newtonsche Physik hat das Bild der stabilen reversiblen Welt, einer Welt als aufziehbare Uhr, eine Uhr, die man sogar im Prinzip rückwärts laufen lassen kann. Die Erklärungsmöglichkeiten, die dieser Zeitbegriff bietet, sind in der Tat erstaunlich. Sie reichen von den Bewegungsgesetzen der Planeten bis zur Relativitätstheorie. Aber wir wissen heute, daß die Klassische Physik, einschließlich der Quantenmechanik, auch nur einen Ausschnitt unserer physikalischen Welt beschreibt, nämlich Objekte, deren Massen und Energien im Bereiche unserer eigenen Größenordnung liegen. Die wichtigsten Universalkonstanten schränken die Gültigkeit der klassischen Bewegungsgesetze ein, so z.B. die Plancksche Konstante
>
> $$(6{,}6 \times 10^{-27} \text{ erg x sec}),$$
>
> das kleinstmögliche *Wirkungsquantum*, kleinere Impulse *gibt es nicht*, oder auch die Lichtgeschwindigkeit (3×10^{10} cm/sec), denn eine höhere Geschwindigkeit *gibt es nicht*. Die Bewegungsgesetze lassen sich also nicht über diese Geschwindigkeit hinaus anwenden. Schon als der Einfluß der Newtonschen Mechanik auf das Denken der Menschen im 18. Jahrhundert seinen Höhepunkt erreicht hatte, haben weitsichtige Philosophen das Ausschnitthafte der klassischen Physik erkannt. So schreibt Diderot in einem fiktiven Dialog mit d'Alembert: »Sehen Sie das Ei hier? Damit kann man alle theologischen Schulen und alle Gotteshäuser auf der Erde aus den Angeln heben. Was ist dieses Ei, ehe der Keim hineingebracht wird: Eine empfindungslose Masse [...] Wie aber kommt diese Masse zu einem anderen Bau, zu Empfindungsvermögen, zu Leben? Durch die Wärme. Wodurch wird die Wärme erzeugt? Durch

die Bewegung. Was sind die aufeinanderfolgenden Wirkungen der Bewegung? Antworten Sie mir nicht, sondern nehmen Sie Platz. Wir wollen sie genau beobachten, von Moment zu Moment. Da ist zuerst ein schwingender Punkt, dann ein Gewebe, das sich ausdehnt und färbt; ferner Fleisch, das sich bildet. Ein Schnabel, Flügelansätze, Augen, Pfoten erscheinen; eine gelbliche Masse wird ausgeschieden und erzeugt Eingeweide. Jetzt ist es ein Tier [...] Es schlüpft aus, es geht, es fliegt, es regt sich auf, es läuft davon, es kommt wieder näher, es klagt, es leidet, es liebt, es begehrt, es genießt. Es hat alle Ihre Affekte. Alle Ihre Tätigkeiten übt es aus. Wollen Sie jetzt mit Descartes noch behaupten, es sei eine bloße Maschine für Nachahmungen? Dann werden die Kinder Sie auslachen und die Philosophen Ihnen erwidern: Wenn dies eine Maschine sei, so seien Sie auch eine. Geben Sie jedoch zu, daß zwischen dem Tier und Ihnen ein Unterschied nur im organischen Bau besteht, so zeigen Sie Verstand und Vernunft, sind also auf dem richtigen Weg. Daraus muß man jedoch, im Gegensatz zu Ihnen, schlußfolgern, daß sich aus einer inaktiven Materie, die von Wärme und Bewegung durchdrungen wird, alles gewinnen läßt: Empfindungsvermögen, Leben, Gedächtnis, Bewußtsein, Leidenschaften, Denken [...] Hören Sie Ihre eigenen Worte und Sie werden sich selbst bedauern; Sie werden einsehen, daß Sie auf den gesunden Menschenverstand deshalb verzichten, weil Sie eine einfache Voraussetzung, die alles erklärt, nämlich das Empfindungsvermögen als allgemeine Eigentümlichkeit der Materie oder als Produkt des organischen Baus, nicht anerkennen wollen. Und so stürzen Sie in einen Abgrund von Geheimnissen, Widersprüchen und Absurdität.«[36] In diesem fiktiven Gespräch möchte Diderot zeigen, daß nicht alle Phänomene der Natur sich mit der Newtonschen Mechanik behandeln lassen. Diderot spricht vom *Empfindungsvermögen* als allgemeine Eigentümlichkeit der Materie.[37]

Empfindungsvermögen kommt natürlich in der Newtonschen Mechanik nicht vor; es ist ein Aristotelischer Begriff. Und mit Aristoteles hatte Newton endgültig aufgeräumt.

Newton hatte die Zeit soweit abstrahiert, daß nur noch die Uhren übriggeblieben waren, auf denen nichts geschieht, außer daß sie, wie von ihnen verlangt, gleichmäßig umlaufen. Ab und zu müssen sie freilich aufgezogen werden, aber das ist dann das einzige *Ereignis* im Dasein einer Uhr. Ein wirkliches Ereignis, wie die Zeugung von Tristram Shandy, findet nur als Groteske und Parodie mit Hilfe der Uhr statt.

Wie kann man diese Aporie auflösen? Ganz einfach, indem man die Newtonsche Zeit t in zwei Komponenten, nämlich t_r, die reversible Zeit der Uhren, und t_i, die irreversible Zeit der Zeugungen, Sprünge und Übergänge, aufteilt. Doch davon später.

1.4 Entropie – in der Realität ist die Welt irreversibel

Galilei: »Wir werden alles, alles noch einmal in Frage stellen. Und wir werden nicht mit Siebenmeilenstiefeln vorwärtsgehen, sondern im Schneckentempo. Und was wir heute finden, werden wir morgen von der Tafel streichen und erst wieder anschreiben, wenn wir es noch einmal gefunden haben. Und was wir zu finden wünschen, das werden wir, gefunden, mit besonderem Mißtrauen ansehen. Also werden wir an die Beobachtung der Sonne herangehen mit dem unerbittlichen Entschluß, den ›Stillstand‹ der Erde nachzuweisen! Und erst, wenn wir gescheitert sind, vollständig und hoffnungslos geschlagen und unsere Wunden lecken, in traurigster Verfassung, werden wir zu fragen anfangen, ob wir nicht doch recht gehabt haben und die Erde sich dreht!« Mit einem Zwinkern: »Sollte uns aber dann jede andere Annahme als diese unter den Händen zerronnen sein, dann keine Gnade mehr mit denen, die nicht geforscht haben und doch reden. Nehmt das Tuch vom Rohr und richtet es auf die Sonne!«[38]

Die wissenschaftliche Methode ist skeptisch und rigoros. Bertolt Brecht beschreibt sie zutreffend. Die Newtonsche Physik hatte rigoros alle teleologischen Elemente ausradiert. Die Theorie stimmte mit den Beobachtungen überein und: keine Gnade mehr mit denen, die nicht geforscht haben und doch reden. Dogmen, auch die der Physik, haben eine Tendenz, sich zu verfestigen und gnadenlos zu werden.

Anfang des 19. Jahrhunderts, mit der Entwicklung der Dampfmaschine und anderer Wärmekraftmaschinen, wurde die physikalische Wärmelehre interessant: Wie schnell erwärmt sich ein Körper, warum kühlt er sich ab, wieviel Wärme kann er aufnehmen, das heißt was ist seine spezifische Wärme, wie kann man die einzelnen Energieformen ineinander übertragen? Dabei wurden zwei wichtige physikalische Gesetze gefunden: Der Erste Hauptsatz der Thermodynamik, der besagt, daß Wärme (und andere Energien) nicht verlorengehen, sondern nur ineinander umgewandelt werden, z.B. Elektrizität in Wärme bei der Elektroheizung. Das ist der sogenannte Energiesatz von Julius Robert Mayer (1814-1878), der 1842 behauptete »ex nihilo nihil fit«.[39] Ein Satz, der dann später von Joule und Helmholtz weiter quantifiziert wurde, so daß wir heute die einzelnen Energien ineinander umrechnen können; z.B. ist ein PS (= 75 mkp/sec) als eine mechanische Größe äquivalent zur Wärmeleistung von 735 Joules/sec bzw. 172 Kalorien/sec, und diese wiederum sind äquivalent der elektrischen Leistung von 0,735 Kilowatt. Das ist jedem geläufig und kann vom elektrischen Zähler abgelesen werden.

Der Zweite Hauptsatz der Thermodynamik schränkt diese Umwandlungsmöglichkeiten jedoch ein: Zwar kann man 75 mkp in 172 Kalorien verwandeln, aber nicht umgekehrt. Wenn man einen entsprechenden Motor von 1 PS im Leerlauf laufen läßt, so werden zwar exakt 172 Kalorien/sec an Wärme erzeugt, wenn man aber diesen hypothetischen 1-PS-Wagen bergauf fahren läßt, so werden weit weniger als 75 kg einen Meter hoch gehoben, der Rest der Energie geht als nutzlose Abwärme verloren, bei den gegenwärtigen Motoren vielleicht 80 Prozent, bei modernen Dampfmaschinen etwas weniger. Das ist nicht eine Unvollkommenheit der Energieumwandlungsmaschinen, sondern ein physikalisches Gesetz: hochwertige Energie läßt sich nicht verlustlos umwandeln, das wird im Entropie-Gesetz ausgedrückt, das R. Clausius im Jahre 1865 formuliert: »Es ist unmöglich, Wärme ohne Verluste von einem niedrigeren auf ein höheres Temperaturniveau zu heben« oder einfacher ausgedrückt: Wärme fließt ›bergab‹ und sie läßt sich nicht wieder verlustlos nach oben transportieren.

Das wurde von Clausius für die Dampfmaschine, das heißt für den Übergang von Wärmeenergie in mechanische Energie berechnet und in ein quantitatives Gesetz gefaßt, eben den Zweiten Hauptsatz der Thermodynamik.

Danach geht notwendigerweise immer ein Teil der Energie verloren. Die mathematische Fassung des Zweiten Hauptsatzes lautet:

$$dS \geqq \frac{dQ}{T},$$

oder in integrierter Form: $\Delta S = S_2 - S_1 = \int_1^2 \frac{\delta Q}{T} \text{ rev} \geqq \int_1^2 \frac{\delta Q}{T},$

wobei Q der Wärmeumsatz und S die Entropie ist, in dieser Gleichung ein Maß für den notwendig auftretenden Energieverlust. Keine Dampfmaschine kann die Wärme ganz in mechanische Energie verwandeln, auch wenn sie noch so gut isoliert und konstruiert ist, sondern je nach Temperaturdifferenz zwischen Primärdampf und Kondensator nur zu 50 bis 80 Prozent. Auch Energie fließt demnach bergab. Damit ist für einen gegebenen Vorrat an Ausgangsenergie auch gleichzeitig gesagt, daß der Vorgang nicht rückwärts laufen kann. Wegen des notwendigerweise aufgrund des Zweiten Hauptsatzes mit der Energieumwandlung verbundenen Energieverlustes würde beim Zurückgehen in den Ausgangszustand weniger Energie vorhanden sein. Der zweite Schub der Kolbenmaschine wäre also schon etwas kraftloser. Die Maschine würde allmählich abebben und schließlich stillstehen.

Die Entropie ist also nicht nur ein Maß für den Energieverlust, sondern auch ein Maß für die Nichtumkehrbarkeit von Vorgängen, für deren Irreversibilität. Energieflüsse sind ›gerichtet‹ in der Zeit. Damit ist die Entropie auch ein Zeitmaß, ein Maß für die Nichtumkehrbarkeit der Zeit. Zwar kennt die Newtonsche Physik auch die Zeit. Alle Bewegungsvorgänge spielen sich in Raum und Zeit ab. Aber die Newtonsche Zeit ist im Prinzip reversibel. Die ideale Bewegung verbraucht sich nicht. Um seine Gesetze formulieren zu können, mußte Newton eine Abstraktion vornehmen, sich also von der Realität entfernen. Ein nicht beschleunigter oder gebremster Körper verharrt im Zustand gleichförmiger Bewegung, sagte Newton. Aber in Wirklichkeit sind *alle* Körper beschleunigt oder gebremst. Ein reibungsfreies Pendel schwingt ewig, die Planeten umkreisen die Sonne praktisch unverändert, sagt Newton. Aber in Wirklichkeit reiben sich Pendel an der Luft, und unser Planetensystem wird nicht ewig bestehen. Die Zeit als irreversible, gerichtete Größe ist in den Newtonschen Gesetzen ›wegidealisiert‹. Das ist aber nicht möglich bei Energieübertragungsvorgängen, eben aufgrund des Zweiten Hauptsatzes. Der abnehmende Energievorrat ist dann ein Maß für die Zeit.[40] Damit wird die Irreversibilität wiedereingeführt.

Die Newtonschen Gleichungen haben die wunderbare Eigenschaft, daß

$$t = -t$$

ist. Da kann man sich ganz schön ausruhen! Alle Teleologie ist zur Strecke gebracht, allerdings um den Preis, daß man das

Werden nun nicht mehr erklären kann, dafür aber die existierende Welt, freilich in einem sehr eingeschränkten Sinne. *Der Zweite Hauptsatz der Thermodynamik ist der erste teleologische Satz seit Newton.*

Es hat nicht an Versuchen bedeutender Physiker gefehlt, den Zweiten Hauptsatz, eben das Entropiegesetz, auf die klassische Mechanik zurückzuführen. Die Temperatur eines Gases, aber auch einer Flüssigkeit oder eines Festkörpers ist definiert durch die Bewegung der Teilchen dieser Materie. Je heißer die Materie, desto schneller bewegen sich die einzelnen Teilchen, aus denen sie aufgebaut ist, durcheinander. Von einer bestimmten Temperatur (0°C) ab werden zum Beispiel die Bewegungen der Wasserteilchen im Schneekristall so heftig, daß der Kristall schmilzt. Beim weiteren Erwärmen wirbeln dann die Moleküle der Flüssigkeit so durcheinander, daß sie schließlich aus der Flüssigkeit herausspringen und verdampfen. Dies geschieht unter Normalbedingungen bei 100°C. Wärme ist Bewegung der Teilchen. Das Entropiegesetz besagt, daß schließlich eine Gleichverteilung der Wärme auftritt, daß also alle Teilchen nach vielen Zusammenstößen sich mit etwa der gleichen Geschwindigkeit bewegen. Das wäre dann der *Wärmetod.*

In diesem Zustand der Gleichverteilung von Energie, der einem völligen und endgültigen Gleichgewichtszustand entspricht, müßte man die Bewegung der Teilchen im Prinzip auf die Newtonsche Mechanik zurückführen können und so dem Entropiegesetz eine molekularkinetische Deutung geben können (H-Theorem). Das hat zuerst Ludwig Boltzmann versucht.[42]

Sein Versuch, das Entropiegesetz und damit die Zeit auf klassische Bewegungsgesetze zurückzuführen, muß heute als gescheitert gelten. Karl Popper schreibt dazu: »Ich finde Boltzmanns Idee in ihrer Kühnheit und Schönheit atemberaubend. Ich finde aber auch, daß sie vollkommen unhaltbar ist, zumindest für einen Realisten. Sie macht aus der in nur einer Richtung verlaufenden Veränderung eine Illusion. Das macht aber auch aus der Katastrophe von Hiroshima eine Illusion. Es

> macht aus unserer Welt eine Illusion und *damit auch aus allen unseren Bemühungen, mehr über unsere Welt herauszufinden.*«[41, 43]

Der Boltzmannsche Versuch der Rückführung der entropischen Irreversibilität auf die Newtonsche Mechanik soll nun noch einmal in Anlehnung an Feynman betrachtet werden.[44] Stellen wir uns ein Gemisch von schwarzen und weißen Molekülen oder Kugeln vor, die durcheinanderkullern. Ursprünglich waren sie in weiße und schwarze getrennt, beim Schütteln verteilen sie sich nach und nach gleichmäßig. Und selbst wenn wir noch stundenlang weiterschütteln, so würde niemals der Zustand eintreten, daß alle schwarzen wieder in ihre ursprünglichen Ecke und die weißen in der anderen sich befinden. Das ist ein Beispiel für einen irreversiblen Prozeß, der aber ganz und gar aus reversiblen Elementen zusammengesetzt ist. Denn jeder Zusammenstoß zwischen zwei Kugeln gehorcht den mechanischen, deterministischen Gesetzen, sonst gäbe es kein Billardspiel. Wenn man eine Filmaufnahme des Vorgangs anfertigte und diese rückwärts laufen ließe, so wäre jedes einzelne Zwischenbild nicht falsch. Das Mischen der Kugeln erscheint also als vollständig reversibel, und doch ist es irreversibel. Hier liegt also eine Irreversibilität vor, die auf reversiblen Einzelsituationen beruht. Aber wir können verstehen, warum. Wir begannen mit einer Anordnung, die im gewissen Sinne geordnet war. Infolge des Chaos der Kollisionen wird es ungeordnet: *Der Übergang von einem geordneten in einen ungeordneten Zustand ist die Quelle der Irreversibilität.* Es ist klar, daß man bei Betrachtung einer rückwärtslaufenden Filmaufnahme sagen würde, so kann es nicht gewesen sein, das ist gegen die Gesetze der Physik. Wenn wir den Film dann noch einmal laufen lassen und auf jedes einzelne Ereignis schauen, dann würde es den Gesetzen der Physik gehorchen. Man muß sich also fragen, was meinen wir mit Ordnung und Unordnung? Das hat nichts zu tun mit erfreulicher Ordnung oder unangenehmer Unordnung. Das, was im gemischten und im ungemischten Zustand verschieden ist, ist das Folgende: Angenommen, wir teilen den Raum in kleine Volumenelemente; auf wie viele Weisen können wir die weißen und schwarzen Kugeln zwischen den Volumenelementen verteilen, so daß weiß auf der einen und schwarz auf der anderen Seite ist? Und andererseits, auf wie viele Arten und Weisen können wir sie verteilen, ohne jede Restriktion, welche wohin geht? Klarerweise gibt es viel mehr Möglichkeiten, sie auf die letztere Art und Weise zu plazieren. Wir messen ›Unordnung‹ durch die Anzahl der Möglichkeiten, wie das Innen aufgebaut werden kann, so daß es von außen gleich aussieht. Der Logarithmus dieser Zahl von Möglichkeiten ist die Entropie. Die Zahl der Möglichkeiten im Falle der Raumaufteilung ist kleiner, d.h. die Entropie ist kleiner, die Unordnung ist geringer. Auf diese Weise kann man die Sätze verstehen:

1. Entropie mißt Unordnung.

2. Das Universum geht von Ordnung zu Unordnung, die Entropie wächst. Ordnung ist nicht Ordnung in dem Sinne, daß wir die Anordnung mögen, sondern in dem Sinne, daß die Zahl der Möglichkeiten, sie herzustellen (und dennoch von außen gleichartig zu sein), relativ beschränkt ist.

Soweit wir wissen, sind alle fundamentalen Gesetze der Physik, einschließlich der Elektromechanik reversibel, wie Newtons Gleichungen. Woher kommt dann Irreversibilität? Sie kommt daher, daß Ordnung in Unordnung übergeht; aber das können wir nicht verstehen, solange wir nicht den Ursprung von Ordnung kennen. Warum sind unsere alltäglichen Situationen ständig außerhalb des Gleichgewichtes, z.B. die Tatsache, daß Leben existiert? Eine mögliche Erklärung wäre die folgende: Wenn wir wieder unsere schwarzen und weißen Kugeln betrachten, so wäre es im Prinzip möglich, daß, wenn wir nur lange genug warteten, durch einen schieren, höchst unwahrscheinlichen, aber nicht unmöglichen Zufall die Kugeln sich so anordnen, daß auf der einen Seite fast alle weißen und auf der anderen fast alle schwarzen sind. Nach einiger Zeit vermischen sie sich dann wieder mehr oder weniger gleichmäßig. Es könnte also sein, daß unser gegenwärtiger hoher Ordnungszustand aufgrund eines Zufalls zustande gekommen ist, aufgrund einer Fluktuation, in der die Dinge sich voneinander trennten, und nun sind wir in der für uns glücklichen Situation, daß sie sich wieder gleichmäßiger verteilen. Dann wäre die Irreversibilität ein zufälliger Zustand des gegenwärtigen Zeitpunktes im Kosmos. Nur weil die Fluktuationen so unglaublich langsam sind, können wir den Entropiesatz als physikalisches Gesetz aufstellen. Das ist aber logisch unhaltbar, denn wir beobachten in unserem gesamten Kosmos keine auch noch so entfernte Ecke, in der das Entropiegesetz nicht gelten würde. Dann kommt das Ganze auf ein kosmologisches Argument hinaus, daß nämlich der Kosmos am Anfang in einem Zustand hoher Ordnung war, der sich allmählich abbaut. Auf diese kosmologische Deutung werde ich in Kapitel 2.2 zurückkommen.

Offensichtlich hat der Übergang von Ordnung in Unordnung seine Entsprechung in dem Phänomen, das wir heute *Selbstorganisation* nennen. Nach dem *Entropiegesetz desorganisiert* sich die Welt, *nach welchen Gesetzen organisiert sie sich*? Wir wissen es nicht. Es sind bisher nur sehr unvollkommene Ansätze zum Verständnis der Selbstorganisation sichtbar. Davon wird in 1.8 die Rede sein.

Der Zweite Hauptsatz der Thermodynamik, das Entropiegesetz, war, wie gesagt, das erste teleologische Gesetz nach Newton. Sozusagen durch die Hintertür hat sich die Entelechie wieder eingeschlichen. Bei Aristoteles entwickelte sich die Welt auf das vollkommene Eine hin, die göttliche Kraft zielte auf Vollkommenheit. Eine solche Philosophie, ein solches Weltbild ist nach Newton nicht mehr möglich. Aber zum mindesten ein Gesetz der Ausrichtung auf die *Unvollkom-*

menheit, die *Unordnung* ist mit dem Entropiegesetz aufgestellt, die negative Seite des aristotelischen Werdens hat mit dem Entropiegesetz Eingang in die Physik gefunden. Sollte vielleicht, nachdem das Streben nach Vollkommenheit, Gott, aus der Physik verbannt worden war, wenigstens doch der Teufel wieder zugelassen werden? Das Wort Teufel leitet sich vom griechischen diabolos ab, das heißt der Teufel ist der Durcheinanderwerfer, der Unordnungstifter, der Entropievermehrer, das entropische Prinzip.

Es steht zu vermuten, daß das Entropiegesetz, zunächst und noch immer ein Stein des Anstoßes in der klassischen Physik – man muß nur hören, wie Physiker sich um seine Interpretation drücken –, in der Zukunft durch Gesetze der Selbstorganisation ergänzt werden wird. Erste Ansätze dazu sind vorhanden und werden in 1.8 behandelt werden.

Genau gesehen ist die nachklassische Physik voller ähnlicher Ungereimtheiten (im Sinne der Newtonschen Physik), insbesondere im Bereich der Quantentheorie. Warum soll Energie nur in bestimmten, genau definierten Portionen (Quanten) auftreten dürfen? Warum ist es den Elektronen aufgrund des Pauli-Verbotes nicht erlaubt, mit der gleichen Spinquantenzahl aufzutreten? Warum gibt es keine höhere Geschwindigkeit als die doch recht langsame Lichtgeschwindigkeit?

Die meisten dieser phänomenologischen Gesetzmäßigkeiten sind restriktiv, sie verbieten etwas, aber wir wissen nicht warum. Vielleicht können auch solche Phänomene eines Tages durch entsprechende positive Gesetze verständlicher gemacht werden.

Energie fließt bergab. Warum fließt sie bergab? Wir wissen es nicht. Warum rollt ein Stein bergab? »Das ist die Schwere«, sagt Simplicio. Und Salviati antwortet: »Ihr hättet sagen müssen, es heißt die Schwere.« Und auf unseren Fall der Wärme angewendet: »Es *heißt* die Entropie.« Newton hat durch seine großartige Abstraktion die Schwere in seine

Gravitationstheorie eingebettet: Ein Stein fällt im Gravitationsfeld der Erde nach bestimmten Gesetzen. Sollte es nicht möglich sein, ein Organisations-Desorganisations-Feld zu postulieren, in dem sich die Ordnungsphänomene abspielen, also Energieflüsse, Evolution, Formbildung, Selbstorganisation? Davon wird in 1.8 die Rede sein.

Zusammenfassend läßt sich festhalten: Aufgrund des Zweiten Hauptsatzes der Thermodynamik ist die Zeitstruktur gerichtet und irreversibel.[45] Nach diesem Zeitmodus verlaufen die *Veränderungen* in der Welt; Werden und Vergehen findet statt; das Neue entsteht. Diese Zeitstruktur wird hier die Zeit t_i genannt. Sie kreiert ein Zeitfeld oder auch Entropie-Feld. Dieser Zeitmodus ist im Kantischen Sinne aber eng verknüpft mit der Reversibilität der Fundamentaltheorien der klassischen Physik, in denen die Zeit t_r gilt. Mit diesem Doppelcharakter der Zeit[46] verläuft das Weltgeschehen, und es gilt herauszufinden, welches die Übergänge der beiden Zeitmodi t_r und t_i sind. Dieser Übergang wurde als chaotisch, diskontinuierlich beschrieben, über einen seltsamen Attraktor verlaufend.[4] Das Ordnung-Chaos-Konzept hat sich in den letzten Jahren als außerordentlich fruchtbar erwiesen. Das läßt sich hier kurz fassen, da es an anderer Stelle bereits ausführlich behandelt wurde.[47, 48] Chaos und Ordnung und die entsprechenden Übergänge lassen sich aufgrund der modernen Chaostheorie heute genauer fassen, und das Verhältnis von Chaos und Ordnung hängt eng mit der Struktur der Zeit zusammen.[46, 49] Periodische, d.h. zyklische Vorgänge können bei häufiger Iteration über einen seltsamen Attraktor und einen irreversiblen Zeitsprung chaotisch werden, um dann wieder in Reversibilität einzumünden. Diese Übergänge lassen sich quantitativ beschreiben; davon wird in 1.10 die Rede sein.

1.5 Anthropisches versus entropisches Prinzip

Wie ist reine Naturwissenschaft möglich?

§ 14 Natur ist das Dasein *der Dinge, sofern es nach allgemeinen Gesetzen bestimmt ist. Sollte Natur das Dasein der Dinge an* sich selbst *bedeuten, so würden wir sie niemals, weder a priori noch a posteriori, erkennen können. Nicht a priori, denn wie wollen wir wissen, was den Dingen an sich selbst zukomme, da dieses niemals durch Zergliederung unserer Begriffe (analytische Sätze) geschehen kann, weil ich nicht wissen will, was in meinem Begriffe von einem Dinge enthalten sei (denn das gehört zu seinem logischen Wesen), sondern was in der Wirklichkeit des Dinges zu diesem Begriff hinzukomme und wodurch das Ding selbst in seinem Dasein außer meinem Begriffe bestimmt sei. Mein Verstand und die Bedingungen, unter denen er allein die Bestimmungen der Dinge in ihrem Dasein verknüpfen kann, schreibt den Dingen selbst keine Regel vor; diese richten sich nicht nach meinem Verstande, sondern mein Verstand müßte sich nach ihnen richten; sie müßten also mir vorher gegeben sein, um diese Bestimmungen von ihnen abzunehmen, alsdenn aber wären sie nicht a priori erkannt.*

Auch a posteriori wäre eine solche Erkenntnis der Natur der Dinge an sich selbst unmöglich. Denn wenn mich Erfahrung Gesetze, *unter denen das Dasein der Dinge steht, lehren soll, so müßten diese, so fern sie Dinge an sich selbst betreffen, auch außer meiner Erfahrung ihnen* notwendig *zukommen. Nun lehrt mich die Erfahrung zwar, was da sei, und wie es sei, niemals aber, daß es notwendiger Weise so und nicht anders sein müsse. Also kann sie die Natur der Dinge an sich selbst niemals lehren.*[50]

1.5.1 Noch einmal das entropische Prinzip

Irreversibilität ist mit dem Entropiegesetz naturgesetzlich etabliert; und es wurde oben darüber spekuliert, woher diese Ausrichtung der Zeit kommt und daß sich dieses Gesetz nicht auf die klassische Newtonsche Physik zurückführen läßt. Das bedeutet natürlich nicht, daß es nicht doch ›lokale Reversibilität‹ geben kann. Natürlich gibt es Uhren und newtonsche Systeme, die in erster Näherung als reversibel betrachtet werden können und dem Zeitmodus t_r gehorchen. Diese sind aber eingebettet in die allgemeinen irreversiblen Zeitereignisse, die letzten Endes eine kosmologische diskontinuierliche Zeitfolge sind und sich aus der Prozessualität des Kosmos ableiten. Wenn man annimmt, daß der Kosmos zum Zeitpunkt des Urknalls maximal geordnet war und daß diese anfängliche Ordnung sich nach und nach in Unordnung verwandelte, ja eben nach dem Entropiesatz verwandeln mußte, dann wären wir jetzt irgendwo zwischen Urknall und Wärmetod in einem Zustand des Kosmos, der zufällig gerade die Bedingungen unseres Lebens ermöglicht. Die Expansion des Universums wäre demnach die Begründung für die irreversible Zeit t_i. Aber ganz so einfach scheinen die Dinge nicht zu liegen. Nach Harrison[51] kann man die Relation der Photonen- zur Baryonenzahl im Kosmos als ein Maß für die Entropie der Welt verwenden. Die Zahl der *Baryonen*, d.h. der Materie und ihrer Bausteine, also Protonen, Neutronen usw., ist ein Maß für die *Ordnung*, und die im Weltall strahlenden *Photonen* können als Repräsentanten der *Unordnung* gelten. Man kann nun abschätzen, daß auf jedes Baryon 10^8 bis 10^9 Photonen kommen. Der Kosmos besteht also zum weitaus überwiegenden Teil aus Licht (was in dem Falle mit Unordnung gleichzusetzen wäre) und nur zum geringen Teil aus Materie, die den Ordnungsparameter darstellt.

Durch Fusionsenergie in den Sternen wird Kernenergie freigesetzt und strahlt in den kalten Weltraum hinaus. Das

Wesentliche ist nun, daß wegen der noch ständig anhaltenden Expansion des Universums dieses sich dauernd abkühlt (wie das Expansionsgefäß im Kühlschrank), so daß das gewaltige Temperaturgefälle zwischen den Fusionsreaktoren der Gestirne und dem ›leeren‹ nur mit Hintergrundstrahlung erfüllten Weltraum ständig aufrechterhalten wird. Aus dem Verhältnis von 1 Baryon auf 10^8 bis 10^9 Photonen und der Tatsache, daß die wenigen Baryonen immer weiter zerstrahlen, ergibt sich, daß *der Kosmos eigentlich den Wärmetod schon fast erreicht hat.* Der größte Teil der Entropie ist schon erzeugt. Harrison schreibt:

> Wenn vor einigen Jahrzehnten Wissenschaftler über das Universum diskutierten, sagten sie mit verhaltener Stimme den schließlichen Wärmetod des Universums voraus und malten sich aus, wie alles welken und sterben und die Entropie unerbittlich ansteigen und ihre endgültige Höhe erreichen würde. Wir erkennen heute, daß der Wärmetod bereits eingetreten ist; er ereignete sich vor langer Zeit, und wir leben in einem Universum, das seine maximale Entropie fast erreicht hat.[52]

Aber dennoch kann ›Energie bergab fließen‹, eben wegen der noch andauernden Expansion des Weltalls.

Fest steht, daß die irreversible Zeit t_i ihre physikalische Begründung im Zweiten Hauptsatz hat. Freilich können immer wieder aufgrund der inhärenten Selbstorganisation, über die in einem späteren Kapitel (1.8) gesprochen werden soll, sich stabile Systeme bilden, für die der reversible Zeitvektor t_r angewendet werden kann.

1.5.2 Das anthropische Prinzip

»Natur ist das Dasein der Dinge, sofern es nach allgemeinen Gesetzen bestimmt ist«, sagt Kant in den Prolegomena zur *Kritik der reinen Vernunft.* Was können wir als Menschen von der Natur erkennen? Diese Frage ist nicht nur von der Seite der Erkenntnistheorie gestellt worden, sie wird neuerdings auch von seiten der Physik und Kosmologie gestellt.

> Wie wichtig ist Bewußtsein für das Universum als Ganzes? Könnte das Universum existieren, wenn es darin überhaupt keine bewußten Wesen gäbe? Sind die Gesetze der Physik speziell so konstruiert, daß sie die Existenz bewußten Lebens zulassen? Zeichnet sich unser Ort im Universum entweder räumlich oder zeitlich besonders aus? Mit solchen Fragen befaßt sich das sogenannte *anthropische Prinzip*.[53]

Man kann sogar noch weiter fragen: Sind die Gesetze der Physik speziell so konstruiert, daß sie die Existenz bewußten Lebens hervorbringen *müssen*? Das anthropische Prinzip ist ein finalistisch-teleologisches Prinzip, oder es hat zumindest teleologische Elemente. In ihrer ausführlichen Monographie behandeln Barrow und Tipler die verschiedenen Aspekte dieses Prinzips.[54] Man könnte auch umgekehrt formulieren: Würde das Weltall existieren, wenn keinerlei menschliches Bewußtsein es je angeschaut und erfaßt hätte, jetzt und in Zukunft nicht?[55] Nach dem oben angeführten Kant-Zitat[51] ist eine solche Frage im Grunde sinnlos; jedenfalls überschreitet sie die Grenzen der empirischen Wissenschaften.

Barrow und Tipler formulieren verschiedene anthropische Prinzipien; das *schwache anthropische Prinzip* (WAP = weak anthropic principle) besagt, daß die beobachteten Werte aller physikalischen und kosmologischen Größen Werte angenommen haben, die gerade den Erfordernissen entsprechen, welche für eine Evolution des Lebens notwendig sind. Auf der Basis von Kohlenstoffverbindungen, in einem sehr engen Temperaturfenster, in dem gerade Wasser flüssig ist, in dem informationstragende Makromoleküle (DNS, Proteine) sich gerade noch nicht zersetzen, in einem Strahlungsbereich, in dem Photosynthese stattfinden kann, ist homo sapiens entstanden – ausgerechnet da! An sich könnten die Grundkonstanten doch beliebige Größen angenommen haben. »Der Schöpfer« war aber offenbar nicht völlig frei in seiner Auswahl, »Er« hat gerade die Größen »gewählt«, die zur Hervorbringung eines künftigen Menschen (= anthropos) paßten. Auch ist auffällig, daß das Universum gerade das für eine solche Entwicklung genügende Alter besitzt. Mit Hilfe des WAP kann man (freilich auf teleologische Weise) »erklären«, warum heutzutage gerade die richtigen Bedingungen dafür herrschen, daß intelligentes Leben auf der Erde existiert. Auf diese Weise konnten Brander und Carter einige recht auffällige Beziehungen zwischen verschiedenen Universalkonstanten erklären, etwa der Gravitationskonstante, der Protonenmasse und dem Alter des Universums. Diese physikalischen Konstanten gelten gerade in der gegenwärtigen Epoche der Erdgeschichte – und das hängt mit kosmologischen Daten der Hauptreihensterne zusammen, zu denen auch die Sonne gehört.

Barrow und Tipler formulieren weiterhin das *starke anthropische Prinzip* (SAP = strong anthropic principle): »Das Universum mußte zu einem bestimmten Zeitpunkt seiner Geschichte Bedingungen hervorbringen, die die Entwicklung von Leben gestatten.« Und schließlich, das noch weitergehende *finale anthropische Prinzip* (FAP = final anthropic principle): »Intelligente Informationsverarbeitung muß irgendwann im Universum in Erscheinung treten, und nachdem sie in Erscheinung getreten ist, kann sie niemals wieder aussterben.«[57]

Hier geraten wir in eine teleologische Weltdeutung – trotz Newton, trotz Kant –, die ihren vorläufigen Höhepunkt findet in dem sogenannten *Gaia-Prinzip*, das die Erde, ja den ganzen Kosmos als ein einziges unteilbares Lebewesen auffaßt.[56]

Die Gaia-Hypothese von Lovelock betrachtet die Erde und den ganzen Kosmos als ein einziges zusammenhängendes Lebewesen, auf dem alles so zusammenpaßt und miteinander in

Beziehung steht wie die einzelnen Teile eines Organismus mit seinen vielfältigen arbeitsteiligen Organen. Da ist alles füreinander gemacht: Die Sonne, daß sie uns mit Energie versorgt, die Gravitation, daß sie die Atmosphäre zusammenhält, die Atmosphäre so, daß die Menschen darin atmen können, die Meere so, daß darin große und kleine Fische existieren und parasitär voneinander abhängen. Malaria-Mücke, Mensch, Wald, Grundwasserspiegel, Gezeiten, Klimawechsel, Ozonschicht, Vulkanismus, anaerobe Bakterien in Schwefelquellen, Erdölquellen, rasende Rennmotoren, das unterirdische Kriechen eines Maulwurfs – alles hängt miteinander zusammen, ist Teil des lebendigen Organismus Gaia.

Dann kann nichts unabhängig voneinander geschehen, die verschiedenen Eigenzeiten der Untersysteme von der Sonne über Meer, Wald, Mensch bis zur Mücke sind irgendwie miteinander gekoppelt. Wir werden in Kapitel 1.10 sehen, wie das im einzelnen zu denken ist. Es soll der *Zeitbaum* genannt werden. Das Gaia-System ist vollständig vernetzt. Nun haben aber Netzwerke besondere Eigenschaften, die nicht nach einer einfachen Kausallogik verstanden werden können. In prozessualen Netzwerken – und das Gaia-System lebt ja – mit zahlreichen iterativen Untersystemen müssen die Prinzipien der Theorie des deterministischen Chaos angewendet werden; d.h. in einem Gaia-System kann ein raumzeitliches Ereignis je nachdem, in welcher Situation das Netzwerk sich gerade befindet, eine gravierende Änderung und einen Zusammenbruch bewirken, oder der gleiche Eingriff kann vollkommen unbemerkt ausgeregelt werden. Das gilt für das Überleben eines Individuums bzw. für seinen Tod genauso wie für den Zusammenbruch eines Öko-Systems, eine Umweltkatastrophe oder einen globalen Klimakollaps.

Die Gaia-Hypothese ist eine sympathische, gewissermaßen *pantheistische Weltsicht*, sie steht dem anthropischen Prinzip nahe. Aber man wird die Gaia-Hypothese niemals ›benützen‹ können, um mit ihrer Hilfe Öko-Katastrophen zu vermeiden, gerade weil sie nicht technisch manipulativ gemeint ist. ›Brauchbare‹ wissenschaftliche Methoden sind notwendigerweise analytisch und nicht ganzheitlich; daran läßt sich nichts ändern. Da der Mensch eben nicht nur ein analytisches Wesen, sondern auch ein ganzheitliches ist, benötigt er beides, das Analytische für das praktische Leben in der Einzelsituation und das Ganzheitliche für das Überleben im ›System Gesellschaft und Welt‹. Nur wenn man das weiß, muß man nicht den vergeblichen Kampf gegen sich selbst führen, sondern kann die beiden Prinzipien nach Möglichkeit fruchtbar in Einklang bringen.

Was ist geistesgeschichtlich geschehen? Es sieht fast so aus, als hätte der Zweite Hauptsatz als erstes finalistisches Gesetz der modernen Naturwissenschaft einen Damm eingerissen, der das angestaute Bedürfnis nach teleologischen Welterklärungsmodellen, nach Beantwortung von Sinnfragen ermöglichen soll. Man muß hier sehr vorsichtig sein.[57] Die Frage nach dem Sinn des Daseins kann und darf Naturwissenschaft niemals beantworten, aber sie darf immerhin bis an die Grenze vorstoßen, wo die Sinnfrage in Erscheinung tritt. Das ist beim Entropiegesetz der Fall; warum fließt Energie bergab und Ordnung wird zerstört? Warum bringt die Materie immer neue Formen hervor? Wie und warum ist Denken entstanden? Warum hat der Kosmos eine Gestalt und eine Physik, die auf uns Menschen paßt? *Wir werden diese Fragen nicht mit Hilfe der Physik beantworten können, aber die Physik hat uns geholfen, sie klar zu formulieren.*

> Wir haben jetzt das Land des reinen Verstandes nicht allein durchreiset, und jeden Teil davon sorgfältig in Augenschein genommen, sondern es auch durchmessen, und jedem Dinge auf demselben seine Stelle bestimmt. Dieses Land aber ist eine Insel, und durch die Natur selbst in unveränderliche Grenzen eingeschlossen. Es ist das Land der Wahrheit (ein reizender Name), umgeben von einem weiten und stürmischen Ozeane, dem eigentlichen Sitze des Scheins, wo manche Nebelbank,

und manches bald wegschmelzende Eis neue Länder lügt, und indem es den auf Entdeckungen herumschwärmenden Seefahrer unaufhörlich mit leeren Hoffnungen täuscht, ihn in Abenteuer verflechtet, von denen er niemals ablassen, und sie doch auch niemals zu Ende bringen kann. Ehe wir uns aber auf dieses Meer wagen, um es nach allen Breiten zu durchsuchen, und gewiß zu werden, ob etwas in ihnen zu hoffen sei, so wird es nützlich sein, zuvor noch einen Blick auf die Karte des Landes zu werfen, das wir eben verlassen wollen, und erstlich zu fragen, ob wir mit dem, was es in sich enthält, nicht allenfalls zufrieden sein könnten, oder auch aus Not zufrieden sein müssen, wenn es sonst überall keinen Boden gibt, auf dem wir uns anbauen könnten; zweitens, unter welchem Titel wir denn selbst dieses Land besitzen, und uns wider alle feindselige Ansprüche gesichert halten können.[58]

•

1.6 Relativität – die Beziehung von Raum und Zeit

Es gibt keine induktive Methode, welche zu den Grundbegriffen der Physik führen könnte. Die Verkennung dieser Tatsache war der philosophische Grundirrtum so mancher Forscher des 19. Jahrhunderts; sie war wohl der Grund dafür, daß sich die Molekulartheorie und die Maxwellsche Theorie erst verhältnismäßig spät durchsetzen konnten. Logisches Denken ist notwendig deduktiv, auf hypothetische Begriffe und Axiome gegründet. Wie sollen wir erwarten, letztere so wählen zu können, daß wir auf die Bewährung ihrer Konsequenzen hoffen dürfen?

Der günstigste Fall liegt offenbar dann vor, wenn die neuen Grundhypothesen durch die Erlebniswelt selbst nahegelegt werden. Die Hypothese von der Nichtexistenz eines Perpetuum Mobile als Grundlage für die Thermodynamik ist ein solches Beispiel einer durch die Erfahrung nahegelegten Ausgangshypothese; ebenso Galileis Trägheitsprinzip. Von solcher Art sind auch die Grundhypothesen der Relativitätstheo-

rie, welche zu einer ungeahnten Erweiterung und Vertiefung der Feldtheorie und zu einer Überwindung der Grundlagen der klassischen Mechanik geführt hat.

Die Erfolge der Maxwell-Lorentzschen Theorie erzeugten großes Vertrauen in die Gültigkeit der elektromagnetischen Gleichungen des Vakuums, im besonderen also auch in die Aussage, daß das Licht sich ›im Raum‹ mit einer bestimmten konstanten Geschwindigkeit c ausbreitet. Gilt diese Aussage von der Konstanz der Licht-Ausbreitungs-Geschwindigkeit in bezug auf beliebige Inertialsysteme? Wenn dies nicht der Fall wäre, so wäre ein bestimmtes Inertialsystem oder genauer ein bestimmter Bewegungs-Zustand (eines Bezugskörpers) vor allen anderen ausgezeichnet. Dagegen sprachen aber alle mechanischen und elektromagnetisch-optischen Erfahrungstatsachen.

Es war also geboten, die Gültigkeit des Gesetzes der Konstanz der Lichtausbreitung für alle Inertialsysteme zum Prinzip zu erheben. Daraus folgte, daß die räumlichen Koordinaten X_1, X_2, X_3 und die Zeit X_4 beim Übergang von einem Inertialsystem zu einem andern sich gemäß der ›Lorentz-Transformation‹ transformieren müssen, welche durch die Invarianz des Ausdruckes

$$ds^2 = dx_1^2 + dx_2^2 + dx_3^2 - dx_4^2$$

charakterisiert ist (wenn man die Zeiteinheit so wählt, daß die Lichtgeschwindigkeit c gleich 1 wird).

Dadurch verlor die Zeit ihren absoluten Charakter und wurde den ›räumlichen‹ Koordinaten als algebraisch (nahezu) gleichartige Bestimmungsgröße zugeordnet; der absolute Charakter der Zeit und im besonderen der Gleichzeitigkeit war zerstört und die vierdimensionale Beschreibung als einzig adäquate eingeführt.

Damit darüber hinaus der Äquivalenz aller Inertialsysteme in bezug auf alles Naturgeschehen Rechnung getragen sei, muß die Invarianz aller physikalischen Gleichungssysteme, welche allgemeine Gesetze ausdrücken, gegenüber Lorentz-

> *Transformationen gefordert werden. Die Ausführung dieser Forderung bildet den Inhalt der speziellen Relativitätstheorie.*[59]

Was Einstein hier über seine spezielle Relativitätstheorie sagt, kann kaum klarer und knapper dargestellt werden. Der Ausgangspunkt für Einsteins Überlegungen waren die Schwierigkeiten, die Mechanik, insbesondere die Newtonsche Mechanik, zum Fundament der ganzen Physik zu machen. In eine solche übergreifende Theorie ließen sich Licht und Elektrizität nicht einverleiben. »Dies führt zur Feldtheorie der Elektrizität und weiter zu dem Versuch, die Physik ganz auf den Feldbegriff zu gründen (nach versuchtem Kompromiß mit der Klassischen Mechanik). Dieser Versuch führt zur Relativitätstheorie.«[60]

1.6.1 Die zweifache Struktur der Zeit

Es sollen hier nicht die vielfältigen Aspekte der speziellen Relativitätstheorie behandelt werden; es geht nur um den Versuch, das für unser Problem der Zeit Relevante herauszuarbeiten. Dafür hat Wolfgang Kaempfer »einen zweifachen Charakter der Zeit« vorgeschlagen.[61]

Die irreversible Zeit, die ein System *verändert*, soll t_i, und die reversible Zeit, die seine Stabilität sichert, t_r genannt werden.

> Wie sich z. B. an ökologischen Systemen zeigen läßt, wird die Zeit t_i im allgemeinen sehr viel langsamer verlaufen als die Zeit t_r. Das gilt natürlich auch für die Individuen eines lebenden Systems. Obgleich begrenzt und kurz, ist ihre Lebenszeit verhältnismäßig sehr viel langsamer als die mehr oder minder kurzen Rhythmen, über die sie ihre Stabilität sichern (Atmung und Blutkreislauf, Zitronensäurezyklus, Zellstoffwechsel usf.). Gleichzeitig gilt: In lebenden Systemen haben sich t_i und

t_r, die unter kosmologischen Bedingungen weit auseinanderklaffen können (zwischen c und o), so weit einander angenähert, sie sind so weit entfernt von Grenzgeschwindigkeiten (in der Nähe der Licht- oder Null-Geschwindigkeit), daß ihnen genügend Spielraum bleibt für ihre fast beliebige Dilatation. Sollte daher irgendeine Form der Interdependenz zwischen ihnen angenommen werden können, so fiele sie nicht ins Gewicht, sie müßte unauffällig bleiben.

Vergleichbares gilt auch für die meisten materiellen Systeme. Obgleich schon die Drei-Körper-Systeme einen irreversiblen Faktor erkennen lassen, eine Bewegungsrichtung nach dem Zeitmodus t_i, die sich nicht genau vorausberechnen läßt, und obgleich sich schon an den einfachsten Systemen, wie wir gesehen haben, ›ältere‹ und ›jüngere‹ Zustände – und damit eine ›Geschichtszeit‹ – unterscheiden lassen, wird die systemstabilisierende Zeit t_r im allgemeinen sehr viel schneller verlaufen als die Zeit t_i. Das einfachste Beispiel sind die Planetensysteme. Ein absolut stabiles System wird es zwar nicht geben, auch unter den Planetensystemen nicht, ein Faktor t_i bleibt auch den stabilsten Systemen eingeschrieben, weil es sich ja allein über einen Zeit-Kreis, über die Prozeßform, erhalten kann (und kein Prozeß Voraussagen erlaubt, die bis in seine fernste Zukunft reichen würden); aber im allgemeinen wird auch für materielle Systeme gelten: t_r und t_i sind weit genug entfernt von Grenzgeschwindigkeiten und können daher fast beliebig dilatieren, ohne daß sich ihre eventuelle Interdependenz bemerkbar machen müßte.

Ein ›Stillstand‹ wäre also auszuschließen. Es gibt in Wahrheit nichts, was sich nicht *bewegen* würde vom Flußlauf bis zu den elektromagnetischen Wechselwirkungen, die ein Atom konstituieren. Gleichwohl grenzt die bemerkenswerte Stabilität der Atome – von Ausnahmen natürlich abgesehen (radioaktive Atome) – an ›Geschichtslosigkeit‹, an eine Zeit $t_i \rightarrow o$, und vielleicht ließe sich diese, zeitstrukturell gesprochen, als korrespondierendes Dispositiv zu einer Zeit $t_r \rightarrow c$ verstehen, da die Energieumsätze des Atoms mit Lichtgeschwindigkeit (c) verlaufen.

Ein Verhältnis, $t_i \rightarrow o$ / $t_r \rightarrow c$ entspräche der Forderung der speziellen Relativitätstheorie und würde die Frage aufwerfen, ob zwischen t_i / t_r ein Interdependenzverhältnis angenommen werden müßte. Allerdings: was für atomare Verhältnisse eine mögliche Beziehungsgröße wäre, das ist in dieser Theorie ein bloßer Relations-Effekt zwischen der Geschwindigkeit von Systemen und der Umlaufzeit ihrer Uhren (von der Veränderung der Längenmaße einmal abgesehen). In den Lorentzschen Transformationsgleichungen, die Einstein verwandte, bleibt eine Größe immer gleich: c, die Lichtgeschwindigkeit.

Die beiden anderen Größen, System-Geschwindigkeit und Umlaufzeit der Uhren, verhalten sich umgekehrt proportional zueinander, d.h. je größer die Geschwindigkeit des Systems, um so langsamer laufen seine Uhren bzw. umgekehrt, und würde es z.B. die Lichtgeschwindigkeit erreichen, so müßten seine Uhren stehenbleiben, würde es die Null-Geschwindigkeit erreichen, so müßten sich seine Uhren auf Lichtgeschwindigkeit beschleunigen.

Der interessanteste Aspekt an der Lorentz-Transformation ist die auffällige Tatsache, daß das Verhältnis von Systemgeschwindigkeit (v) und Umlaufzeit der Uhren (t) unter mittleren Bedingungen, also z.B. unter irdischen Bedingungen, unauffällig bleibt. Es wird erst relevant, wenn sich ein System Grenzgeschwindigkeiten (in der Nähe der Licht- oder der Nullgeschwindigkeit) nähert.

Man hat darüber gerätselt, ob die Relativität von c und t zu c im Bereich von Grenzgeschwindigkeiten ein Effekt der Beobachterperspektive oder ob er realitätsgerecht, ob er ›objektiv‹ sei. Streng genommen würde die Beobachtung einer Verlangsamung bzw. Beschleunigung der Uhren je nach der Geschwindigkeit, mit der sich ein System bewegt, einen zweiten Beobachter voraussetzen, der sich auf einem Inertialsystem befindet. Anders könnte sich die Umlaufzeit der Uhren gar nicht ›messen‹ lassen, es würden alle Vergleichswerte fehlen. An einem beliebigen konkreten Ort im Universum – auf einem mit der Geschwindigkeit v und nach der Uhrzeit t sich fortbewegenden System – müßten alle Messungen verschwimmen, d.h. sie würden sich zu irrelevanten ›subjektiven‹ Daten relativieren, und in der Tat hat Einstein diese Folgerung gezogen. Andererseits hat er gerade mit der objektiven Relativität von *v* und t zu c die Unmöglichkeit begründet, an einem beliebigen Ort im Universum sichere Daten zu gewinnen, und man darf sich daher fragen, ob da nicht ein Zirkelschluß vorliegt, ob also nicht die partikulare, aber objektive Relativität die universale, aber subjektive Relativität begründen soll und umgekehrt. Dann hätte Einstein seiner Weltzeituhr, die bekanntlich keine Stunde und keine Strecke anzeigt, die nicht ›relativ‹ zu jeder anderen Stunde und jeder anderen Strecke gelesen werden müßte, ein festes Gelenk, eine ›Unruhe‹ eingebaut, die ihre ›subjektiven‹ Anzeigen gleichwohl auf eine ›objektive‹ Basis stellen konnte, und würden wir uns nun entschließen, von dieser Basis und nicht von den Folgerungen auszugehen, die Einstein aus der Relativität von *v* und t zu c gezogen hat, so entfiele die Frage der Beobachterperspektive und wir hätten es allein mit dem Verhältnis der beiden Zeitbestimmungen zur Konstanten der Lichtgeschwindigkeit zu tun.

Eben die Konstanz der Lichtgeschwindigkeit nämlich hatte den Anstoß für Einsteins Überlegungen gebildet. Wie der berühmte Michelson-Versuch gezeigt hatte, emittiert eine Lichtquelle, die *mit* der Erdbewegung oder die *gegen* sie bewegt wird, das Licht stets mit der gleichen Geschwindigkeit: c (ca. 300000 km/sek). Die Lichtgeschwindigkeit wird von der Geschwindigkeit der Erdbewegung nicht beeinflußt, sie läßt sich weder größer noch kleiner machen. Wenn aber gleichwohl *v*/t/c in Beziehung zueinander stehen sollten und wenn c stets unverändert bliebe, dann könnte sich nur die Relation von *v* und t verändern. Eben diese Beziehung von c/t zu c ließ die Lorentz-Transformation erkennen: näherte sich *v* der Lichtgeschwindigkeit, dann näherte sich t der Null-Geschwindigkeit bzw. umgekehrt: sie waren es, die sich je reziprok zu c veränderten und nicht die Lichtgeschwindigkeit.

Würden wir nun diese objektive Relation dem Verhältnis von t_i und t_r zugrunde legen, so würde sich der Zirkel, in den die beiden Beobachtungsperspektiven geraten sind, auflösen lassen. *v* bzw. t_i ließe sich als gerichtet-irreversible Verlaufsform, t bzw. t_r als reversibel-zirkuläre Verlaufsform der Zeit identifizieren. Gewiß war die Zirkularität schon in dem Verhältnis *v*, t zu c angelegt. Aber wenn wir uns entschließen, in *v* (Systembewegung) die *geschichtliche*, in t (Umlaufzeit der Uhren) die *systemstabilisierende* Bewegungsrichtung wiederzuerkennen, würde sich das vierdimensionale Raum-Zeit-Kontinuum Minkowskis / Einsteins, in welchem alle Zeit- und Ortsbestimmungen verschwimmen müssen, zu jener prozessualen Richtung öffnen, die für den Prozeß des Universums doch wohl vorauszusetzen ist: t_i hat Vorrang vor t_r.[62]

1.6.2 Relativität und Prozessualität – Gleichzeitigkeit des Ungleichzeitigen

Die Zeit-Ordnung, die Einstein auf der fundamentalen Entdeckung errichtete, daß *v* und t bzw. t_i und t_r in einem objektivierbaren Interdependenz-Verhältnis stehen, ist streng genommen ›räumlicher Natur‹. Sie setzt die alte Rückläufigkeit (Reversibilität) der Zeit voraus und ist insofern immer noch dem Kosmos Newtons verpflichtet.

Gesehen aus einer Perspektive, die für das Universum die *Prozeßform* annimmt, ähnelt die Zeit-Ordnung Einsteins einer Schattenwelt: alle irreversiblen Prozesse neutralisieren sich in ihr, d.h. sie verdünnen sich zu subjektiven ›Illusionen‹. – Bekanntlich hat sich Einstein zu dieser ›Schattenwelt‹ in der Tat bekannt; sie steht dem Schopenhauerschen Entwurf der Welt als ›Wille und Vorstellung‹ offenbar nicht allzu fern.

In Wahrheit lassen sich jedoch gerade die Begriffe Kraft / Bewegung – ›Kraft‹ hatte ursprünglich auch Schopenhauer formulieren wollen – bzw. Zeit / Prozeß nicht trennen. Auch das stabilste System muß sich *bewegen*, es sichert seine Stabilität allein über die *Prozeßform*, und das ist der Grund, weshalb es sie nicht ›ewig‹ sichern kann. Ein Faktor t_i bleibt auch den stabilsten Systemen eingeschrieben, keine Planetenbahn wird sich exakt wiederholen, infinitesimale Abweichungen sind nicht die Ausnahme, sondern die Regel. Daß sich die Zeit ›umkehren‹ lasse, ist in Wirklichkeit der Schein, den die klassische

Mechanik stiftet, und wo eine Bewegung ›gestört‹ wird – wie z. B. in manchen Mehr-Körper-Systemen – oder wo sie sich Grenzgeschwindigkeiten nähert, da wird sie das System, das sie erfaßt, auch schon *verändern*. In einem inert gewordenen System z. B. – in den hypothetischen Schwarzen Löchern des Weltraums – könnte sich die Materie absolut verdichtet haben, sie wäre zusammengestürzt, sie hätte sich – wahrscheinlich in irreversibler Weise – *verwandelt*.

Möglicherweise hätten wir sogar davon auszugehen, daß t_i am Anfang der kosmischen Zeit-Rechnung gestanden und daß sich t_r allmählich von ihr ›abgezweigt‹ habe. Eine Art von Zeit-Explosion wäre in Anschlag zu bringen. Dabei sei t_i noch annähernd der Lichtgeschwindigkeit gefolgt, zunehmend in einen Kreis t_r geraten, und die immanente Interdependenz t_i / t_r, so wie sie die Lorentz-Transformation fordert, sei einfach der ›Rest‹, sie sei der mathematisierbare ›Beweis‹ für ihre ursprüngliche Einheitlichkeit. Dem entspräche die einfache Tatsache, daß die Emission der Photonen – des Lichts – *nicht umkehrbar* und daß sie damit reinster Ausdruck *einer Zeit t_i* ist. Kein Lichtstrahl könnte je zu seiner Quelle zurückfinden (und die Einsteinsche Idee seiner *Krümmung* zum virtuellen *Kreis* bleibt nur ihrerseits der vorausgesetzten Grundannahme der *Reversibilität* von Zeit verpflichtet).[62]

Einsteins spezielle Relativitätstheorie scheint der letzte Versuch zu sein, die Einheit der Physik zu bewahren, freilich schon unter großen Opfern, denn die tragende Säule der einen absoluten unbeeinflußbaren Zeit wird eingerissen, zugunsten von vielen *System- oder Eigenzeiten*. Aber auch diese Relativierung der Raumzeit liefert noch kein Konzept, das geeignet wäre, die *Realität der Natur*, insbesondere die lebendige Natur, richtig zu beschreiben. Später wird sich zeigen lassen (Kap. 1.10), daß die Zeitübergänge zwischen den einzelnen Systemen nicht länger als kontinuierlich angesehen werden können: *Die Raumzeit-Vektoren sind diskontinuierlich*. Das hat wohl auch Einstein schon vorausgeahnt, wenn er schreibt:

Allerdings bin ich nicht fest davon überzeugt, daß es wirklich mit der Theorie eines kontinuierlichen Feldes gemacht werden kann.[63]

1.6.3 Vergangenheit, Gegenwart und Zukunft

In der Relativitätstheorie müssen die drei Raumkoordinaten x, y und z durch die Zeitkoordinate t ergänzt werden – man nennt dies die vierdimensionale Raumzeit. In diesem vierdimensionalen Raum stellt ein Punkt ein Ereignis dar. Diese Ergänzung ist notwendig, da ja die Längenkoordinaten von der Geschwindigkeit, d.h. von der Zeit, relativistisch abhängen. Dann ergibt die Lorentz-Transformation eines Systems mit den Koordinaten x, y, z, t im Vergleich zu einem ruhenden Beobachter die veränderten Koordinaten x′, y′, z′, t′, wenn sich das System im Vergleich zum ruhenden Referenzsystem mit der Geschwindigkeit v fortbewegt. Die Lorentz-Transformation gehorcht dann folgenden Gleichungen[64]:

$$x' = \frac{x - vt}{\sqrt{1 - v^2/c^2}},$$

$$y' = y,$$

$$z' = z,$$

$$t' = \frac{t - vx/c^2}{\sqrt{1 - v^2/c^2}}.$$

Die Raumzeit-Region um einen gegebenen Raumzeit-Punkt (= Ereignis-Punkt) kann man in drei Regionen teilen, wie das in Abbildung 1.4 gezeigt ist.

In einer der drei Regionen gibt es raumartige Abstände, und in zwei Regionen zeitartige Abstände. Physikalisch haben diese drei Regionen, in die man die Raumzeit um einen

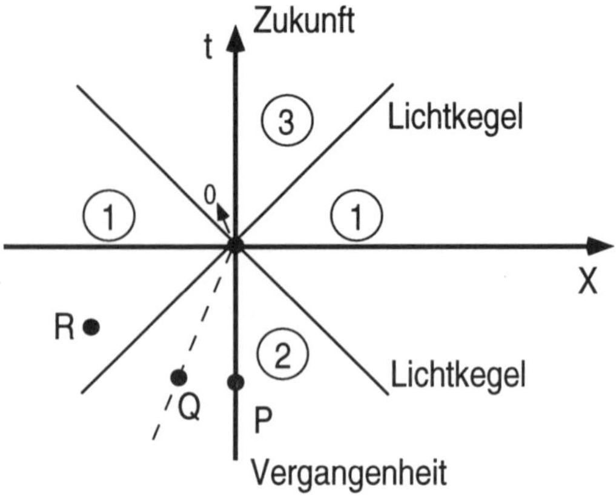

Abb. 1.4 Die Raumzeit-Regionen in der Umgebung eines Punktes am Ursprung des Raumzeit-Koordinatensystems.[64]

gegebenen Punkt aufteilen kann, interessante physikalische Beziehungen folgender Art: ein physikalisches Objekt oder ein Signal kann von einem Punkt in der Region 2 zum Ereignis o kommen, dadurch, daß es sich mit einer Geschwindigkeit bewegt, die geringer ist als die Lichtgeschwindigkeit. Deshalb können Ereignisse in dieser Region einen Einfluß auf den Punkt o haben, und zwar beeinflussen sie ihn von der Vergangenheit her; ein Objekt bei P auf der negativen t-Achse befindet sich exakt in der Vergangenheit in bezug auf o. P hat den gleichen Raumzeit-Punkt wie o, nur zu einer etwas früheren Zeit. Was also bei P geschah, beeinflußt o jetzt (der Ursprung des Koordinatensystems ist das Jetzt). Ein anderes Objekt am Punkte Q kann nach o dadurch gelangen, daß es sich mit einer bestimmten Geschwindigkeit, die geringer als die Lichtgeschwindigkeit ist, nach o bewegt. Wenn dieses Objekt sich in einem fahrenden Raumschiff befände, würde es wiederum die Vergangenheit des Raumzeit-Punktes o darstellen. In einem leicht verdrehten Koordinaten-System könnte die Zeitachse nämlich durch o und Q gehen (statt durch o und P). Jedenfalls finden sich alle Punkte in der Region 2 in der ›Vergangenheit‹ von o, und alles, was in dieser Region geschieht, kann o beeinflussen, affizieren. Die Region 2 soll die *affektive Vergangenheit* von o genannt werden; sie ist der geometrische Ort für alle Ereignisse, die den Punkt o irgendwie beeinflussen können.

Die Region 3 andererseits kann Einflüsse von o erhalten. Man kann von o aus Geschosse abfeuern (mit einer Geschwindigkeit < c), die dann Gegenstände in Region 3 treffen. Diese Region, dieser Teil der Welt, die Zukunft von Gegenständen in dieser Region kann von o aus affiziert werden. Region 3 stellt also die *affektive Zukunft* dar. Das interessante bei allen übrigen Raumzeit-Regionen in diesem Diagramm ist nun, daß wir sie in keinem Falle von o aus beeinflussen können, noch kann man von diesen Regionen aus o beeinflussen, denn nichts kann sich nach der Relativitätstheorie schneller bewegen als mit Lichtgeschwindigkeit. Das gilt in diesem Diagramm für die Region 1. Natürlich kann auch in der Region 1 etwas passieren. Z. B. wenn beim Punkte R die Sonne ›jetzt‹ explodieren würde – aber das betrifft uns ›jetzt‹ nicht, da das Licht von der Sonne zur Erde 8 Minuten benötigt.

Wenn wir den Fixstern Alpha Centauri anvisieren, so sehen wir ihn so, wie er vor 4 Jahren war (da das Licht 4 Jahre von dort benötigt). Wir können darüber nachdenken, wie er *›jetzt‹* aussieht. ›Jetzt‹ heißt aber doch *zur gleichen Zeit* in unserem speziellen Raumzeit-Koordinatensystem. Wir können Alpha Centauri nur an dem Licht erkennen, das aus der Vergangenheit stammt, 4 Jahre alt ist, und wir wissen einfach nicht, was ›jetzt‹ mit ihm los ist. Das ›Jetzt‹ des Alpha Centauri ist eine Idee unseres Gehirns. Es ist nichts, was in der Realität physikalisch definiert werden kann, denn wir müssen warten, bis wir es beobachten können. Darüber hinaus hängt das ›Jetzt‹ vom Koordinatensystem ab. Wenn z.B. Alpha Centauri sich bewegt, dann würden die Beobachtungen von dort aus nicht mit unseren in Übereinstimmung zu bringen sein, weil der Beobachter auf dem Alpha Centauri seine Koordinatenachsen in einem Winkel anlegt, und das ›Jetzt‹ wäre eine verschiedene Zeit. *Gleichzeitigkeit ist in relativistischen Systemen nicht eindeutig.*

> Es gibt Wahrsager und Leute, die behaupten, sie könnten in die Zukunft sehen, und es gibt die herrlichsten Geschichten darüber, daß Menschen plötzlich entdecken, sie könnten die ›affektive Zukunft‹ erblicken. Es gibt da viel Ungereimtes; denn wenn wir wissen, daß in einer ›gespannten Situation‹ irgendetwas geschehen muß, daß es sozusagen in der Luft liegt, dann können wir natürlich bestimmte Bedingungen vermeiden und versuchen, das richtige zum richtigen Zeitpunkt zu tun. Aber daß das nicht immer gelingt, wissen wir schon aus den verschiedenen Geschichten des Delphischen Orakels, z.B. aus der Geschichte des Ödipus, in der alle Personen des Dramas versuchen, die vorausgesagte Katastrophe zu verhindern – vergeblich. *Denn in Wirklichkeit gibt es keine Wahrsager, die uns auch nur die Gegenwart beschreiben könnten.* Niemand kann uns sagen, was *hier und jetzt* geschieht, wenn es in einer einigermaßen vernünftigen Entfernung von uns stattfindet, weil diese Ereignisse unbeobachtbar sind. Wäre es paradox, wenn man plötzlich in der Lage wäre, Ereignisse in der Region 1 des Raumzeit-Diagrammes vorherzusagen?[65]

Nein! Denn *in der Klassischen Physik, einschließlich der Relativitätstheorie, gibt es Vergangenheit, Gegenwart und Zukunft nicht.* Das ist das eigentliche Paradox.

1.6.4 Die Einheit von Zeit, Prozeß und Ereignis

Der Leser mag an den bisherigen Ausführungen bemängelt haben, daß scheinbar nicht streng zwischen *Zeit* und *Prozeß* unterschieden wird. Wie hängen die beiden Begriffe zusammen? Der Prozeß ist gewissermaßen substantiierte Zeit, Zeit in einem Substrat, also etwa: Strecke pro Zeit (Bewegung); Arbeit pro Zeit (Leistung); Material pro Zeit (Umsatz, Stoffwechsel, Warenfluß); β-Zerfall pro Zeit (Radioaktivität) usw. *Zeit und Substrat lassen sich aber nicht trennen*, und zwar aus fünf Gründen:

Erstens: Ich folge hier weitgehend der Argumentation des Aristoteles, die in 1.2 ausgeführt ist, und ich meine die großartig-grandiose Einseitigkeit der newtonischen absoluten, das heißt doch abgelösten, substanzlosen Zeit als ein ungenügendes Konzept dargestellt zu haben (vgl. 1.3).

Zweitens: Das vierdimensionale Raumzeitkonzept der speziellen Relativitätstheorie gestattet überhaupt keine ›reine Zeit‹, sie ist notwendig mit ihrem Substrat, dem Raum (es könnte auch ein Energie- oder Materieprofil sein), verbunden.

Drittens: Es gibt in der ganzen Natur nichts Absolutes, also auch keine absolute Zeit, alles hängt mit allem zusammen; das etwas naive Konzept der Gaia-Hypothese ist insofern richtig. Der Netzwerk-Charakter der Natur läßt sich heute in den biologischen Wissenschaften auch substantiieren. Das Zeitalter der Physik ist insofern zu Ende, als die wesentlichen und auch philosophisch relevanten Konzepte nicht mehr von der Physik beigesteuert werden können, wie das 300 Jahre lang der Fall war, sondern von den biologisch-medizinischen Wissenschaften. Konzepte wie *Ganzheit*, *Gestalt*, *Komplementarität*, *Synchronizität*, *Komplexität*, *Subjekt-Objekt-Beziehung* (auch Räuber-Beute-Beziehung), *Netzwerke*, *Altern und Tod*, *Formbildung*, *Ökosysteme*, *Schönheit*, *Krankheit und Heilung* können in der klassischen Physik nicht behandelt werden. Ich werde in Kapitel 3 darauf zurückkommen.

Viertens: Ein *Ereignis* findet in der *Zeit* statt und ist entweder ein Punkt auf der Prozeßkurve, z.B. ein Punkt auf der Trajektorie, oder ein Punkt im vierdimensionalen Raumzeit-

Diagramm (vgl. Abb. 1.4). Ein Ereignis wird aber nur dadurch zum Ereignis, daß an diesem Zeit-Punkte etwas geschieht, welches mehr ist als nur eine einfache Zeitmessung; durch ein Ereignis wird die Trajektorie unterbrochen, gebrochen, abgelenkt. Ein Ereignis ist einmalig, unwiederholbar, der Vorgang, der zu ihm hinführt, irreversibel. Nach meiner Definition wäre also eine Mondfinsternis kein Ereignis für das System Sonne, Erde und Mond, wohl aber z.B. für ein Naturvolk, wenn es die Mondfinsternis als Anlaß für eine Stammesfehde ansieht. Ereignisse und ihre Zeit, t_i, lassen sich ebenfalls nicht voneinander ablösen, insbesondere seit wir mit der Heisenbergschen Unschärferelation und mit der Chaostheorie (vgl. 1.7.1 und 1.7.2) wissen, daß eine nichtablenkende Zeitmessung unmöglich ist. Prozeß, Ereignis und Zeit sind unlösbar miteinander verbunden, und Zeit ist die einzige Invariante unter unendlich vielen möglichen Prozessen, so daß wir getrost von Zeitmodus sprechen können, ohne den jeweils akzidentellen Prozeß eigens anzusprechen.

Fünftens: Hier läßt sich mit Kant argumentieren:

> Die Zeit ist nicht etwas, was für sich selbst bestünde oder den Dingen als objektive Bestimmung anhinge, mithin übrigbliebe, wenn man von allen subjektiven Bedingungen der Anschauung abstrahiert [...] Unsere Behauptungen lehren demnach empirische Realität der Zeit, d.i. objektive Gültigkeit in Ansehung aller Gegenstände, die jemals unsern Sinnen gegeben werden mögen. Und da unsere Anschauung jederzeit sinnlich ist, so kann uns in der Erfahrung niemals ein Gegenstand gegeben werden, der nicht unter die Bedingung der Zeit gehörte. Dagegen bestreiten wir der Zeit allen Anspruch auf absolute Realität, da sie nämlich, auch ohne auf die Form unserer sinnlichen Anschauung Rücksicht zu nehmen, schlechthin den Dingen als Bedingung oder Eigenschaft anhinge. Solche Eigenschaften, die den Dingen an sich zukommen, können uns durch die Sinne auch niemals gegeben werden.[66]

Fassen wir den Abschnitt über die Relativität noch einmal zusammen: Die klassische Physik kennt im Grunde keine Beziehung von Vergangenheit, Gegenwart und Zukunft; sie kann nichts Lebendiges beschreiben. Wie schon andeutungsweise gezeigt wurde, läßt sich der lebendige Fluß von der Vergangenheit her in die Zukunft vom *Sein zum Werden* nur mit einem irreversiblen Zeitmodus, t_i, beschreiben. Davon wird in den folgenden Kapiteln die Rede sein. Andererseits können stabile Strukturen nur im reversiblen Zeitmodus, t_r, existieren: In der lebendigen Relation von Dauer und Wechsel lebt die Welt.

1.7 Quantenmechanik und Chaostheorie

Dauer im Wechsel

Hielte diesen frühen Segen,
Ach, nur Eine Stunde fest!
Aber vollen Blütenregen
Schüttelt schon der laue West.
Soll ich mich des Grünen freuen,
Dem ich Schatten erst verdankt?
Bald wird Sturm auch das zerstreuen,
Wenn es falb im Herbst geschwankt.

Willst du nach den Früchten greifen,
Eilig nimm dein Teil davon!
Diese fangen an zu reifen,
Und die andern keimen schon;
Gleich mit jedem Regengusse
Ändert sich dein holdes Tal,
Ach, und in demselben Flusse
Schwimmst du nicht zum zweitenmal.

Du nun selbst! Was felsenfeste
Sich vor dir hervorgetan,
Mauern siehst du, siehst Paläste
Stets mit andern Augen an.
Weggeschwunden ist die Lippe,
Die im Kusse sonst genas,
Jener Fuß, der an der Klippe
Sich mit Gemsenfreche maß.

Jene Hand, die gern und milde
Sich bewegte, wohlzutun,
Das gegliederte Gebilde,
Alles ist ein andres nun.
Und was sich an jener Stelle
Nun mit deinem Namen nennt,
Kam herbei wie eine Welle,
Und so eilts zum Element.

Laß den Anfang mit dem Ende
Sich in Eins zusammenziehn!
Schneller als die Gegenstände
Selber dich vorüberfliehn!
Danke, daß die Gunst der Musen
Unvergängliches verheißt,
Den Gehalt in deinem Busen
Und die Form in deinem Geist.

J. W. Goethe[67]

Die Physik der zweiten Hälfte des 20. Jahrhunderts – man könnte sie die nachrelativistische Physik nennen – hat zwei bedeutende Entwicklungen hervorgebracht, die das Zeitalter der klassischen Physik endgültig zu seinem Ende führen und damit ein Überdenken von vertrauten Kategorien und Begriffen fordern. Hier sind Begriffe wie Kausalität, Finalität, Zeitstruktur gemeint. Diese beiden Entwicklungen sind einmal die *Quantenmechanik* als eine Theorie der *mikroskopischen* Teilchen, also der Atome und ihrer Bausteine, der Energieübergänge und der astrophysikalischen Entwicklung des Kosmos und zum anderen die Theorie des *deterministischen Chaos* als einer dynamischen Theorie der *makroskopischen* Welt einschließlich unseres Lebensraumes. Beide Theorien zeigen, daß die Welt probabilistisch organisiert ist, daß in ihr nur *Wahrscheinlichkeitsaussagen* möglich sind, daß im Weltprozeß die Polaritäten zwischen ›Dauer und Wechsel‹, zwischen ›Form und Gehalt‹ nie zur Ruhe kommen, solange die Welt prozediert und das heißt doch, solange sie existiert.

1.7.1 Quantenmechanik – die Zeit im Mikrokosmos

Ich kann und will an dieser Stelle nicht eine weitere Darstellung der Quantenmechanik liefern, hierfür sei auf einschlägige Literatur verwiesen;[68, 69, 70] ich will hier nur die für die Zeitproblematik relevanten Aspekte der Quantenmechanik behandeln. E. Scheibe reflektiert über das Verhältnis von Physik und Philosophie, indem er schreibt:

> [...] das Primat der Philosophie eint selbst die größten Gegensätze. Zugleich aber hat dieses Primat in der ersten Hälfte unseres Jahrhunderts eine ansehnliche Reihe von Naturwissenschaftlern zu Philosophen gemacht. In einer Weise ist es selbstverständlich, daß für den Physiker die Physik mit der Physik und nicht mit der Philosophie anfängt. Aber es ging hier nicht nur darum, daß, was den Philosophen recht, den Physikern billig ist. Vielmehr hat in der Physik eine wissenschaftliche Revolution stattgefunden, die, wenn irgend etwas, gezeigt hat, daß die Philosophie auf die Dauer in der Gefahr ist, an der Wissenschaft vorbeizureden, wenn sie nicht gelegentlich ihre Resultate zur Kenntnis nimmt. In jüngster Zeit ist dies auch von philosophischer und wissenschaftsgeschichtlicher Seite

> bemerkt worden. Allen voran haben sich Paul Feyerabend und Thomas Kuhn durch in diese Richtung gehende Warnungen bekannt gemacht. Aber lange vorher schon hatten es die Physiker selbst bemerkt. Drastische Bewegungen innerhalb der Physik – Relativitätstheorie und Quantenmechanik – haben in einer Art *Selbsthilfeaktion* [Hervorhebung durch den Verfasser] zu einer Philosophie der Physiker geführt, nicht im Sinne einer bestimmten Doktrin, sondern ganz wie auch sonst in der Philosophie, im Sinne einer gedankenvollen Auseinandersetzung über die erkenntnistheoretischen Grundlagen der Disziplin.[71]

In der Tat sind eine Reihe von Grundbegriffen in Frage zu stellen.

1.7.1.1 Unschärfe – die Subjekt-Objekt-Beziehung

Nach der Heisenbergschen Unschärferelation ist es grundsätzlich unmöglich, den Ort und den Impuls eines Elektrons gleichzeitig mit beliebiger Genauigkeit zu bestimmen. Die Unschärferelation lautet in dieser Formulierung:

$$\mathrm{Dq} \cdot \mathrm{Dp} \geq \frac{\mathrm{h}}{2}$$

Der Ort des Teilchens q ist ein raumzeitlicher Parameter, der Impuls p ein energiezeitlicher Parameter:

> Die wesentliche Lehre der Analyse von Messungen in der Quantentheorie ist die Betonung der Notwendigkeit, in der Beschreibung der Phänomene die gesamte experimentelle Anordnung in Betracht zu ziehen. Dies geschieht in völliger Übereinstimmung mit der Tatsache, daß jede unzweideutige Interpretation des quantenmechanischen Formalismus die Fixierung der äußeren Bedingungen einschließt, durch welche der Anfangszustand des betrachteten atomaren Systems sowie der Charakter der möglichen Voraussagen der dann zu beobachtenden Eigenschaften des Systems definiert werden. In der

> Tat kann jede Messung in der Quantentheorie sich nur entweder auf die Fixierung des Anfangszustandes oder auf die Prüfung jener Voraussagen beziehen, und es ist allererst die Kombination von Messungen dieser beiden Arten, die ein wohldefiniertes Phänomen bilden.[72]

Es ist also grundsätzlich unmöglich, unter Quantenbedingungen zwischen Subjekt und Objekt zu unterscheiden.

1.7.1.2 Komplementarität – Welle-Teilchen-Dualismus

Es gibt unzweifelhafte experimentelle Beweise dafür, daß das Lichtquant beides sein kann, Welle und Teilchen. Das gleiche gilt für Elektronen und alle subatomaren Partikel, die man als *Wellenpakete* auffassen kann. Diese Begriffe sind anschaulich nicht zugänglich. E. Scheibe schreibt darüber:

> Die Komplementarität von Phänomenen wird nun in zweifacher Weise durch die beiden anderen Komplementaritäten verdeutlicht, von denen Bohr spricht: die Komplementarität von *Wellen-* und *Teilchenbild*, sowie diejenige von *Raumzeitbeschreibung* und *dynamischen Erhaltungssätzen*. Deren jeweilige Komplementarität kommt allerdings nur dann zum Vorschein, wenn man die beiden Ebenen der klassischen Physik und der Quantenmechanik heranzieht. Wellen- und Teilchenbild sind klassisch unvereinbar, und erst die Quantenmechanik hat gelehrt, daß sie gewissermaßen auf höherer Ebene vereinbar werden und sich ergänzen. Für das andere Paar ist es genau umgekehrt. Hier ist die klassische Mechanik durch die Vereinigung von raumzeitlicher Beschreibung mit zugleich wohlbestimmten dynamischen Größen wie Impuls und Energie gekennzeichnet. Zufolge der Quantenmechanik jedoch ergeben sich diese beiden Aspekte als unvereinbar. Für diese Komplementaritäten erhalten wir mithin das Schema:

	klassisch	quantenmechanisch
Wellenbild vs- Teilchenbild	unvereinbar	ergänzend
Raum-Zeit-Beschrbg. vs. Erhaltungsgrößen	ergänzend	unvereinbar

Für die Anwendung dieses Schemas auf komplementäre Phänomene hat Bohr in erster Linie die bekannten Interferenzversuche einerseits und Versuche zur Impuls- und Energiemessung, etwa im Compton-Effekt, andererseits vor Augen. Das Gelingen von Versuchen dieser beiden Typen hängt von einer wohlbestimmten Raum-Zeit-Koordinierung von Objekt und Versuchsanordnung bzw. von einem (eventuell mehrfach auftretenden) wohldefinierten Energie-Impulsaustausch der beteiligten Objekte ab. Quantenmechanisch schließen sich diese Versuchsanordnungen aus, und dementsprechend erhält man für dieselbe Objektsorte das eine Mal einen Welleneffekt, das andere Mal einen typischen Teilcheneffekt (zweite Spalte des Schemas). In dem Maße, in dem die Unbestimmtheitsrelationen dies erlauben, kann man sich aber auch der Situation wieder nähern, die durch die Vereinigung von Raum-Zeit-Beschreibung und Kausalität gekennzeichnet ist, zugleich aber zum Teilchen- oder Wellenbild führt, in der Quantenmechanik zu ersterem (erste Spalte des Schemas).

Obwohl also in der Quantenmechanik etwas unmöglich wird, was klassisch für möglich gehalten wurde, nämlich die raumzeitliche Realisierung der Kausalität, macht – nach Bohr – die Quantenmechanik auch etwas möglich, was klassisch unmöglich erschien: die Vereinigung von Teilchen- und Wellenbild in einem gewissen, natürlich nun nichtklassischen Sinn. Es ist besonders wichtig zu sehen, daß auf diese Weise der Begriff der Komplementarität nicht nur eine Verzichtsleistung zum Ausdruck bringt, sondern zugleich eine viel bedeutsamere Generalisierung ermöglicht. Nicht für freie, sondern im Atom gebundene Elektronen hat Heisenberg dies betont, wenn er sagt: »Erst durch dieses gegenseitige Sichausschließen (gemeint ist: die Komplementarität) der mechanischen und der chemischen Eigenschaften, das in der mathematischen Formulierung der Quantengesetze einen klaren Ausdruck findet, wird Platz geschaffen für die eigenartige unmechanische Stabilität atomarer Systeme, die für das Verständnis des Verhaltens der Materie im großen die Grundlage bildet.«[73, 74]

1.7.1.3 Ganzheit – das Ganze ist mehr als die Summe der Teile

In Systemen mit vielen Teilchen, z.B. in einem bestimmten Volumen Luft, ist es praktisch unmöglich, die Trajektorien aller Moleküle zu vermessen und daraus das Verhalten der Luft, ihre Wärmeausdehnung, ihren Druck usw. zu bestimmen, denn in einem Liter Luft zittern ca. 10^{21} Einzelmoleküle hin und her. Die makroskopischen Meßgrößen sind Mittelwerte, Wahrscheinlichkeiten, obwohl die einzelnen Moleküle sich sehr wohl deterministisch nach der Newtonschen Mechanik in Raum und Zeit bewegen. Wegen der großen Zahl ist man praktisch gezwungen, mit statistischen Wahrscheinlichkeiten zu arbeiten. Die ›*Wahrscheinlichkeit*‹ ist also nur *sekundär*.

Erst die Wellen- und Quantenmechanik konnte die Existenz *primärer Wahrscheinlichkeiten* in den Naturgesetzen behaupten, die sich sonach nicht wie zum Beispiel die thermodynamischen Wahrscheinlichkeiten der klassischen Physik durch Hilfsannahmen auf deterministische Naturgesetze zurückführen lassen. Diese umwälzende Folgerung hält die überwiegende Mehrheit der modernen theoretischen Physiker – allen voran M. Born, W. Heisenberg und N. Bohr, dem auch ich mich angeschlossen habe – für unwiderruflich.[75]

Da die Gesetze der Quantenmechanik statistische Gesetze

sind, beschreiben sie für den Einzelfall einer Messung im Mikrobereich nur Möglichkeiten.

> Zum Unterschied von den Feldern der klassischen Physik kann man diese ›Wahrscheinlichkeitsfelder‹, die auch als ›Erwartungskataloge‹ bezeichnet worden sind, nicht zugleich an verschiedenen Orten ausmessen. Macht man an *einem* Ort eine Messung, so bedeutet das den Übergang zu einem neuen Phänomen mit veränderten Anfangsbedingungen, zu denen eine neue Gesamtheit zu erwartender Möglichkeiten, demnach ein *überall* anzusetzendes Feld gehört. Die Phänomene haben somit in der Atomphysik eine neue Eigenschaft der *Ganzheit*, indem sie sich nicht in Teilphänomene zerlegen lassen, ohne das ganze Phänomen dabei jedesmal wesentlich zu ändern.[75]

Das Ganze ist mehr als die Summe der Teile; oder andersherum ausgedrückt: Man kann das Ganze nicht aus den Einzelteilen zusammenfügen wie ein Mosaik. Hier treffen sich Quantenmechanik und Biologie: Ein Lebewesen kann zur Untersuchung nicht in Einzelteile zerlegt werden, ohne es zu verletzen oder zu töten und damit gerade diejenige Qualität, die man erforschen will, das Lebendige, zu zerstören. Und erst recht kann man ein Lebendiges nicht aus Einzelteilen zusammenfügen, wie den berühmten Golem, um ihm dann den ›Odem des Lebens‹ einzuhauchen.

1.7.1.4 Die Geschichtlichkeit der Zeit

Unsere Erfahrung, unser Leben, die Ereignisse in unserem Leben sind eingebettet in eine Zeitstruktur von Vergangenheit, Gegenwart und Zukunft, eine Zeitstruktur, die die klassische Physik bekanntlich geleugnet hatte. C. F. v. Weizsäcker nennt diese doch tatsächlich existierende fundamentale Zeitstruktur die *Geschichtlichkeit der Zeit*.[76] Auf Grund des Wahrscheinlichkeitscharakters der quantenmechanischen Gesetze hat aber nun die Zukunft eine vollkommen andere Bedeutung als nach den Begriffen der klassischen Physik mit stetigen Trajektorien. Die Vergangenheit ist ein Faktum. Sie ist abgeschlossen. Sie hat zwar nach den Gesetzen der Quantenmechanik nicht gerade so entstehen müssen, wie sie ist, aber sie ist immerhin nach den Gesetzen der Physik entstanden. Die Zukunft enthält verschiedene Möglichkeiten, die sich aus den Anfangsbedingungen des ›Zeitpunktes‹ der Gegenwart ableiten lassen, aber eben nicht streng, sondern nur probabilistisch. Zudem ist der ›Zeitpunkt‹ der Gegenwart in jedem dynamischen System infolge der Unschärferelation nicht genau bestimmbar. Es gibt also den Zeitpunkt Null nicht, von dem aus der Laplacesche Dämon mit Kenntnis aller Parameter Berechnungen anstellen könnte, ganz abgesehen davon, daß die Gesetze, nach denen diese Berechnungen erfolgen müßten, probabilistisch sind. Die dafür notwendigen Gesetze stellt die Quantenmechanik zur Verfügung.

> Für die klassische Physik, versehen mit einem fundamentalistischen Anspruch ist wesentlich gewesen, im Prinzip *ohne* den Begriff der Wahrscheinlichkeit und durchweg mit einer zweiwertigen Logik auszukommen. Erst für die Quantentheorie hat sich gezeigt, daß – wiederum auf fundamentaler Ebene – der Wahrscheinlichkeitsbegriff in einem präzisierbaren Sinn unentbehrlich ist in seiner Verwendung für *Voraussagen*, also für kontingente, auf die jeweilige Zukunft bezogene Aussagen über den Ausfall möglicher Messungen. Weiterhin sind nach der Kopenhagener Deutung die einzigen anderen kontingenten Aussagen, die in der Quantenmechanik vorkommen, solche, die das Ergebnis *vollzogener* Messungen konstatieren. Mithin finden wir in der Quantenmechanik genau jene Doppelstruktur von Faktizität des Vergangenen und Wahrscheinlichkeit des Zukünftigen in streng mathematisierter Form wieder. [...] Wir kennen die Abweichungen der Quantenlogik in Gestalt des quantentheoretischen *Indeterminismus*. Der Indeterminismus selbst ist kein Teil der Logik. Nach der Quantentheorie ist er auch gar nicht als Gesetz einer solchen formulier-

> bar. [...] Dementsprechend sieht Weizsäcker diesen Indeterminismus nicht einmal als eine der Vorbedingungen möglicher Erfahrungen an. Aber man kann sinnvoll nach der stärksten Logik futuristischer Aussagen fragen, die mit ihm *verträglich* ist. Und diese Logik, das besagt der Indeterminismus, kann nicht die klassische Logik sein. Die fragliche Logik ist heute nicht bekannt.[77]

1.7.1.5 Zeitliche ›Erklärungen‹ verflüchtigen sich

Der britische Physiker David Bohm führte eine Diskussion über den Erklärungswert der quantenmechanischen Betrachtungsweise und wurde vom Interviewer gefragt[78]: »Aber, wenn wir von einem konkreten Beispiel ausgehen – warum fällt ein Apfel zu Boden? – und zur Erklärung sagen, der Grund dafür sei das Gravitationsfeld, die Erde wirke auf den Apfel ein, dann müssen wir immer noch das Gravitationsfeld erklären.« Darauf Bohm: »Ja – aber wir legen wenigstens Rechenschaft darüber ab, was wirklich geschieht: Wir sagen, hier ist ein Apfel, und er folgt einer Bahn, und wir verstehen, wie der Apfel von hier nach da gelangt und welche Zwischenstationen er dabei durchläuft. Wenn wir uns der Quantenmechanik bedienen, müssen wir feststellen, daß sich die Erklärung verflüchtigt hat. Wir haben zwar einen Apfel hier, und ein Apfel liegt am Boden, aber wir wissen nicht, in welcher Verbindung sie miteinander stehen, wir wissen nicht einmal, ob überhaupt eine Verbindung besteht, aber wir haben das Rechenverfahren, das uns Auskunft gibt über die statistische Häufigkeit von Äpfeln an bestimmten Orten. Das erinnert an eine Versicherungsgesellschaft, die sagt, wir haben eine Statistik darüber, wieviel Menschen einer bestimmten Kategorie in einem bestimmten Jahr sterben, und das ist alles, was uns interessiert! Aber das hat nichts mit einer Erklärung zu tun.«

Die Quantenmechanik versagt als die *raumzeitliche Erklä-*

rung. Nun könnte man sich damit trösten, daß man sagt: Für die Welt der Atome gilt eine erweiterte Physik, die uns Menschen, die in der überatomaren Makrowelt leben, nichts anzugehen braucht. Man könnte vielleicht davon ausgehen, daß die Quantenphysik sich in der Welt der großen Moleküle und makroskopischen Gebilde als eine unnötige Verfeinerung erweist, in der die Quantenunschärfe dann schließlich herausgemittelt würde, so daß für die makroskopische Welt die klassische Physik unverändert gilt. Das wird heute für nicht mehr wahrscheinlich gehalten. Sind doch so einfache Phänomene wie das Glühen des Fadens in einer Glühbirne, das Zustandekommen eines Laserstrahls und viele andere Phänomene nur mit Hilfe der Quantentheorie zu erklären. Man muß allerdings zugeben, daß etwa das Unschärfeprinzip und das Dualismusprinzip in der makroskopischen Welt nicht unbedingt benötigt werden.

Dennoch gibt es, wie im folgenden zu zeigen ist, eine für *makroskopische Systeme* zuständige Theorie der Unschärfe, die Theorie des *deterministischen Chaos*.

1.7.2 Chaos und Ordnung – Zeitsprünge im Makrokosmos[47]

1.7.2.1 Was ist Chaos?

Das Wort Chaos stammt aus dem Griechischen und bedeutet ursprünglich das Klaffende, weit Offenstehende, Leere des Weltraumes. In den antiken Kosmogonien, schon bei den Vorsokratikern, aber auch in der noch älteren Schöpfungsgeschichte der Bibel ist diese Wüste und Leere der Urgrund allen Werdens, aus dem schließlich der Kosmos hervorgehen kann. Chaos und Kosmos, ungeformtes Sein und geordnete Strukturen gehören eng zusammen. Diese Deutung von Chaos hat sich bis in die neuere Philosophie erhalten. Schelling sieht das

Chaos als »metaphysische Einheit der Potenzen«. Die modernen Naturwissenschaften, die dynamische Vorgänge betrachten, durch die etwa Neues entsteht, haben sich diesen alten Chaosbegriff zu eigen gemacht. Inzwischen hat die Umgangssprache den Begriff Chaos abgewertet und sieht in ihm nur noch unerwünschten Zerfall von Ordnung (Verkehrschaos, chaotische Diskussion, Chaoten usw.).

Freilich kann Chaos auch durch Zerfall von Ordnung entstehen. In vielen dynamischen Prozessen werden, wie noch zu zeigen ist, bei Phasenübergängen chaotische Situationen durchschritten, die sich dann zu neuen höheren Ordnungen stabilisieren können. Das ist etwa in allen Verzweigungspunkten, Bifurkationspunkten (von lat. *furca*: Gabel, Forke, also eigentlich: Doppelgabelung) von evolvierenden Systemen der Fall. Chaos und Ordnung sind also nicht nur ein Begriffspaar, sie stehen in einem dialektischen oder auch funktionalen Verhältnis zueinander.

Der Ausdruck deterministisch ist eindeutiger zu definieren. Deterministisch heißt vorherbestimmt und vorherbestimmbar. In einem positivistischen Weltbild der Physik – wie wir gesehen haben, ist dies überholt – glaubte man, daß sich alle Parameter eines Gegenstands, einer Bewegung, eines Lebewesens so genau und vollständig bestimmen ließen, daß man seine Zukunft, wie komplex sie auch sein mag, mit Hilfe von Differentialgleichungen voraussagen könne, etwa die Bewegungsbahn eines Körpers, eines fliegenden Projektils, einer Amöbe, eines Blitzes. Solche Bewegungsbahnen nennt man Trajektorien, man könnte auch von Entwicklungsbahnen sprechen. Trajektorien verlaufen aber nur in solchen Systemen deterministisch, in denen lineare Differentialgleichungen (Gleichungen, in denen Differentialquotienten als Veränderliche auftreten), oft auch nur näherungsweise, angewendet werden können. In nichtlinearen Systemen können sie über einen oder mehrere Bifurkationspunkte indeterministisch verlaufen. Der große französische Mathematiker Henri

Poincaré hat schon im Jahre 1892 die Voraussetzungen für die mathematische Behandlung solcher nichtlinearer Systeme geschaffen. Aber erst im Jahre 1963 fanden Poincarés Gedanken Anwendung durch den amerikanischen Meteorologen E. N. Lorenz, der mathematische Modelle zur Berechnung des Wetters schaffen wollte. In diesen Modellen simulierte er die wichtigsten Parameter meteorologischer Situationen und deren Wechselwirkung. Lorenz fand heraus, daß bereits ein Satz von drei nichtlinearen Differentialgleichungen erster Ordnung, die gekoppelt sind, zu vollständig chaotischen Trajektorien führt. Deterministisches Chaos heißt also: Entstehung einer chaotischen Trajektorie trotz deterministischer Bewegungsgleichungen: Das Wetter macht im wahrsten Sinne des Wortes einen Strich durch die Rechnung.[79]

Es ist schwierig und grundsätzlich nicht vorauszusagen, wann ein potentiell chaotisches System tatsächlich ins Chaos übergehen wird, auch diese Unvorhersagbarkeit ist Teil seines Verhaltens. Leichter ist es, einen Negativkatalog für chaotisches Verhalten aufzustellen.

Systeme, für die lineare Differentialgleichungen gelten, können rechnerisch gelöst werden. Wenn ein System durch mehrere lineare Differentialgleichungen beschrieben wird, kann man diese durch die mathematische Methode der Fourier-Transformation auflösen; sie führen nicht ins Chaos. Chaos wird auch nicht hervorgerufen durch äußere Einwirkungen oder durch eine sehr hohe oder zu hohe Zahl von Parametern (Freiheitsgraden), die zur Beschreibung erforderlich sind. Das mag allenfalls praktische Grenzen setzen, keine grundsätzlichen. Chaos kann auch nicht abgeleitet werden aus der Unschärfe, die im statistischen Charakter der Quantenmechanik liegt.

Potentiell chaotische Strukturen sind immer nichtlineare, rückgekoppelte Strukturen, die ganz stark von den Ausgangsbedingungen abhängen; die im Verlauf des Prozesses entstehende Globalstruktur wird durch Details der Aus-

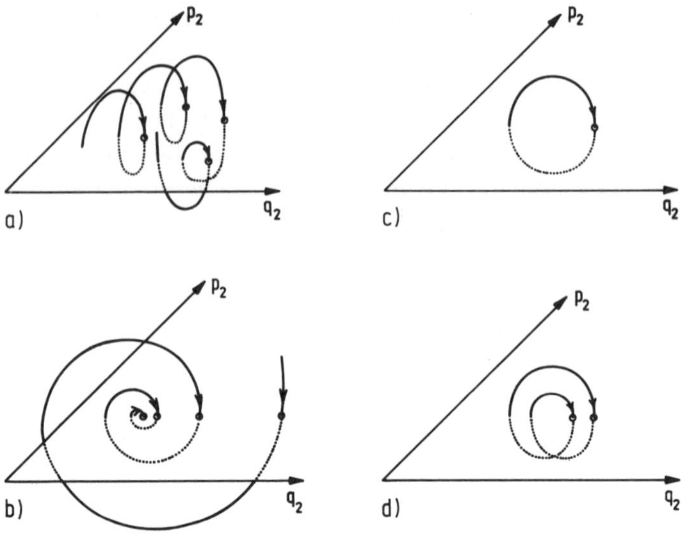

Abb. 1.5 Qualitativ verschiedene Trajektorien in Poincaré-Auftragung. a) chaotische Bewegung, b) Bewegung auf ein Zentrum zu, das – evtl. asymptotisch – erreicht wird, c) periodische Bewegung bzw. d) Grenzzyklus mit höherer Periode.

gangssituation in nicht vorhersagbarer Weise beeinflußt. Lorenz spricht vom sogenannten »Schmetterlingseffekt«: Ein einziger Flügelschlag eines Schmetterlings kann zur völligen Umsteuerung der Großwetterlage führen (muß aber natürlich nicht).

1.7.2.2 Bifurkationen

Wir sind es gewohnt, in einfachen Newtonschen Bahnen zu denken. Unsere Denkbahnen sind gleichsam einer jahrzehntelangen reduktionistischen Pädagogik unterworfen, sie sind wie Wurfparabeln. Anfangsgeschwindigkeit und Wurfrichtung entscheiden eindeutig und ein für allemal, wie weit und wohin der geworfene Stein fliegt. Beschleunigung und Bremsweg unseres Autos sind kalkulierbare Größen, mit denen wir im täglichen Umgang rechnen. Newtonsche Vorgänge sind stetige Ereignisse, die sich zu jeder Zeit und an jedem Ort reproduzieren lassen. Nicht so die Ereignisse in hochkomplexen Systemen, im Lebendigen, aber auch in der Hochenergie-Physik, beim Auftreten von Turbulenzen oder in der Physik der Elementarteilchen. Solche Systeme können unstetig sein und über Bifurkationen einen baumartigen zeitlichen Verlauf nehmen, ganz gleich, ob es sich um den Stammbaum der biologischen Evolution, den Stammbaum der Hauptreihensterne, um einen Blitz, um eine radioaktive Zerfallsreihe oder einen alten Eichbaum handelt. Systeme mit Stammbäumen haben Verzweigungspunkte, es gibt Alternativwege, die gleichberechtigt sind. Welcher dieser Wege beschritten wird, läßt sich nicht voraussagen. Streng deterministische Ausgangsbedingungen ermöglichen selbst bei Kenntnis sämtlicher Parameter keine Voraussage an den Verzweigungspunkten; Stammbäume werden im zeitlichen Ablauf indeterministisch. Alle diese Systeme, so verschieden sie stofflich sind, gleichen sich prinzipiell: Sie entstehen durch nichtreproduzierbare Vorgänge, entfalten sich, leben, altern und sterben. Altern und sterben, warum? In linearen Systemen ist jeder Vorgang wiederholbar und umkehrbar, reversibel. Die Zeit der klassischen Mechanik linearer Systeme ist reversibel, umkehrbar, sie hat eine unpolare Struktur. Newtonsche Systeme altern nicht, $+t = -t$.

Dagegen kann man in Stammbaumsystemen mit Bifurkationspunkten nicht ohne weiteres zurückgehen. Am Verzweigungspunkt ist eine irreversible Entscheidung gefallen. Die Zeitachse in einem Stammbaumsystem ist irreversibel.

Die Bifurkationspunkte haben wesentliche Konsequenzen für die Vorhersagbarkeit der Ereignisse: Prigogine schreibt darüber:

> Den Vorstellungen der klassischen Physik lag die Überzeugung zugrunde, daß die Zukunft durch die Gegenwart determiniert sei und man daher durch ein sorgfältiges Studium der Gegenwart die Zukunft enthüllen könne. Das war natürlich nie mehr als eine theoretische Möglichkeit. Dennoch war diese unbegrenzte Vorhersagbarkeit in einem gewissen Sinne ein wesentliches Element des wissenschaftlichen Bildes von der physikalischen Welt. Man könnte sie vielleicht als den grundlegenden Mythos der klassischen Wissenschaft bezeichnen.[80]

Prigogine hat nun die Theorie dissipativer, weit vom Gleichgewicht entfernter Strukturen entwickelt und sagt darüber in seinem Nobelpreis-Vortrag:

> Weit entfernt vom Gleichgewicht kommt demnach eine unerwartete Beziehung zwischen der chemischen Kinetik und der Raum-Zeit-Struktur von reagierenden Systemen zum Vorschein. Zwar rühren die Wechselwirkungen, die die Werte der relevanten kinetischen Konstanten und Transportkoeffizienten bestimmen, von kurzreichweitigen Wechselwirkungen her (Valenzkräfte, Wasserstoffverbindungen, van der Waals-Kräfte), doch hängen die Lösungen der kinetischen Gleichungen außerdem von globalen Verhältnissen ab.
>
> 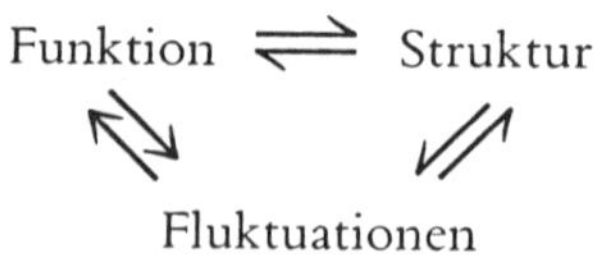
>
>
> Abb. 1.6 Dynamisches System.
>
> Die Abhängigkeit, die auf dem thermodynamischen Zweig in der Nähe des Gleichgewichts eigentlich trivial ist, wird in chemischen Systemen, die sich in größerer Gleichgewichtsferne befinden, ausschlaggebend. Beispielsweise erfordert das Auftreten dissipativer Strukturen allgemein, daß die Größe des Systems einen bestimmten Wert überschreitet. Dieser Wert ist eine komplexe Funktion der Parameter, die den Reaktions-Diffusions-Prozeß beschreiben. Deswegen können wir sagen,

daß an chemischen Instabilitäten eine Fernordnung beteiligt ist, durch die das System als ein Ganzes wirkt.

Es gibt drei Aspekte, die bei dissipativen Strukturen immer miteinander verknüpft sind (vgl. Abb. 1.6); die Funktion, wie sie durch die chemischen Gleichungen zum Ausdruck kommt, die Raum-Zeit-Struktur, die sich aus den Instabilitäten ergibt, und die Fluktuationen, die die Instabilitäten auslösen. Die gegenseitige Beeinflussung dieser drei Aspekte führt zu höchst unerwarteten Erscheinungen, so auch zur Ordnung durch Fluktuationen.

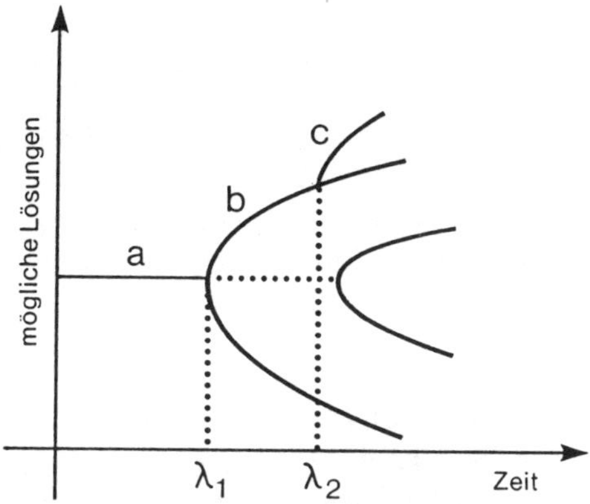

Abb. 1.7 Aufeinanderfolgende Verzweigungen in einem evolvierenden System.

Im allgemeinen erhalten wir aufeinanderfolgende Verzweigungen, wenn wir den Wert irgendeines charakteristischen Parameters erhöhen.

In der Abbildung [1.7] haben wir eine einzige Lösung für den Wert λ_1, jedoch viele Lösungen für den Wert λ_2.

Interessant ist, daß die Verzweigung in gewissem Sinn ›Geschichte‹ in die Physik bringt. Wir wollen annehmen, eine Beobachtung ergibt, daß sich das System, dessen Verzweigungsdiagramm in der Abbildung [1.7] dargestellt ist, im Zustand c befindet und dorthin durch Zunahme des Wertes von λ ge-

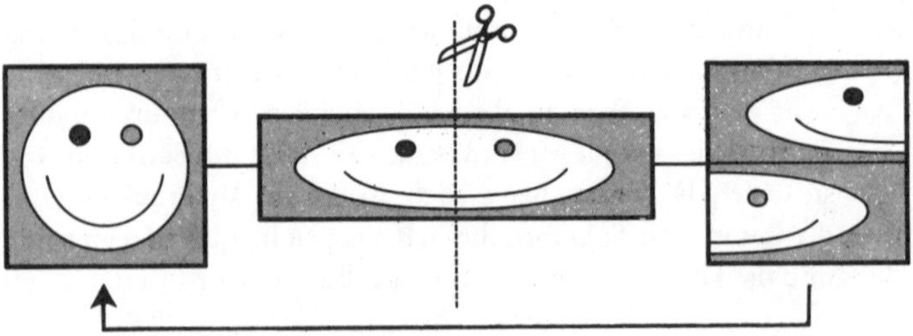

Abb. 1.8 Bäcker-Transformation eines quadratischen Musters. Das Quadrat wird zur doppelten Länge und halben Höhe gedehnt, in der Mitte aneinandergeschnitten und die beiden Teile wieder zu einem Quadrat aufeinandergefügt. Der Prozeß wird mehrfach wiederholt und dabei ein bestimmter Punkt verfolgt.

langt ist. Die Interpretation dieses Zustandes c impliziert die Kenntnis der Vorgeschichte des Systems, das durch die Verzweigungspunkte nach a und b gegangen sein muß. Auf diese Weise führen wir in die Physik und Chemie ein ›historisches‹ Element ein, welches bis heute lediglich den Wissenschaften vorbehalten zu sein schien, die sich mit biologischen, sozialen und kulturellen Erscheinung befassen.

Jede Beschreibung eines Systems, in dem Verzweigungen vorkommen, wird sowohl notwendige (deterministische) als auch zufällige (indeterministische) Elemente enthalten. Wie wir im folgenden Kapitel detaillierter sehen werden, gehorcht das System zwischen zwei Verzweigungspunkten deterministischen Gesetzen wie etwa den Gesetzen der chemischen Kinetik, während in der Nähe der Verzweigungspunkte die Fluktuationen eine wesentliche Rolle spielen und den Zweig bestimmen, auf dem sich das System weiter bewegen wird.[80]

Wie kann man die Trajektorien solcher verzweigter Systeme beschreiben, in denen ›chaotische Stellen‹ auftreten? Normale Koordinatentransformationen sind stetig und kontinuierlich, ein geworfener Ball bewegt sich auf seiner Wurfbahn nicht im Zick-Zack. Für die mathematische Beschreibung von verzweigten Systemen benötigte man eine Bahn mit

Bruchstellen, eine diskontinuierliche Transformation; als solche schlägt Prigogine die sogenannte ›Bäcker-Transformation‹ vor (Abb. 1.8 und 1.9). Sie besteht darin, daß man durch eine einfache geometrische Operation ein deterministisches System indeterministisch macht, indem man ein Muster (hier ein Gesicht) wie einen Apfelstrudelteig in die Breite zieht, in der Mitte durchschneidet und dann wieder zu einem Quadrat zusammensetzt. Dies ist ein streng deterministischer, einfacher Vorgang. Verfolgt man jetzt den Weg eines Punktes, zum Beispiel der Pupille des Auges, in einem Koordinatensystem, dann stellt man fest, daß nicht voraussagbare Unstetigkeiten auftreten. Der Punkt beginnt zu springen, um schließlich ganz aus dem System zu verschwinden.

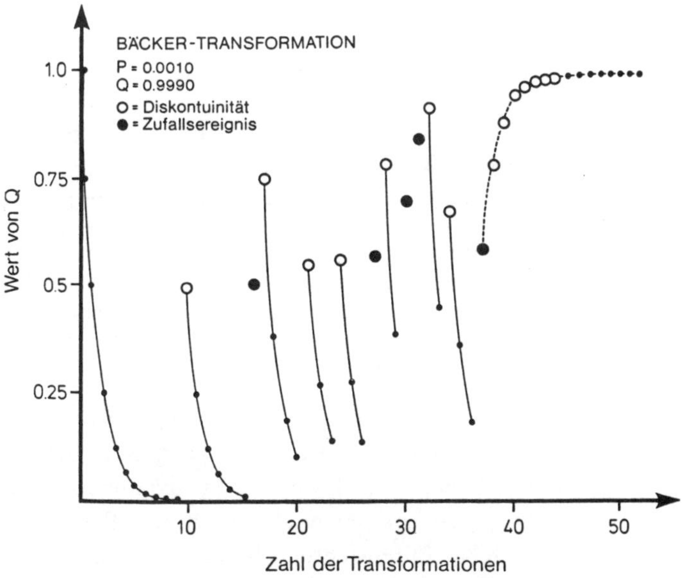

Abb. 1.9 Graphische Auftragung der Bäcker-Transformation von Abb. 1.8. In meinem Beispiel tritt bei der 10. Transformation eine ›gewöhnliche‹ Diskontinuität auf, bei der 16., 27., 30., 32. und 37. eine Bifurkation.

Wann und unter welchen Bedingungen treten Bifurkationen auf? Die Mathematik der letzten Jahre hat sich zunehmend mit komplexen Rückkopplungsprozessen befaßt. Im Prinzip sind solche Prozesse schon lange bekannt und lassen sich – in einfacheren Fällen – durch Differentialgleichungen lösen. Die Trajektorien von bewegten Körpern oder Systemen lassen sich nach Gesetzen der Dynamik bestimmen, wobei der Ablauf als Kontinuum gedacht werden kann oder schrittweise behandelt wird. Das ist das Wesen der Differential- und Infinitesimalrechnung. Praktisch ist jeder Lebensprozeß ein rückgekoppelter Prozeß. Man kann nur unter grober Vereinfachung reale Prozesse als nicht rückgekoppelt behandeln. Fast alle Systeme in der Natur haben also den Charakter, der in Abbildung 1.10 dargestellt ist.

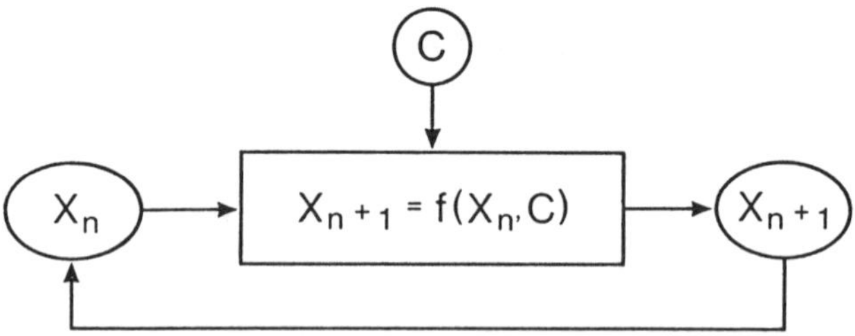

Abb. 1.10 Rückgekoppeltes komplexes System. Formal ist der Vorgang der gleiche wie bei der Bäcker-Transformation (Abb. 1.8), er ist hier als Iterationsrechnung dargestellt.

In der Realität ist eine solche Beziehung also *nichtlinear*. Zwischen dem Eingang X_n und dem Ausgang X_{n+1} besteht eine nichtlineare Beziehung, das heißt: das dynamische Gesetz $X_{n+1} = f(X_n, C)$ ist komplexer als die einfache Proportionalität $X_{n+1} = KX_n$. Offensichtlich hängt die Qualität der Lösungen dieser Gleichung von der Größe C ab, die bei jeder Iteration in den Prozeß hineingefüttert wird. Wenn man den Rückkoppelungszyklus mit einem beliebigen X_0 beginnt, will

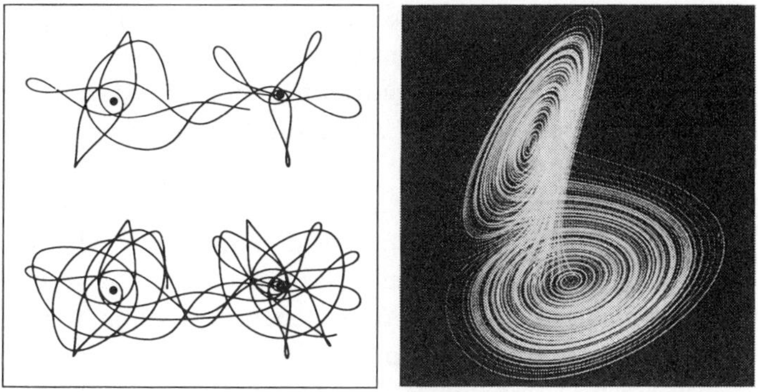

Abb. 1.11 Links: Modellmäßige Darstellung eines kleinen Planeten, der sich um zwei Sonnen gleicher Masse bewegt. Oberer Teil: Beginn; unterer Teil: weiterer Verlauf der chaotischen Bewegung. Rechts: der Lorenz-Attraktor.

man wissen, welcher Größe der Prozeß – das Ganze muß ja als Prozeß gesehen werden – zustrebt.

Grundsätzlich gibt es drei Möglichkeiten. Erstens: Der Endwert X nähert sich einem Grenzwert, den er, gegebenenfalls asymptotisch (im Unendlichen), schließlich erreicht. Das wäre der Fall bei linearen Differentialgleichungen und integrierbaren Systemen. Zweitens: Der Prozeß mündet in eine harmonische Schwingung ein. Das wäre der Fall beim Pendel und den Planetenbewegungen. Drittens: Der Prozeß hat einen unbestimmten Ausgang, der zwar durch die Anfangswerte und den dynamischen Prozeß bestimmt, aber dennoch unvorhersagbar ist. In der physikalischen und physiologischen Realität kann es alle drei Lösungen geben.

Die meisten realistischen Systeme sind Mischsysteme mit teilweise chaotischen Lösungen, so auch der berühmte Lorenz-Attraktor (Abb. 1.11, rechts). Er beschreibt dissipative Strukturen, wie sie entstehen, wenn mechanische Systeme durch Reibung oder sonstige Energiedissipation von einem zweiten Attraktionszentrum gebremst werden. Beispiele hierfür sind das Doppelpendel oder die Gezeiten. Die Trajektorie

(Bahn) stürzt deshalb schließlich in eines der ›Gravitationszentren‹. Sie ist aber keine einfache Spirale, sondern springt zwischen zwei Attraktionszentren hin und her. Man nennt solche Systeme ›seltsame Attraktoren‹ (strange attractors).

In Abbildung 1.12 ist eine andere Darstellung der Grundgleichung aus Abbildung 1.10 gezeigt, nämlich eine Mandelbrot-Menge mit den sie umgebenden und von ihr kontrollierten Julia-Mengen: Diese Figuren entstehen, wenn man nach Lösungen für die rückgekoppelte Gleichung $X_{n+1} = X_n^2 + C$ sucht, worin C eine komplexe Konstante ist. Die Mandelbrot-Figur, das wegen seiner Gestalt so genannte ›Apfelmännchen‹, hat an ihren chaotischen Rändern fraktale Dimension, bei jeweils höherer Auflösung zeigen sich immer neue verfeinerte Abbildungen von Julia-Mengen.

Das Bifurkationsereignis, der Schritt durch eine chaotische Zone, wird dabei durch die sogenannte Feigenbaumzahl charakterisiert:

$$\delta = 4{,}6692016660910\ldots$$

Diese sogenannte Feigenbaum-Zahl (benannt nach dem amerikanischen Mathematiker M. Feigenbaum) ist eine universelle Konstante, die den Übergang von Ordnung zu Chaos beschreibt, genauso wie die Zahl $\pi = 3{,}1415926536\ldots$ das Verhältnis von Umfang und Durchmesser des Kreises beschreibt. Gefunden wurde diese Universalkonstante δ von dem deutschen Mathematiker S. Grossmann (geb. 1930), Feigenbaum hat sie dann näher charakterisiert.

Die Zahl δ ist eine irrationale Zahl, das heißt ein Bruch, der auch bei noch so langem Verfolgen der Dezimalstellen weder aufgeht noch Perioden zeigt. Eine erstaunliche Entdeckung: Mathematiker und Physiker fanden bei der genauen Analyse einer Gleichung, die ursprünglich für rückgekoppelte biologische Systeme aufgestellt worden war (Verhulst-Gleichung), eine Universalkonstante, der die sprunghaften Übergänge in

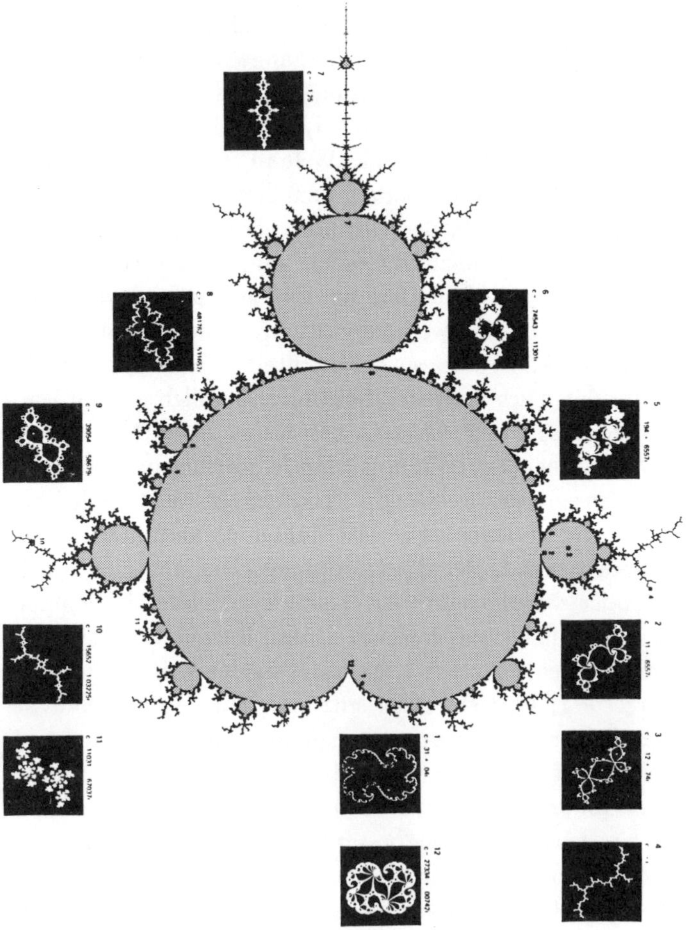

Abb. 1.12 Julia-Mengen am Rande einer zugehörigen Mandelbrot-Menge, welche deren Struktur kontrolliert.

der gesamten Natur gehorchen, seien es Periodisierungen, Periodenverdopplungen oder Übergänge von Periodizität in Chaos. Daraus muß man schließen, daß Chaos eine regelhafte, in der Natur und ihrer Systematik vorgesehene Zustandsform ist, daß also die Welt in ihrer Grundstruktur nichtlinear ist, daß sie aber aus dem deterministischen Chaos immer wieder Inseln der Ordnung hervorbringt, auf denen unsere einfachen linearen Gesetze angewendet werden können. Die Linearisierung, die wir im kartesisch-newtonschen System notwendigerweise durchführen müssen, um überhaupt physikalische Gesetze hinschreiben zu können, ist daher insulär. Dies zeigt sich besonders deutlich an den Rändern der Inseln (vgl. Abb. 1.12).

Der Mathematiker Benoit Mandelbrot hat in den letzten zehn Jahren eine Reihe von rückgekoppelten Gleichungen untersucht, in denen imaginäre Zahlen vorkommen und insbesondere das C der Rückkopplungsgleichung eine imaginäre oder komplexe Zahl ist. (Komplexe Zahlen sind Zahlen, die aus reellen, zum Beispiel 2, und imaginären Faktoren, zum Beispiel Wurzel − 1, zusammengesetzt sind, etwa 2 × Wurzel − 1. Wurzel − 1 ist eine imaginäre Zahl, weil es sie eigentlich gar nicht geben sollte, denn − 1 mal − 1, also $[-1]^2$ ist +1 [− mal − gibt +], so daß − 1 eigentlich eine ›unmögliche‹ Quadratzahl ist, aus der man keine Wurzel ziehen kann). Solche Gleichungen oder besser Mengen (im mathematischen Sinne) lassen sich auf dem Bildschirm des Computers bildlich darstellen. Durch Anwendung von Verallgemeinerungen innerhalb der Verhulst-Gleichung beziehungsweise des Julia-Sets gelingen Mandelbrot Darstellungen von höchster Komplexität und hoher Schönheit. Das sind Abbildungen der rückgekoppelten Gleichungen, in diesem Falle mit imaginären oder komplexen Zahlen, also Resultate einer rechnerisch einfachen, rückgekoppelten Prozedur ohne jede harmonisierende oder ästhetisierende Vorgabe. Die Mathematik, die dem zugrunde liegt, ist eine der nichtlinearen Realität ange-

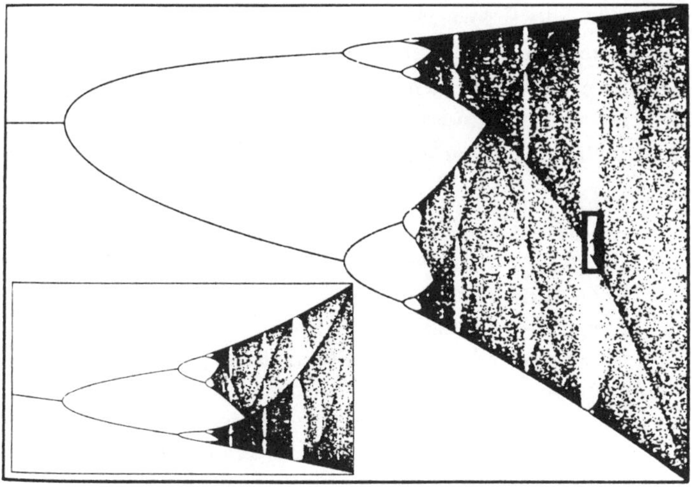

Abb. 1.13 Verhulst-Prozeß in der Darstellung nach Mandelbrot

paßte Beschreibungsform. Sie ist der Realität wesentlich besser angepaßt als die künstlich abstrahierende Mathematik der Newtonschen Trajektorien.

Man kann den Mandelbrot-Prozeß auch in etwas anderer Form auftragen, indem man die zeitliche Abfolge der jeweils auftretenden Bifurkationen gegen die auf dem Computerbildschirm abgebildeten verzweigten Trajektorien darstellt. Dann ergeben sich die ›Stammbaumsysteme‹, wie sie ähnlich Prigogine mit Hilfe der Bäcker-Transformation erzeugt oder wie sie die Natur uns in vielfacher Form vor Augen führt. Die Realität der prozessualen Natur ist stammbaumartig gegliedert, das heißt, das Zeit-Ereignis-Diagramm ist verzweigt. Die Newtonsche Nichtverzweigtheit ist die erklärungsbedürftige Ausnahme!

Die Chaos-Theorie ist eine makroskopische *Theorie* der Unbestimmtheit. Auch die Ereignisse der *makroskopischen* Welt lassen sich nur mit Wahrscheinlichkeit voraussagen, sie sind probabilistisch. Insofern ergänzen sich Quantenmechanik und Chaostheorie. Vom Prinzip her haben sie aber nichts miteinander zu tun, auch wenn sie der gleichen Weltsicht entsprungen sein mögen, nach der die Gesetze und Ereignisse dieser Welt nicht fundamentalistisch starr sind, sondern diese Welt vielmehr eine offene Welt ist.

> Dieses neue Wissenschaftsbild, das sich in erster Linie an Modellen des Lebens, nicht an mechanistischen Modellen orientiert, bringt Wandel nicht nur in der Wissenschaft mit sich. Es ist thematisch und in der Art der Erkenntnis mit jenen anderen Ereignissen verbunden, die zu Beginn des letzten Drittels unseres Jahrhunderts eine Metafluktuation signalisiert haben. Die Grundthemen sind überall dieselben. Sie lassen sich in Begriffen wie Selbstbestimmung, Selbstorganisation und Selbsterneuerung zusammenfassen, in der Erkenntnis einer systemhaften Verbundenheit aller natürlichen Dynamik über Raum und Zeit, im logischen Primat von Prozessen über Strukturen, in der Rolle von Fluktuationen, die das Gesetz der Masse aufheben und dem Einzelnen und seinem schöpferischen Einfall eine Chance geben, in der Offenheit und Kreativität einer Evolution schließlich, die weder in ihren entstehenden und vergehenden Strukturen noch im Endeffekt vorherbestimmt ist. Die Wissenschaft ist im Begriff, diese Prinzipien als allgemeine Gesetze einer natürlichen Dynamik zu erkennen. Auf den Menschen und seine Systeme des Lebens angewandt, sind sie damit Ausdruck eines im tiefsten Sinne natürlichen Lebens. Die dualistische Aufspaltung in Natur und Kultur wird damit aufgehoben. Im Ausgreifen, in der Selbstüberschreitung natürlicher Prozesse liegt eine Freude, die die Freude des Lebens ist. In ihrer Verbundenheit mit anderen Prozessen innerhalb einer umfassenden Evolution liegt der Sinn, der der Sinn des Lebens ist. Wir sind nicht der Evolution ausgeliefert – wir sind Evolution. Indem die Wissenschaft, wie so viele andere Aspekte menschlichen Lebens, von dieser vielschichtigen Metafluktuation mit erfaßt wird, überwindet sie ihre Entfremdung vom Menschen und trägt bei zur Freude und zum Sinn des Lebens.[81]

1.8 Kräfte und Vektoren

Das vertikal aufsteigende System bewirkt bei vegetabilischer Bildung das Bestehende, seinerzeit Solideszierende, Verharrende; die Faden bei vorübergehenden Pflanzen, den größten Anteil am Holz bei dauernden.

Das Spiralsystem ist das Fortbildende, Vermehrende, Ernährende, als solches vorübergehend, sich von jenem gleichsam isolierend. Im Übermaß fortwirkend, ist es sehr bald hinfällig, dem Verderben ausgesetzt; an jenes angeschlossen, verwachsen beide zu einer dauernden Einheit als Holz oder sonstiges Solide.

Keines der beiden Systeme kann allein gedacht werden; sie sind immer und ewig beisammen; aber im völligen Gleichgewicht bringen sie das Vollkommenste der Vegetation hervor.

Da das Spiralsystem eigentlich das Nährende ist und Auge nach Auge sich in demselben entwickelt, so folgt daraus, daß übermäßige Nahrung demselben zugeführt, ihm das Übergewicht über das Vertikale gibt, wodurch das Ganze seiner Stütze, gleichsam seines Knochenbaues beraubt, in übermäßiger Entwickelung der Augen sich übereilt und verliert.

So zum Beispiel hab ich die geplatteten, gewundenen Eschenzweige, welche man in ihrer höchsten Abnormität Bischofstäbe nennen kann, niemals an ausgewachsenen hohen Bäumen gefunden, sondern an geköpften, wo den neuen Zweigen von dem alten Stamm übermäßige Nahrung zugeführt wird.

Auch andere Monstrositäten, die wir zunächst umständlicher vorführen werden, entstehen dadurch, daß jenes aufrechtstrebende Leben mit dem spiralen aus dem Gleichgewicht kommt, von diesem überflügelt wird, wodurch die Vertikalkonstruktion geschwächt und an der Pflanze, es sei nun das fadenartige System oder das Holz hervorbringende, in die Enge getrieben und gleichsam vernichtet wird indem das Spirale, von welchem Augen und Knospen abhängen, beschleu-

nigt, der Zweig des Baums abgeplattet und, des Holzes ermangelnd, der Stengel der Pflanze aufgebläht und sein Inneres vernichtet wird; wobei denn immer die spirale Tendenz zum Vorschein kommt und sich im Winden und Krümmen und Schlingen darstellt. Nimmt man sich Beispiele vor Augen so hat man einen gründlichen Text zu Auslegungen.

Die Spiralgefäße welche längst bekannt und deren Existenz völlig anerkannt ist, sind also eigentlich nur als einzelne, der ganzen Spiraltendenz subordinierte Organe anzusehen; man hat sie überall aufgesucht und fast durchaus, besonders im Splint gefunden, wo sie sogar ein gewisses Lebenszeichen von sich geben; und nichts ist der Natur gemäßer, als daß sie das, was sie im ganzen intentioniert, durch das Einzelne in Wirksamkeit setzt.

Diese Spiraltendenz als Grundgesetz des Lebens muß daher allererst bei der Entwicklung aus den Samen sich hervortun. [. . .] Die Vertikaltendenz äußert sich von den ersten Anfängen des Keimens an; sie ist es, wodurch die Pflanze in der Erde wurzelt und zugleich sich in die Höhe hebt. Inwiefern sie ihre Rechte im Verfolg des Wachstums behauptet, wird wohl zu beachten sein, indem wir die rechtwinklige, alterne Stellung der dikotyledonischen Blätterpaare ihr durchaus zuschreiben, welches jedoch problematisch erscheinen möchte, da eine gewisse spirale Einwirkung im Fortsteigen nicht zu leugnen sein wird.[82]

Die Zeit wird mit Uhren gemessen, und Uhren sind, wie mehrfach betont wurde, *Zeitkreise*. Das Vorbild für die Uhr aller Uhren ist die Erdumdrehung, die der Menschheit von Anbeginn den Tagesrhythmus eingeprägt hat, oder der Mond, der uns den Monatsrhythmus gibt und damit die weibliche Menstruation beeinflußt. Ein Maß für die zyklische Zeit t_r sind aber auch alle anderen Uhren, mögen sie durch Pendel und Unruhe, durch Schwingquarz oder durch Atomschwingungen gesteuert sein. Die Zyklizität zeitlicher Systeme muß sich nicht ausschließlich in sichtbaren Kreisen wie auf dem Zifferblatt der Uhr manifestieren, sie kann auch in Form von periodischen Vorgängen, von Sinusschwingungen in Erscheinung treten, die ja bekanntlich Kreisfunktionen sind. Jeder Kreis ist die Funktion zweier gegeneinander wirkender Kräfte. Die Erde wird auf ihrer Bahn gehalten, die eine Resultante ist aus der linear zu denkenden Geschwindigkeit des Erdballes, der sogenannten Tangentialgeschwindigkeit einerseits und der Gravitationsanziehung zwischen Erde und Sonne andererseits. Eine Kreisbahn ist das Resultat einer durch einen Attraktor *gebremsten* und *eingefangenen* Bewegung.

Kreisbewegungen werden in der analytischen Geometrie durch die Kreisfunktionen beschrieben. Wir betrachten hier die Sinus- und die Tangensfunktion. Die Sinusfunktion ist stetig wie die Kreisbahn selber und idealiter vollkommen repetitiv; sie würde für die *reine* reversible Zeit t_r gelten. Ein *Zeitpunkt*, ein Planet (oder was auch immer auf der Kreisbahn sich bewegt) ist an jedem Punkt der Bahn den gleichen Kräften ausgesetzt. Die Sinusfunktion oszilliert stetig zwischen 1,00 und 0,00.

Die Tangensfunktion stellt gewissermaßen das Einfangpotential (oder auch umgekehrt das Potential des Entrinnens) für das zyklische System dar. Der Zeitpunkt, Planet (oder was auch immer vom zyklischen Zentrum gebremst wird) kommt aus dem Unendlichen und tritt tangential in die Kreisbahn ein. Die Tangensfunktion ist unstetig bei den Werten

$x = (n + \frac{1}{2})\pi$. Ihr Wert liegt zwischen ∞ und null.

Ein Kreissystem ist stabil, wenn es keinen Störungen ausgesetzt ist, wie das in Kapitel 1.7 behandelt wurde. *Ein zyklisch-periodischer Zeitverlauf ist der Indikator für eine stabile Struktur:* Das Planetensystem, die Frequenzen des Atomtang ist unstetig bei $x = (n + \frac{1}{2})\pi$

$$\text{tang } x = \frac{\sin x}{\sqrt{1 - \sin^2 x}}$$

Winkel	sinus	tangens
90°	1.00	unendlich
85°	0.99	11.43
80°	0.98	5.67
70°	0.939	2.74
60°	0.866	1.73
50°	0.766	1.19
40°	0.64	0.84
30°	0.50	0.58
20°	0.34	0.36
10°	0.17	0.18
5°	0.087	0.087
0°	0.00	0.00

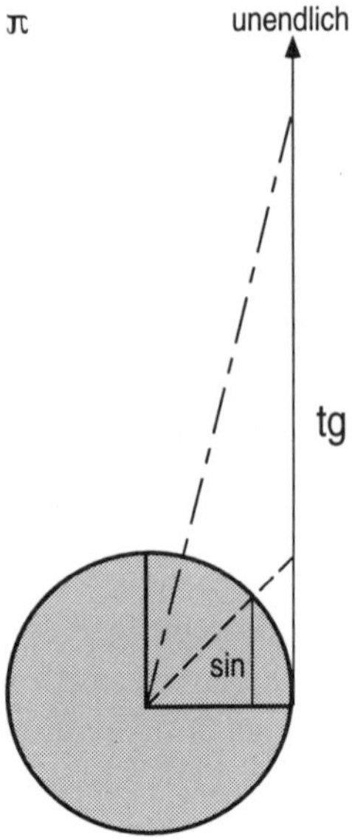

Abb. 1.14 Die kreisförmige Bewegung als Gleichgewicht zwischen tangentialer Fluchtbewegung und zentraler Anziehung.

baus, die Molekülschwingungen, der ruhige Lauf eines Motors, die Fahrpläne der Bundesbahn, der Herzrhythmus, die Kreisläufe des Blutes und der Stoffwechselprodukte unseres Körpers, die Periodik der weiblichen Menstruation, all dies sind gesunde, funktionale zeitliche Strukturen. Die Zeit, die Sinusschwingung läuft in sich zurück, es geschieht gewissermaßen nichts, es wird nur gezählt. Zeit und Zahl hängen eng zusammen, wie das schon Platon im Timaios sagt. Wenn man ie Zeitform t_r im Kräftediagramm der Planetenbewegung bb. 1.14) betrachtet, so kommt sie zustande durch einen npromiß zwischen einer zentrifugalen, tangentialen Beng, nach der die Zeit ›davonlaufen würde‹, und einer zentripetalen Kraft, nach der die Zeit gewissermaßen in sich zusammenstürzen würde in ein *schwarzes Loch der Zeit* im Kreismittelpunkt. Eine solche Form der *Zeitlosigkeit* dürfte es in den schwarzen Löchern tatsächlich geben, die in Kapitel 2.3 behandelt werden soll. Normalerweise wird ein Zeitkollaps genausowenig eintreten wie ein Gravitationskollaps.

Um was für eine Kraft handelt es sich, die die Zeit auf ihrer Kreisbahn hält? In Kapitel 1.9 soll der Feldbegriff auf zeitliche Phänomene ausgedehnt werden; ob das mehr als ein Formalismus ist, mag aber zunächst dahingestellt sein. Auf jeden Fall weist die offensichtliche Kreisbewegung der Zeit auf eine *Bremsung* des linearen Zeitpfeils durch einen ›Zeitattraktor‹ hin; der Zeitpfeil (t_i) wird eingefangen, gebremst, in die Kreisbahn gezwungen (t_r), die unstetige Tangensfunktion geht in die stetige Sinusfunktion über. Wir haben gesehen, daß die Idee einer absoluten gleichmäßigen und das heißt unstrukturierten Zeit ohnedies nicht mehr haltbar ist. Damit wird ein enger Zusammenhang zwischen Zeit und Struktur vorgeschlagen: *In der prozessualen Welt heißt Struktur gebremste Zeit* (englisch: structure is decelerated time). Wenn man die Newtonsche Formel anwenden würde

$$\text{Kraft} = \text{Masse} \times \text{Beschleunigung},$$

wobei unter Beschleunigung in diesem System verstanden werden müßte die 2. Ableitung der Ortskoordinate nach der Zeit, unter Masse so etwas wie die ›Mächtigkeit des Zeitstromes‹ und unter Kraft die ›Strukturbildungstendenz des Systems‹, seine Fähigkeit zur *Selbstorganisation*, so könnte die analoge Formel für das Zeit-Struktur-Verhältnis lauten:

$$\text{Struktur} = \text{Zeitpfeil} \times \text{Zeitbeschleunigung (-bremsung)}$$

Das klingt zunächst sehr vage und ist in der Tat ein reiner Formalismus in Analogie zum 2. Newtonschen Gesetz. Wenn

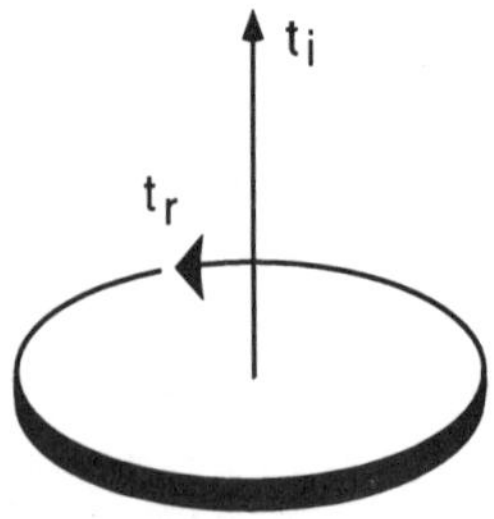

Abb. 1.15 Zeitkreis t_r und Zeitvektor t_i.

man aber überhaupt jemals das Phänomen der Selbstorganisation verstehen will, so wird man mit einem solchen Formalismus beginnen müssen, der dann vielleicht nach und nach substantiell ausgefüllt werden kann. Davon wird in Kapitel 1.9 die Rede sein.

»Offensichtlich gibt es nun aber eine jedem geläufige Zeitform, in der sich die Ereignisse *nicht* wiederholen: Geburt und Tod sind unwiederholbar, Naturgeschichte und Geschichte, mögen sie auch gelegentlich scheinbar rückläufig werden – sind ihrem Prinzip nach irreversibel. Die Evolution wird sich nicht wiederholen. Erfindungen werden gemacht und verändern die Welt. Ideen werden geboren und greifen in den Geschichtsverlauf ein. Die zugehörige Zeitform soll die irreversible Zeit (t_i) genannt werden.«[83] Diese Zeit schreitet also fort. Sie ist eine Bewegungsrichtung, ein Vektor, der senkrecht auf dem Zeitkreis (t_r) steht.

Wenn man ein *gleichzeitiges* und *kontinuierliches* Zusammenwirken der beiden Zeitmodi für ein System annimmt, so ergibt sich das Bild einer *Zeithelix*, bei der in der horizontalen Richtung die reversiblen Zeitkreise verlaufen, in der vertikalen Richtung die irreversiblen Vorgänge.

Eine zyklische Bewegung in der Zeit ist eine Iteration, eine immer wiederkehrende Wiederholung des gleichen Vorganges. Wir haben in Kapitel 1.7.2 gehört, daß Iterationsprozesse niemals als reine Iterationen verlaufen, daß sie immer,

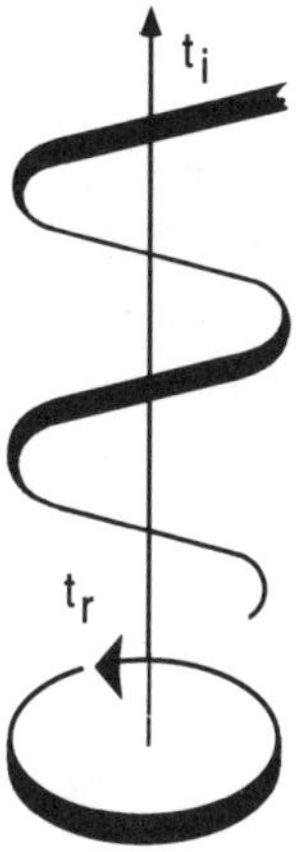

Abb. 1.16 Zeithelix.[61]

wenn auch nur infinitesimal kleinen Störungen ausgesetzt sein werden, die der in Abbildung 1.10 gezeigten Iterationsgleichung gehorchen, d.h. solche Systeme können auf die Dauer diskontinuierliche, chaotische Übergänge zeigen. Für die irreversiblen zeitlichen Übergänge wird deshalb das Bild des seltsamen Attraktors vorgeschlagen (Abb. 1.11): Ein zyklisches temporales System, das sich mit t_r charakterisieren läßt, gerät in die Nähe eines anderen ›Selbstorganisations-Attraktors‹. Dann treten genau die Verhältnisse ein, wie sie für einfache mechanische Systeme gezeigt wurden. Der Zeitmodus springt durch einen chaotischen Übergang in die nächste *Zeitstufe*. Dieser Übergang ist diskontinuierlich und irreversibel. Auf diese Weise kommt der irreversible Charakter der Zeitverläufe zustande. Solche Zeitverläufe können dann freilich nur in dissipativen Strukturen auftreten, d.h. in Systemen, die Energie verbrauchen und sich weit entfernt vom Gleichgewicht befinden. Mandelbrot spricht in diesem Zusammenhange von *fraktaler Zeit* und definiert sie: »Die Anzahl M(r) von Fehlern zwischen den Zeitpunkten 0 und r mißt die Zeit, indem sie solche Zeitpunkte zählt, in denen etwas Bemerkenswertes passiert. Sie ist ein Beispiel für eine *fraktale Zeit.*«[84]

In der fraktalen Geometrie und Chaosforschung erfährt die Zeit also eine weitere Relativierung: Was sind Zeitpunkte, an denen etwas *Bemerkenswertes* passiert? Das hängt doch von der jeweiligen Beurteilung ab, vom Gesamtzusammenhang im System. Solche Zeitpunkte sind jedenfalls keine Meßpunkte, und in jedem Falle ist ein irreversibler Vorgang ein bemerkenswerter Vorgang. Wir können, jedenfalls in unserer jetzigen Diskussion, Mandelbrots fraktale Zeit mit unserem Zeitmodus t_i gleichsetzen.

Die prozessuale Welt *wächst* – so möchten wir das nennen – im Zusammenwirken der beiden Zeitmodi, des systemerhaltenden zyklischen, t_r, Goethe nannte es das Vertikalsystem, und des fortschreitenden strukturverändernden Modus, den Goethe sehr richtig das Spiralsystem nannte und den wir heute als t_i bezeichnen. Und genau wie es Goethe in seinem berühmten Wort (s.o.) sagt, wäre ein System, das nur nach dem Modus t_i operiert, »sehr bald hinfällig, dem Verderben ausgesetzt; an das Vertikalsystem angeschlossen, erwachsen beide zu einer Dauereinheit«.

Mit dem hier vorgeschlagenen zweifachen Modus der Zeit wird auch erstmalig eine Modalität gefunden, in der *Neues entstehen* kann. Das Kontinuum der Zeit der klassischen Physik ist ungeeignet für die Beschreibung von Entstehen, von Zeugung, von Kreativität einerseits und von Vergehen, von Tod, von Depression andererseits.

Das entscheidende Bild bzw. die entscheidende Formel zum Verhältnis von t_r und t_i ist die Iterationsgleichung von Abbildung 1.10. Im Vorgriff auf die detaillierte Diskussion in künftigen Kapiteln zeigt die folgende Tabelle exemplarisch einige temporale Systeme, die sich im Prinzip nach diesem Schema behandeln lassen. Man könnte die Iterationsgleichung, die freilich sehr allgemeiner Natur ist, als eine Art *Weltformel* bezeichnen.

Verschiedene Systeme, die sich mit Hilfe einer Iterationsgleichung (Chaos-Ordnungsgleichung) beschreiben lassen (›Weltformel‹)

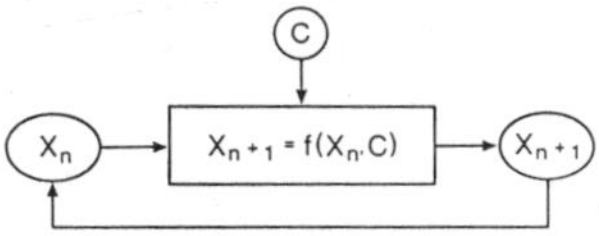

System	X_0	C	Resultat
›Apfelmännchen‹	Ausgangswert	imaginäre Zahl	Fraktale
Radioaktivität	Radiumatom	schwache Kernkräfte	Zerfall
Planeten	Komet	kosm. Staub etc.	Meteoreinschlag
Evolution	Gen-Pool	Selektion	neue Arten
Replikation	DNS/Protein	Geschwindigkeit	Hyperzyklus
Proteinsynthese	einz. Protein	Fehlerrate Genauigkeit	Fehlerkatastrophe
Blutgerinnung	Verletzung	Gerinnungsfaktor	Gerinnung
Ontogenese	Eizelle, Keim	Wachstums- u. Hemmfaktoren	Organismus
Immunsystem	Immunglobuline	Antigene	Antikörper
Gewebe	Einzelzelle	Glycoprotein-Lektin-Kontakt	Organe, Gewebe
Altern, Tod	organ. Netzwerke	Erkrankung Degeneration	Tod
Zentralnervensystem	Neuronen	Transmitter, Potentiale	Reaktion Gedanke
Gesellschaft	Individuen	soz. Interaktionen	Geschichte
Wirtschaft	Verbraucher Produzent	Rückkopplungen Erfindungen	Wohlstand Armut
Verkehr	Auto, Bahn etc.	Verkehrsteilnehmer	Verkehrsfluß, -stau
Börse	Aktien	Angebot/Nachfrage	Hausse, Baisse

1.9 Felder

Ich habe bisher die Erscheinungen der Himmelskörper und die Bewegungen des Meeres durch die Kraft der Schwere erklärt, aber ich habe nirgend die Ursachen der letzteren angegeben. Diese Kraft rührt von irgendeiner Ursache her, welche bis zum Mittelpunkt der Sonne und der Planeten dringt, ohne irgend etwas von ihrer Wirksamkeit zu verlieren. Sie wirkt nicht nach Verhältnis der Oberfläche derjenigen Teilchen, worauf sie einwirkt (wie die mechanischen Ursachen), sondern nach Verhältnis der Menge fester Materie, und ihre Wirkung erstreckt sich nach allen Seiten hin, bis in ungeheure Entfernungen, indem sie stets in quadratischem Verhältnis der letzteren abnimmt.

Ich habe noch nicht dahin kommen können, aus den Erscheinungen den Grund dieser Eigenschaften der Schwere abzuleiten, und Hypothesen erdenke ich nicht. Alles nämlich, was nicht aus den Erscheinungen folgt, ist eine Hypothese, und Hypothesen, seien sie nun metaphysische oder physische, mechanische oder diejenigen der verborgenen Eigenschaften, dürfen nicht in die Experimentalphysik aufgenommen werden. Es genügt, daß die Schwere existiere, daß sie nach den von uns dargelegten Gesetzen wirke und daß sie alle Bewegungen der Himmelskörper und des Meeres zu erklären imstande sei.[85]

In Kapitel 1.8 wurde eine ›*gravitationsanaloge*‹ *Theorie der Zeit* entworfen, nach der die Zeit ›Kräften‹ unterworfen sein könnte. Kräfte wirken nach dem Verständnis der klassischen und nachklassischen Physik in Feldern, also im Gravitationsfeld, im elektromagnetischen Feld und in den Feldern der Kernkräfte. Wenn wir also von Kräften sprechen, die auf die Zeit einwirken, müßte es dementsprechend ein *Zeitfeld* geben.

Was ist ein Feld? Ein Feld bezeichnet die Gesamtheit der

Werte einer physikalischen Größe, die Raumpunkten zugeordnet werden, ohne daß dort ein materieller Träger vorhanden sein muß. Der Feldbegriff versucht damit, die Schwierigkeit der Fernwirkung (actio in distans) zu umgehen. Bei den Fernwirkungstheorien sind nur die Körper selbst, nicht aber der zwischen ihnen liegende Raum Träger der jeweiligen physikalischen Eigenschaft, von Schwere, Elektrizität usw. Eine Feldtheorie besteht in einer Feldgleichung zur Berechnung der jeweiligen Feldgrößen in einem Punkt des Feldes und einem zugehörigen Bewegungsgesetz, also etwa den Newtonschen Gesetzen.

Die Feldtheorie der Quantenmechanik dreht die Begriffe um. Nicht mehr aus den Fernwirkungen des Feldes resultieren die Besonderheiten des Feldes, sondern durch die Körper selbst. Diese Uminterpretation wurde durch de Broglie und Einstein nahegelegt, um die Singularitäten des Feldes als Wellenpakete beschreiben zu können.

> Demgegenüber ist jedoch festzuhalten, daß vom antiken Gegensatz zwischen Atomtheorie und Pneumatheorie bis zum modernen Gegensatz von Fern- und Nahwirkungstheorien (Feldtheorien) lediglich eine Alternative von Betrachtungsweisen vorliegt, die den Grundbegriff der jeweils anderen nicht dispensiert. Denn eine Berechnung von Feldgrößen in einem bestimmten Raumpunkt setzt ein Wissen über Quellen des Feldes, letztlich also über die Lage und den physikalischen Zustand von Körpern voraus. Die Verbindung der Feldtheorien mit der Meßpraxis ist nicht anders als über eine Erzeugung von Feldern mit Hilfe von Körpern oder über einen Nachweis von Feldern von Kraftwirkungen auf Probekörper möglich. Der physikalisch höchst fruchtbare Feldbegriff leistet also zwar eine Ablösung mechanistisch verstandener und auf Widersprüche führender Äthertheorien, nicht jedoch eine Ablösung des methodisch primären Begriffs des Körpers.[86]

Newton beansprucht, »keine Hypothesen aufgestellt zu haben«. Die Feldtheorie der Gravitation und alle anderen

Vergleich der Naturgesetze und Theorien
im Gravitationsfeld (links) und im Evolutionsfeld (rechts)[87]:

Allgemeine Erfahrung	
Materie ist schwer, träge	Materie organisiert sich selbst, bildet Muster.

Frühe Beschreibungsversuche	
Aristoteles: Gewicht ist Zahl demokritischer Atome	*Aristoteles*: Entelechie *Thomas*: Selbstorganisation ist Gottes Organisation

Empirische Naturgesetze	
Galilei: Fallgesetze, Pendelgesetze *Kepler*: Planetenbewegung *Newton*: Bewegungsgesetze	Entropiegesetz Entwicklung der Sterne *Mendel*: Vererbung *Verhulst*: Wachstum Radioaktiver Zerfall Natürliche Uhren *Eigen*: Hyperzyklus

Theorien	
Newton: Gravitationsfeld	*Cramer*: Evolutionsfeld

Zusammenfassung	
Es gibt ein Gravitationsfeld, in dem Materie schwer ist. Schwere bzw. das Gravitationsfeld sind nicht von Materie abtrennbar. Das Gravitationsfeld existiert im 3dimensionalen Raum.	Es gibt ein Evolutionsfeld, in dem Materie sich organisiert. Selbstorganisation bzw. Evolutionsfeld sind nicht von Materie abtrennbar. Das Evolutionsfeld hat als zusätzliche Dimensionen die irreversible Zeit und das Energiepotential.

Feldtheorien sind selbstverständlich Hypothesen, mit deren Hilfe man das *Erklärungsproblem* ein Stückchen weiter in den Hintergrund schiebt, so daß es dem Unbefangenen so scheint, als sei das Problem erklärt. Hier gilt wiederum das schon von Galilei Gesagte: »Nicht es *ist*, sondern es *heißt* so.«

Versuchen wir zunächst einen Katalog der theoriebedürftigen zeitlichen Phänomene aufzustellen. Dazu zählen

erstens: die Übergänge von t_r nach t_i und umgekehrt, also der Umschlag von reversibler Zeit in irreversible Zeit,

zweitens: die Entropie als gerichtete Größe, die t_i überhaupt erst etabliert,

drittens: alle Phänomene der Selbstorganisation, bei denen in scheinbarem Gegensatz zum 2. Hauptsatz die Entropie *vermindert* wird,

viertens: Evolutionen und alle Formen von hierarchischen Strukturen, Stammbäume und Blitze.

Um Evolutionsphänomene zu beschreiben, habe ich seinerzeit zunächst qualitativ ein *Evolutionsfeld* vorgeschlagen.[87]

Ich möchte diesen Vorschlag heute in Richtung eines generellen *Raumzeit-Feldes* erweitern. Dies wäre als ein mehrdimensionales Feld aufzufassen, wobei freilich nicht sicher ist, ob man mit einer Theorie eines kontinuierlichen Feldes arbeiten kann. Zunächst wäre zu fordern, daß diese Feldtheorie das Entropiegesetz und die Phänomene der Selbstorganisation miteinander verbindet, die ja in einem Wechselverhältnis miteinander stehen. Entropie und Selbstorganisation gehören zusammen, denn Entropie ist nichts anderes als Selbst-Desorganisation. In einer solchen Feldgleichung müßte weiterhin die potentielle Energie des Systems als Koordinate vorkommen, also die Entfernung vom Gleichgewicht bzw. das Gibbssche Potential. Das Selbstorganisationsfeld hätte dann die folgenden Koordinaten:

drei Raumkoordinaten,

eine Zeitkoordinate, die diskontinuierlich wäre im Sinne der vorangegangenen Erörterungen,

eine Energiekoordinate, die die potentielle Energie bzw. das Gibbs-Potential des Systems wiedergibt.

Wenn man ein solches Selbstorganisationsfeld diskutiert, wird man nicht umhinkönnen, den Materiebegriff zu erweitern. Im Gravitationsfeld ist die Materie *schwer*. Im elektromagnetischen Feld ist die Materie *geladen* oder *magnetisch*. Gemäß der allgemeinen Felddefinition (s.o.) manifestiert sich also die auf das Feld bezügliche Eigenschaft in dem jeweiligen Körper.

Welche Eigenschaften der Materie bzw. der Körper repräsentieren ein Selbstorganisations- / Entropiefeld? Unser heutiger Materiebegriff stammt weitgehend von Demokrit. Er schuf die Atomtheorie der Materie, das Wort ›Atom‹ (griech. atomos: ατομος: unteilbar) stammt von ihm. Unter Atomen versteht Demokrit die kleinsten unteilbaren Einheiten der Materie. Daß Atome gespalten werden können und weiter zerlegbar sind, ändert nichts an dem geistigen Konzept des Atoms als kleinster Grundeinheit der Materie. Alle Eigenschaften der Materie werden auf Form, Größe und Lage der nicht komprimierbaren, undurchdringlichen, wegen ihrer Kleinheit unsichtbaren, unveränderlichen Teilchen, eben der Atome, zurückgeführt, die sich im Vakuum bewegen. Die Verschiedenheit der Materialien erklärt Demokrit mit dem größeren oder kleineren Anteil von Atomen in einem Raumelement. Materie und Bewegung sind unvergänglich; Werden und Vergehen ist eine Umgruppierung der Atome. Auch die Seele besteht nach Demokrit aus Atomen, die über den ganzen Körper des Menschen oder Tieres verteilt sind. Die Atome bewegen sich nach Gesetzen.

Diese Grundanschauungen des Demokrit sind fast unverändert in die Chemie, die Makrophysik und in unsere alltäglichen Vorstellungen übernommen worden.

Eine ganz andere Traditionslinie geht von Pythagoras über

Platon und Aristoteles zur Moderne. Die vier Elemente des Empedokles werden von Platon auf die vollkommenen Körper zurückgeführt. Platon unterscheidet zwischen den unveränderlichen und im eigentlichen Sinne seienden Ideen einerseits und den wahrgenommenen Phänomenen andererseits.

Die nicht empirischen, idealen Gegenstände wirken nach seiner Theorie in die Materie hinein, wodurch die Materie ihrerseits gewissermaßen mit Ideen versehen wird. Das wird dann von Aristoteles erweitert. Er postuliert einen form- und eigenschaftslosen Urstoff (materia prima). Die Materia prima hat die Fähigkeit der Kreativität. Sie ist die ungeformte Materie mit der Fähigkeit zur Selbstorganisation. Die tatsächlich existierenden Formen der Materie, die materia secunda, bildet sich aus dem Urstoff stufenweise durch immer komplexer werdende Merkmale. Die einzelnen Stufen müssen notwendigerweise durchschritten werden. Die vier empedokleischen Elemente stehen für bestimmte Eigenschaften: Erde für kalt und trocken, Wasser für kalt und feucht, Luft für warm und feucht, Feuer für warm und trocken. Für beseelte Lebewesen tritt die Seele als zusätzliches Spezifikum hinzu. Die Entwicklung der Materie ist durch einzelne Strukturmerkmale bestimmt und zweckgerichtet auf die Evolution bestimmter Formen hin. Diese der Materie innewohnende Kraft oder Fähigkeit oder ihr Wissen, wohin sie sich entwickeln soll, nennt Aristoteles, wie oben erwähnt, Entelechie.

Es gibt aber noch einen dritten Traditionsstrang im abendländischen Denken über die Materie, und das ist der ohne Vermittlung des Mittelalters direkt von Platon ableitbare. Galilei und erst recht Kepler berufen sich auf Platon, wenn sie die Mathematik als Erklärungsprinzip der Welt fordern und anwenden. Das wird ganz deutlich in der modernen Physik. Auch Heisenberg hatte einen platonischen Materiebegriff.[88]

Für Heisenberg und die moderne Physik ist Materie die unterschiedliche Erscheinungsform einer immateriellen mathematischen Struktur. Diese kommt in den Symmetriegruppen und Erhaltungssätzen physikalischer Größen zum Ausdruck. Heisenberg versuchte, die verschiedenen Elementarteilchen als Eigenlösungen einer einzigen nichtlinearen Feldgleichung zu verstehen, deren gruppentheoretische Invarianz die mathematischen Symmetrieeigenschaften der Elementarteilchen zum Ausdruck bringen sollte. Diese sogenannte ›Weltformel‹ muß zwar als gescheitert angesehen werden, sie beleuchtet aber doch den Ansatz, den die moderne Physik heute macht: eine Erklärung der Materie aus mathematischen Prinzipien.

Wenn nun Materie in einem Evolutionsfeld, analog dem Gravitationsfeld, existiert und überhaupt nur so existieren kann, muß der herkömmliche Materiebegriff revidiert werden. Materie ist jetzt in gewisser Weise weich (soft). Sie besteht nicht aus den inerten harten Klötzchen des Demokrit, sondern ist rezeptiv für das Evolutionsfeld. Sie ist nichtlinear und deshalb partiell indeterminiert, was auch in Übereinstimmung mit der Quantenmechanik gilt. Sie ist ideenträchtig, mindestens aber ein Vehikel für Ideen. Es ist eine platonische Materie. Prigogine sagt: »Matter at equilibrium is dull. The further one goes away from equilibrium, the more intelligent matter becomes.«[89] Materie im Gleichgewicht ist langweilig. Je weiter man sich vom Gleichgewicht entfernt, um so intelligenter wird Materie.

Diejenige Form der Materie, die evolviert, die in der Zeit Formen hervorbringt, ist grundsätzlich weit entfernt vom Gleichgewicht. Auf sie trifft diese Prigoginsche Feststellung zu. Wir können auch einfach ›lebende Materie‹ sagen und meinen damit, daß Materie weit vom Gleichgewicht substantiell lebend ist. Das ist keine Tautologie; denn es ist eine physikalische Eigenschaft, lebend zu sein. Leben ist kein Akzidens im aristotelischen Sinne, also etwas Aufgeklebtes, sondern Teil der materiellen Substanz, der dann in Erscheinung tritt, wenn Materie weit vom Gleichgewicht entfernt ist. Wir kommen also in der Physik und in der Biologie wieder zurück auf die Materiebegriffe von Platon und den Vorsokratikern, in welchem es noch keinen Dualismus von Geist / Seele und Materie gab.[90]

Eine Theorie des Evolutionsfeldes, des temporalen Selbstorganisationsfeldes, in dem die Zeit selbst eine Dimension wird, könnte die obengenannten theoriebedürftigen Zeitphänomene zusammenfassen. Eine solche Theorie kann jetzt noch nicht in endgültiger, mathematischer Form formuliert werden, sie müßte jedenfalls die folgenden Elemente berücksichtigen:

Erstens: t_r und t_i bilden ein Wechselverhältnis, ein Getriebe. Wenn immer ein zyklischer Prozeß (t_r) sich energetisch hoch aufládt und allfälligen, zunächst infinitesimal kleinen Störungen unterliegt, wird er nach dem Mechanismus des Strange Attractors irreversibel springen (t_i), um in eine neue, andere Eigenzeit (t_r) einzumünden.

Zweitens: Das Entropiegesetz beruht auf dem irreversiblen Zeitsprung im Evolutionsfeld, bei dem im allgemeinen Energie dissipiert wird bzw. Strukturen (= Zeitkreise) zerstört werden.

Drittens: Da der expandierende Kosmos trotz der ›Nahe-Wärmetod-Situation‹ nicht unter Energiemangel leidet, können sich – mindestens lokal – immer neue Energiepakete bilden, die den Zeitprozeß und damit die Strukturbildung immer weiter erneuern und vorantreiben. Hierfür muß allerdings eine Zeit-rezeptive Materie postuliert werden. Entropie (Strukturzerfall) und Selbstorganisation (spontane Strukturbildung) lassen sich damit in einer Theorie zusammenfassen.

Viertens: Evolutionen, die definitionsgemäß über chaotische Sprünge (Mutationen, Paradigmenwechsel) verlaufen, sind irreversibel, verzweigt und damit hierarchisch. Die rezeptive Materie (soft matter) ist – je nach ihrem Energiepotential und ihrer Evolutionshöhe in der betreffenden Hierarchie – fähig zur Musterbildung von einfachen Wirbeln über geologische Formen bis hin zu höheren Lebewesen, Zentralnervensystemen und zum menschlichen Geist.

1.10 Der Zeitbaum

Die Rolle einer geometrischen Darstellung in der klassischen Physik ist wohl bekannt. Die klassische Physik beruht auf der euklidischen Geometrie, und die modernen Entwicklungen in der Relativitätstheorie und anderen Gebieten hängen eng mit Erweiterungen der geometrischen Begriffe zusammen. Betrachten wir jedoch das andere Extrem – die Feldtheorie, mit deren Hilfe Embryologen die komplexen Erscheinungen beschreiben, die mit der Morphogenese zusammenhängen. Es ist eine eindrucksvolle Erfahrung, besonders für einen Nichtbiologen, einen Film zu sehen, der die Entwicklung beispielsweise des Hühnerembryos beschreibt. Man erkennt die fortschreitende Organisation eines biologischen Raumes, in dem jedes Ereignis sich zu einem Zeitpunkt in einem räumlichen Gebiet so vollzieht, daß die Koordination des Prozesses als eines Ganzen möglich wird. Dieser biologische Raum ist ein funktionaler, nicht ein geometrischer Raum. Der übliche geometrische Raum, der euklidische Raum, ist invariant gegen Translationen oder Rotationen. Beim biologischen Raum ist das nicht der Fall. In diesem Raum sind die Ereignisse in Raum und Zeit lokalisierte Prozesse und nicht bloße Trajektorien. Wir kommen der aristotelischen Sicht des Kosmos ganz nahe [...] Gewiß war die Anwendung der biologischen Auffassungen des Aristoteles auf die Physik verheerend; wir beginnen jedoch, dank der modernen Theorie der Verzweigungen (Bifurkation) und Instabilitäten zu erkennen, daß die beiden Begriffe der geometrischen und der organisierten, funktionalen Welt nicht unvereinbar sind. Das ist ein Fortschritt, der, wie ich glaube, von bleibendem Einfluß sein wird.[91]

In Kapitel 1.8 wurde gezeigt, daß der Zeitmodus in der prozessualen Welt nach dem Modell des Strange Attractors von t_r nach t_i umschlägt, sich dann wieder strukturerhaltend zyklisch bewegt, um bei nächster Gelegenheit in einen t_i-Modus umschlagen zu können. Fernerhin wurde in 1.8 und 1.9 deutlich, daß die Prozesse des Universums über Bifurkationen laufen und auf diese Weise geometrisch dargestellt werden können. Der Baum, der Stammbaum repräsentiert den Prozeßcharakter. Wir können die Argumentation auch umdrehen und feststellen: Wo immer wir eine Baumstruktur erblikken, handelt es sich um einen Prozeß.

Ich möchte nun die beiden Begriffe, Bifurkation und diskontinuierlicher Übergang im Strange Attractor, miteinander verbinden und für den Zusammenhang der Zeitmodi den *Zeitbaum* vorschlagen.

Der Zeitbaum geht von einfachen Strukturen und Verzweigungen in immer komplexere Strukturen über, wobei an den Verzweigungspunkten irreversible Veränderungen auftreten, die in bestimmte Richtungen verlaufen, bis sich herausstellt, ob die eingeschlagene Richtung eine Sackgasse ist oder nicht. Ist sie eine Sackgasse, so stirbt der betroffene Zeitstrang, das betroffene Lebewesen aus. Man kann bekanntlich zeigen, daß die Artenvielfalt, wie sie heute auf dem Planeten herrscht, nur etwa 1 % dessen beträgt, was die Evolution hervorgebracht hat. Alle anderen Arten sind – wenn man beim Bild des seltsamen Attraktors bleiben soll – wieder in den ursprünglichen Attraktor abgestürzt und damit verschwunden.

Die Diskussion der Mandelbrotmenge hat ergeben, daß der irreversible Zeitvektor t_i erklärt werden kann durch spontan auftretende irreversible Mikrostrukturen. In einem iterativen zyklischen Zeitverlauf können an den Rändern des ›Apfelmännchens‹ bzw. der Bifurkationsstruktur irreversible Elemente auftreten, die sich allmählich verstärken und schließlich aus dem Zyklus herausspringen. Auf diese Weise gebiert ein bestehendes System einen neuen Attraktor, der durch Einfangen von Substrat an Bedeutung oder Gewicht gewinnt und dann seinerseits ein System bildet, das mit dem primären System in Konkurrenz tritt, so daß sich ein Paar von seltsamen Attraktoren bildet. Dieses Paar wird dann eine Weile fortbestehen, bis sich der alte Attraktor schließlich in den neuen auflöst oder bis der neue Attraktor in den ursprünglichen zurückstürzt. Ähnlich wie die Geschöpfe der Evolution treten die Attraktoren in Wechselwirkung miteinander, sie bilden vielleicht sogar ein ganzes Netzwerk. Das würde allerdings bedeuten, daß es nicht nur eine einzige irreversible Zeitachse gibt, an der eine Reihe von reversiblen zyklischen Strukturen oder von seltsamen Attraktoren hängt, sondern daß es sich um einen ganzen Zeitbaum handelt. Die Äste des Zeitbaumes könnten dann je nachdem der geschichtlichen Zeit, der physiologischen Zeit, der thermodynamischen oder kosmologischen Zeit usf. entsprechen, sie sind Stränge von Eigenzeiten.

Mit anderen Worten: Wir haben für ausnahmslos alle uns bekannten Systeme einen Zeitvektor t_i, eine Geschichtszeit, anzunehmen, so wie wir umgekehrt für die Zeit der menschlichen Geschichte einen Zeitvektor t_r, eine Zeit der Erhaltung, annehmen müssen. Sie sichert die Stabilität einer Gesellschaft und muß daher stets wiederkehren können.

›Wiederkehrend‹ sind für die Menschen in diesem Sinne nicht allein Sommer und Winter, Aussaat und Ernte, sondern auch alle Rituale, alle festen Einschnitte in die Zeit, die eine geschichtliche Gemeinschaft durchläuft.

Das Bild vom Zeitbaum könnte auch der Tatsache Rechnung tragen, daß zu einer Zeit – zu einem bestimmten Datum sehr verschiedene Zeitverläufe angenommen werden müssen. Daß es zu *einer* Zeit »unendlich viele Zeiten« gebe, wußte schon Herder. Auch nach der Relativitätstheorie hängt jede Zeitbestimmung davon ab, wo sich ein System oder ein Beobachter befindet und mit welcher Geschwindigkeit sie sich fortbewegen. t_r und t_i werden zwar meist in dem unauffälligen Reziprozitätsverhältnis stehen, wie es die Lorenz-Transformation fordert, aber dieses Verhältnis ist, wie wir gesehen haben, flexibel und wird sich je nach Zeitebene und -lage verändern. Der Zeitbaum vereinigt auf seinen verschiedenen Ästen und Zweigen je ganz verschiedene Zeiten und Verhältnisse von t_r zu t_i, womit das Urmodell der newtonschen Zeit, der einheitliche Zeitstrom, endgültig außer Kraft gesetzt wäre.

Eine Frage ist damit aber noch nicht beantwortet: Woher stammen die Energien, die den Bifurkationsprozeß antreiben? Im Rahmen der für den Iterationsprozeß der zyklischen Zeit t_r geltenden Grundgleichung (Abb. 1.10) würde die Frage lauten: Was ist die Größe C? Wie ist sie zu erklären?

Es muß hier der vorläufige Hinweis genügen, daß wir stets von attraktiven, repulsiven (positiven, negativen) Kräften und damit von einer prinzipiell antagonistischen Struktur auszugehen haben. An der Materie läßt sich diese antagonistische Struktur sehr leicht zeigen: Ein Atom ist aus positiven, negativen und neutralen Energiepotentialen zusammengesetzt, die in Wechselwirkung miteinander stehen, d.h. die Stabilität des Atoms aufrechterhalten. Aber auch bei geschichtlichen Prozessen sind es vermutlich vorwiegend die antagonistisch strukturierten Wechselwirkungen zwischen den Mitgliedern einer Gesellschaft oder zwischen ganzen Gesellschaftsformationen, die einen treibenden Effekt in Richtung einer Zeit t_i entwickeln.

Für die Biologie gilt: Leben ›beginnt‹ mit der ›Basenpaarung‹ der Doppelhelix und bringt in ›Hyperzyklen‹ immer wieder Neues hervor. Mit der ›Entdeckung‹ der Sexualität fand die Natur ein Prinzip, das stets neue Äste auf dem Evolutionsbaum hervortreibt und parallel dazu neue Zeitqualitäten hervorbringt. Der Schmetterling wird kilometerweit vom Duft des Weibchens attrahiert, er nähert sich ihm in immer engeren Kreisen, bis es zur zeugenden, Neues erzeugenden, ›neue Zeit‹ erzeugenden Befruchtung kommt. Eben durch diese Attraktion entsteht ein neues *Lebendes*.

Auch in Räuber-Beute-Beziehungen kann der Übergang

der Zeitmodi von t_r nach t_i beobachtet werden. Nach dem Verhulstschen Gesetz gerät die Relation Hase/Fuchs zunächst ins Oszillieren (die Füchse rotten die Hasen fast ganz aus, dann müssen sie verhungern, die Hasen nehmen dadurch wieder zu etc.), um schließlich in einem chaotischen Zeitmodus zu enden.

Die Beispiele ließen sich beliebig vermehren und werden in den folgenden Kapiteln näher ausgeführt. Enzymatische Prozesse können ›schwingen‹ und sich plötzlich ›aufschaukeln‹, die chemische Verbindungsbildung ist polarer, d.h. antagonistischer Natur. Man spricht von chemischer Affinität, Goethe hat das Modell in seinen Roman *Die Wahlverwandtschaften* aufgenommen und damit einen keineswegs nur ›symbolischen‹ Beitrag zu einer Gesetzmäßigkeit geleistet, die auf allen Ebenen der Evolution gültig ist. Die Grundstruktur von Leben und Materie, die antagonistische Struktur, hat offensichtlich einen treibenden Effekt, so daß Attraktor 1 einen Attraktor 2 abspalten und das Kräftegleichgewicht Attraktor/Schwerefeld wiederherstellen kann. Man mag die Kräfte, die im Umkreis eines Attraktors herrschen, analog den Kräften der Elektronenschalen der Atome als negative, den Attraktor als positive Kraft betrachten oder umgekehrt: entscheidend ist ihr *antagonistisches* Verhältnis, ist eine Polarität, die auf allen Ebenen wiederkehren dürfte, so, wenn sich z.B. die geschichtlichen Kräfte des Mittelalters um den veränderlichen, spannungsgeladenen *Strange Attractor* bewegten, der von *ecclesia* und *mundus* gebildet wurde.

Die Zweige des Zeitbaums sind wie die Geschöpfe der Evolution netzwerkartig verknüpft, und so können sie sich gegenseitig beeinflussen. Zum Beispiel ließe sich eine Klimaveränderung denken, die als solche zwar zur kosmologischen Zeit gehören, aber auch auf die Physiologie des Menschen einwirken und auf diese Weise in seine Geschichte eingreifen könnte.

Im folgenden soll an verschiedenen Systemen der Begriff

Abb. 1.17 Struktur des Zeitbaumes mit Bifurkationen, an denen es alternative, nicht voraussagbare Wege des Zeitprozesses gibt. Jede Bifurkation geht durch einen Seltsamen Attraktor.

des Zeitbaumes erörtert und exemplifiziert werden, und zwar für Physik, Kosmologie und für die Biologie.

Der Weltprozeß verläuft unter ständigem Variieren des Zeitmodus: *Strukturbildende Zeitkreise*, Oszillationen, reversible Vorgänge sind systemerhaltend, aber sie sind in Wahrheit nur *Warteschleifen*, in denen das System so lange kreist, bis es an einen Chaos-Ordnungs-Übergang kommt. Dann erfolgt ein *Zeitsprung, und es entsteht etwas Neues*. Mit den beiden Zeitmodi t_r und t_i kann man erstmalig die *Stabilität von Strukturen einerseits und das Entstehen des Neuen andererseits* beschreiben sowie mit Hilfe der Chaostheorie die Übergänge dieser beiden Zeitformen verstehen.

2. Kosmische Zeit

2.1 Ur-Ursprung und Mythos

Am Anfang schuf Gott Himmel und Erde.
Und die Erde war wüst und leer, und es war finster auf der Tiefe; und der Geist Gottes schwebte auf dem Wasser.
Und Gott sprach: Es werde Licht! Und es ward Licht.
Und Gott sah, daß das Licht gut war. Da schied Gott das Licht von der Finsternis, und nannte das Licht Tag und die Finsternis Nacht. Da ward aus Abend und Morgen der erste Tag.
Und Gott sprach: Es werde eine Feste zwischen den Wassern, und die sei ein Unterschied zwischen den Wassern.
Da machte Gott die Feste, und schied das Wasser unter der Feste von dem Wasser über der Feste. Und es geschah also.
Und Gott nannte die Feste Himmel. Da ward aus Abend und Morgen der andere Tag.
Und Gott sprach: Es sammle sich das Wasser unter dem Himmel an besondere Örter, daß man das Trockene sehe. Und es geschah also.
Und Gott nannte das Trockene Erde, und die Sammlung der Wasser nannte er Meer. Und Gott sah, daß es gut war.[1]

Der Kosmos ist ein Prozeß, und es gibt nichts, was nicht prozessual wäre. Alle Ruhepunkte, alle Haltepunkte sind nur scheinbar. In ihnen ist der raumzeitliche Prozeß in Kreisbahnen, Zyklen, Rhythmen eingefangen, wird scheinbar reversibel, um dann unter gegebenen physikalischen, chemischen, ökonomischen oder psychischen Bedingungen aus der Warteschleife wieder herauszuspringen und irreversibel zu prozedieren. Wir können uns einen Prozeß, eine Bewegung, eine Entwicklung schlechterdings nicht anders vorstellen als von einem *Ursprung* her. *So müssen wir denken*. Das ist Teil unserer raumzeitlichen Verstandesorganisation, ist eine Bedingung für mögliches Erkennen, ist, nach Kant, transzendental. Der Kosmos muß einen Ursprung haben, und sofern dies vielleicht nicht der letzte Ursprung sein sollte, müßte dieser Ursprung wiederum einen Ursprung haben. Unsere Denkmöglichkeit läßt es anders nicht zu. Wir müssen ins Unendliche denken, übrigens auch räumlich. Jedes Kind wird mit seiner naiven Fragerei sehr bald den Erwachsenen davon belehren: Was ist hinter dem Wald? Ein Gebirge. Was ist hinter dem Gebirge? Das Meer. Was ist hinter dem Meer? Die Sonne. Was ist hinter der Sonne? Die Milchstraße. Was ist hinter der Milchstraße? Die Galaxien am Rande der Welt. Und danach?

Mit der Aussage der Astrophysiker, der Kosmos sei unbegrenzt aber endlich, können wir begrifflich nichts anfangen. Wir müssen uns einen zeitlichen Ursprung vorstellen, einen Ursprung unseres Lebens, unserer Familie, unserer Kultur, der Menschheit, der Erde, des Kosmos. Doch irgendwo kann man nicht mehr weiter zurückfragen nach dem Ur-Ursprung des Ursprungs. »Der Ursprung ist ja der erste (oder letzte) Sprung, der Durchgang durch den seltsamen Attraktor mit dem Zeitsprung t_i, das irreversible Kippen«[2], das Entstehen des Neuen.

Die Menschheit hat ihre Ursprungsmythen, fast jeder Kulturkreis einen eigenen oder besonderen. Der jüdisch-babylonische steht am Anfang dieses Kapitels, er scheint mir auch heute noch prinzipiell richtig zu sein, indem er den raumzeitlichen Verlauf mit Bifurkationen in fast der richtigen Hierarchie wiedergibt. In sechs abgestuften Bifurkationen (dort heißen sie die sechs Schöpfungstage) wird ein Zeitbaum konstruiert. Ausgehend von einem »wüsten und leeren«, zeitlosen Zustand wird in der ersten Bifurkation Licht und Finsternis geschieden, d.h. Energiedifferenzen werden aufgebaut, die den Evolutionsprozeß in Gang setzen können, die die notwendigen Polaritäten für weitere Bifurkationen erzeugen und damit die Zeit selbst in Gang setzen. In der 2. Bifurkation (am 2. Tag) wird der Raum aufgebaut. Es gibt ein Oben und

Unten; erst jetzt ist eine strukturierte Raumzeit vorhanden, in die die *Ereignisse* eingetragen werden können, erst jetzt kann sich etwas ereignen. In der 3. Bifurkation werden Festes und Flüssiges getrennt, Erde und Meer entstehen und auf der Erde die Pflanzen. In der 4. Bifurkation entstehen Gestirne, in der 5. die Fische des Meeres und die Vögel und in der 6. die erdbewohnenden Lebewesen. Bemerkenswerterweise wird dabei dem Menschen zunächst durchaus keine Vorzugsstellung eingeräumt, er wird in einem Atemzug genannt mit »Tier, Gewürm und Vieh«, ganz in Übereinstimmung mit den heute bekannten Tatsachen, daß die grundsätzlichen biochemischen Abläufe wie Atmung, Proteinsynthese oder Genetischer Code bei Mensch und Tier gleich sind. Die *Kreatürlichkeit* verbindet alle Lebewesen.

Freilich können wir den Zeitbaum der biblischen Schöpfungsgeschichte heute nur symbolisch verstehen (Abb. 2.1). Aber hat die moderne Physik, die sich in der Quantenmechanik aufzulösen beginnt und die die im folgenden zu besprechende Theorie vom Urknall und der Entstehung des Kosmos geschaffen hat, vielleicht nicht auch nur Symbolcharakter? Jedenfalls, was die *Inhalte* anbelangt. Hingegen scheint die *prozessuale Form* eines Zeitbaumes mit Bifurkationen eine allen bisherigen und auch möglichen Kosmogonien gemeinsame Form zu sein.

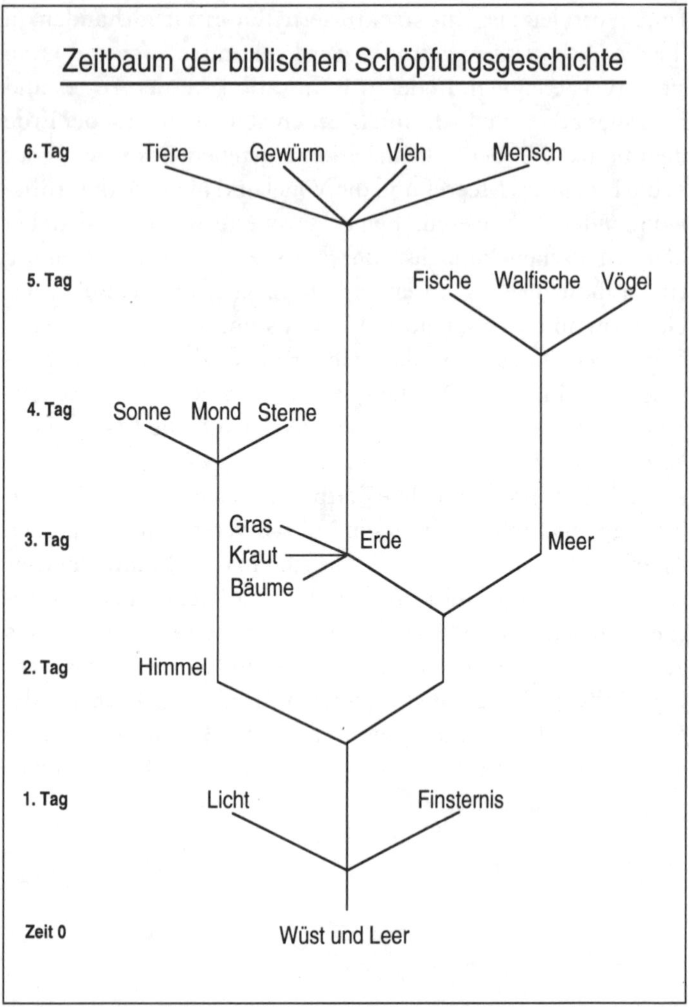

Abb. 2.1 Zeitbaum der biblischen Schöpfungsgeschichte.

2.2 Urknall – die Geschichtlichkeit der Materie

Corona

Aus der Hand frißt der Herbst mir sein Blatt:
wir sind Freunde.
Wir schälen die Zeit aus den Nüssen und lehren sie gehn:
die Zeit kehrt zurück in die Schale.

Im Spiegel ist Sonntag,
im Traum wird geschlafen,
der Mund redet wahr.

Mein Aug steigt hinab zum Geschlecht der Geliebten:
wir sehen uns an,
wir sagen uns Dunkles.
Wir lieben einander wie Mohn und Gedächtnis,
Wir schlafen wie Wein in den Muscheln,
wie das Meer im Blutstrahl des Mondes.

Wir stehen umschlungen im Fenster, sie sehen uns zu
von der Straße:
es ist Zeit, daß man weiß.
Es ist Zeit, daß der Stein sich zu blühen bequemt,
daß der Unrast ein Herz schlägt.
Es ist Zeit, daß es Zeit wird.

Es ist Zeit.

Paul Celan [3]

2.2.1 *Der kosmologische Zeitbaum*

Die heute allgemein akzeptierte physikalische Theorie über die Entstehung und Prozessualität des Kosmos ist die Theorie vom Urknall (Abb. 2.2). Zum Zeitpunkt des ›Urknalls‹ gab es nur einen einzigen physikalisch-energetisch-materiellen Zustand: die Singularität. In ihr gibt es keine Unterscheidungsmöglichkeit zwischen Materie und Energie, zwischen den verschiedenen Zuständen der Energie oder zwischen den verschiedenen subatomaren oder atomaren Partikeln. Die Singularität ist vollkommen symmetrisch und nahezu unendlich klein, obwohl sie den ganzen Kosmos enthält. So ist die physikalische Aussage, sie ist für unsere Vorstellung nicht faßbar, sie ist ein Wunder von derselben Kategorie wie die *Wunder*, die Moses mit Gottes Hilfe vollbracht hat – schlicht nicht zu begreifen oder besser gesagt: nur ganz schlicht zu begreifen.

Die Vorstellung vom Urknall und dem sich seit dem ersten Zeitpunkt aller Zeiten ausdehnenden und auseinanderfliegenden Universum basiert ursprünglich auf der Beobachtung der Rotverschiebung entfernter Galaxien und deren Interpretation durch Hubble im Jahre 1929[4]. Die Teile des Universums, das sind im wesentlichen die Galaxien, entfernen sich wegen der Expansion des Raumes immer weiter voneinander, sie fliegen auseinander wie die Splitter nach einer großen Explosion, und zwar die weitesten scheinbar am schnellsten. Das wird zusammengefaßt in der einfachen Hubble-Gleichung:

Fluchtgeschwindigkeit = H (Hubble-Konstante) × Entfernung

Das ist graphisch in Abbildung 2.3 wiedergegeben.

Aus Abbildung 2.3 ergibt sich, daß die sehr weit entfernten Objekte bereits in die Größenordnung der Lichtgeschwindig-

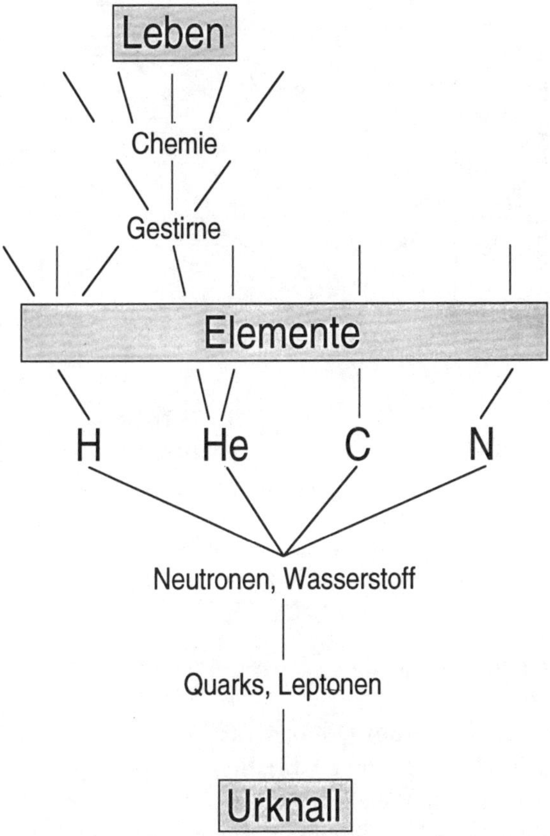

Abb. 2.2 Kosmologischer Zeitbaum der Entstehung von Materie und ihren Strukturen.

keit (etwa 300 000 km/Sek.) kommen, die sie freilich nach der speziellen Relativitätstheorie niemals ganz erreichen können. Solche Galaxien hätten dann einen so großen Doppler-Effekt, daß das Lichtspektrum praktisch gar nicht mehr vorhanden wäre. Das Objekt fliegt so schnell weg, daß das Licht, auf dem Rückweg zu uns, uns niemals erreichen

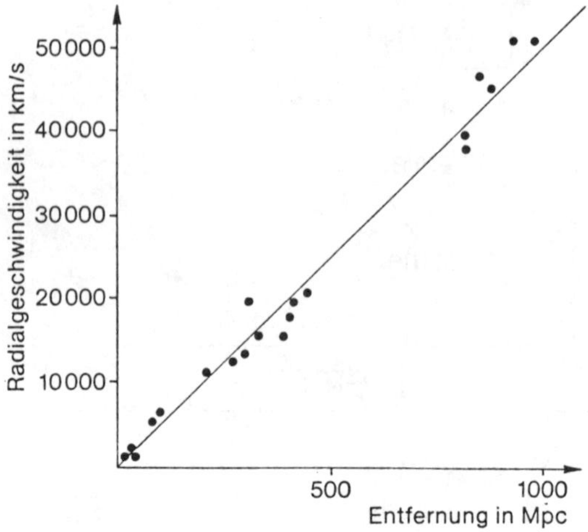

Abb. 2.3 Das Hubblesche Gesetz. Je größer die Entfernung (nach rechts aufgetragen), um so größer ist die Fluchtgeschwindigkeit. Hierbei ist die Hubble-Konstante mit 50 km/sec und Mega par sec eingesetzt.

könnte. Die Galaxie läuft gewissermaßen mit ihrem eigenen Licht davon.

Noch ein Wort zum Doppler-Effekt – genannt nach dem österreichischen Physiker Christian Doppler (1803-1853). Die Frequenz einer Wellenerscheinung macht deren Klanghöhe (beim Schall) oder deren Farbe (beim Licht) aus. Je nachdem, wie viele Schwingungsfrequenzen pro Sekunde auf unsere Sinnesorgane treffen, empfinden wir die Sinneserscheinung in einer anderen Klang-Farbe. Zum Beispiel hören wir den Kammerton A, wenn 440 Schwingungen pro Sekunde unser Ohr treffen. Wenn es 880 sind, hören wir das A eine Oktave höher.

Licht mit einer Schwingungsfrequenz von 3×10^{14} Schwingungen pro Sekunde ist ultraviolett. Bei 1×10^{14} Schwingungen pro Sekunde sieht unsere Netzhaut die Farbe gelb. Wenn nun die Schallquelle sich von uns fort bewegt, so muß man die

Eigengeschwindigkeit der Schallquelle gewissermaßen von der Geschwindigkeit des Schalles oder Lichtes abziehen, die Quelle schleppt sozusagen ihren Strahl hinterher. Das hat jeder von uns schon beobachtet: Wenn ein Krankenwagen an uns vorbeifährt, so wird der Ton der Sirene im Moment des Vorbeifahrens plötzlich tiefer. Da die Schallgeschwindigkeit 300 Meter pro Sekunde, das sind ca. 1000 Stundenkilometer, beträgt, wird eine mit 100 Stundenkilometer an uns vorbeisausende Schallquelle beim Aufunszufahren einen 10% höheren Sirenenton, nach dem Vorbeifahren einen 10% tieferen Sirenenton für unser Ohr erklingen lassen. Der Doppler-Effekt würde in diesem Falle 20% betragen. Der Ton wäre also nach dem Vorbeifahren immerhin 1½ Töne auf der Tonleiter tiefer, also eine kleine Terz. Das gleiche gilt auch für die Wellenerscheinung des Lichtes. Demzufolge zeigen die Spektren der von uns wegfliegenden Galaxien eine beträchtliche Frequenzverschiebung, aus der man dann umgekehrt über die Hubble-Konstante ihre Entfernung errechnen kann.

Der zweite Beweis für die Urknalltheorie ist die sogenannte Hintergrundstrahlung. Wenn der Urknall in einem unglaublich hellen Lichtblitz bestand, so müßte doch von dieser ursprünglichen gewaltigen Strahlung noch etwas übriggeblieben sein. Nach Überlegungen von Alexander Friedmann, George Gamov, Bob Dicke und Jim Beebles müßte diese Strahlung wegen der oben erwähnten Expansion des Weltalls und dem damit verbundenen Doppler-Effekt so stark an Frequenz, d. h. an Energie, verloren haben, daß sie sich von ihren ursprünglich Milliarden von Graden bis zum Mikrowellenbereich abgekühlt haben müßte, und zwar auf etwa 3 Kelvin. Eine solche kosmische Hintergrundstrahlung wurde nun 1965 von Arno Penzias und Robert Wilson tatsächlich als ein völlig gleichmäßiges und richtungsunabhängiges Rauschen im Mikrowellenbereich gefunden.[5] In Abbildung 2.4 ist das Spektrum dieser Strahlung dargestellt.

Eine Schwierigkeit hatte diese Theorie allerdings noch bis

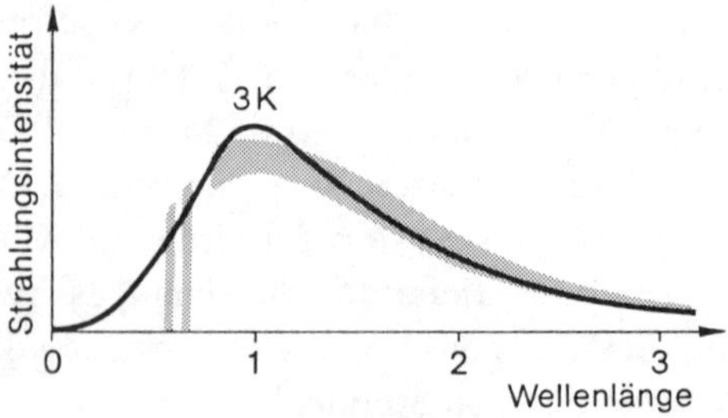

Abb. 2.4 Das Spektrum der kosmischen Hintergrundstrahlung. Nach rechts ist die Wellenlänge in Millimetern aufgetragen. Die durchgezogene Kurve entspricht der Strahlungsabgabe eines Körpers von 3 K, wobei K die absolute Temperatur ist, 3 K entspricht also -270°C. Die Meßgenauigkeit dieser sehr schwachen Strahlung erlaubt keine genügend genaue Messung, um sie mit der Idealkurve zur Deckung zu bringen. Die Meßpunkte liegen in dem grau schraffierten Bereich.

vor kurzem: Wenn die Hintergrundstrahlung vollkommen homogen wäre, so würde das heißen, daß die Materie und Energie im Universum noch etwa 300 000 Jahre nach dem Urknall vollkommen gleichmäßig im Universum verteilt gewesen wären. Zu diesem Zeitpunkt, an dem zwar nur weit weniger als ein millionster Teil der bisherigen Lebensdauer des Kosmos verstrichen war, war die Materie, d.h. die niederen Elemente wie Wasserstoff und Helium sowie Baryonen, schon so weit auseinandergeflogen, daß die Gravitationskräfte für eine Zusammenklumpung zu Gestirnen und Galaxien nicht ausgereicht hätten. Im Kosmos dürften dann nur niedere Atome und Elementarteilchen vorhanden sein, weit verteilt und voneinander entfernt, so daß sie keine Chance hätten, sich in den ›Schmelzöfen‹ von Sonnen zu höheren Elementen zusammenzulagern, größere Moleküle oder gar Leben entstehen zu lassen.

Diese Schwierigkeit ist seit kurzem beseitigt. Dies wurde kürzlich auf einem Treffen der American Physical Society in

Washington berichtet.[6] Die kosmische Hintergrundstrahlung wurde von einem Satelliten aus seit 1989 genau vermessen. Er hat etwa 300 Millionen Messungen gemacht, die ergaben, daß die Hintergrundstrahlung eine Art Rippenstruktur besitzt, d. h. sie ist nicht vollkommen gleichmäßig, sie hat eine Anisotropie, wenn auch nur von einem 30 Millionstel Grad; aber das genügt schon, um die Entstehung der Galaxien nach dem Urknall erklärbar zu machen.

Die dritte Stütze für die Urknalltheorie ist unsere Kenntnis von der modernen Teilchenphysik, von den Energieniveaus, unter denen die einzelnen Partikel wie Quarks, Pi-Mesonen, Elektronen und die einzelnen Elemente existieren können, wie sie sich bilden und unter welchen Bedingungen sie zerfallen. Hier hat die gesamte Kernphysik das Material geliefert, das sich nunmehr lückenlos in das Bild des prozessualen, seit dem Urknall expandierenden Kosmos einfügen läßt.

2.2.2 *Die ersten drei Minuten – vom Knall zur Corona*

Vor 10 bis 20 Milliarden Jahren war das ganze Universum auf einem einzigen Punkt vereint, der unendlich dicht war und an dem die Krümmung der Raumzeit unendlich war. Mit dem unendlich Kleinen und dem unendlich Großen kann die Mathematik und Physik im Grunde nicht umgehen (in Kapitel 2.5 werde ich darauf noch zurückkommen). Angesichts der Singularität des Zustands hat es auch keinen Sinn präzisere Fragen zu stellen. An diesem Punkt versagt sowohl unsere Vorstellungskraft als auch die Physik und ihre Gesetze. Es hat auch keinen Sinn, nach dem ›Davor‹ zu fragen. Der Urknall stellt die absolute Zeitmauer dar, die Zeitmauer und zugleich den Zeitbeginn. Die Temperatur dieser Singularität muß gleichfalls unendlich gewesen sein. Von da an beginnt die Zeit, und gleichzeitig sinkt die Temperatur ab. Das homogene Urpaket beginnt sich zu differenzieren und zu strukturieren.

Nach welcher Zeitskala sollte man nun die Ereignisse seit dem Zeitpunkt Null am zweckmäßigsten messen? Man könnte das natürlich in unseren gewohnten Jahren tun. Da aber die Jahre Umläufe der Erde um die Sonne darstellen und es damals noch gar keine Sonne und keine Planeten gab, erscheint dieses Zeitmaß willkürlich und künstlich. Ein besseres Maß wäre schon die Temperatur. Der Kosmos hat sich von der unendlichen Temperatur beim Urknall zunächst sehr rasch und dann allmählich langsamer auf die Temperatur von 3 K (K = Kelvin, absolute Temperatur, Nullpunkt −273 Grad Celsius) abgekühlt. Daß es lokal höhere Temperaturen gibt, wie z.B. 300 K auf unserer Erde oder einige Millionen Grad in der Sonne, sind Lokalerscheinungen, auf die ich noch zurückkommen werde. Die Abkühlungskurve des Kosmos ist gleichzeitig ein Indikator und ein Maß für die Irreversibilität der kosmischen Zeit, denn sie hat den gleichen Charakter wie die entropische Zeit, ja, sie ist im Grunde identisch mit der entropischen Zeit, der Entropiennahme, die den Zeitpfeil konstituiert (vgl. Kap. 1.6). Damit wäre der zweite Hauptsatz eine notwendige Folge des Urknalls und der kosmischen Expansion: Ein expandierendes Universum *muß* axiomatisch ein Entropiegesetz aufweisen. Und gleichzeitig wird im expandierenden Kosmos wegen der adiabatischen Abkühlung immer ein genügendes Temperaturgefälle vorhanden sein, um Energie ›bergab‹ fließen zu lassen, um schlechterdings Geschehen zu ermöglichen, um die Zeit nicht auslaufen zu lassen in den ereignislosen und damit zeitlosen Wärmetod. Hier scheint die eigentliche Begründung für das zu liegen, was ich die Teleologie des Entropiegesetzes genannt habe (vgl. Kap. 1.4).

Der Ablauf der kosmischen Zeit ist im Zeitbaum der Abbildung 2.5 eingetragen, in der linken Spalte in Jahren, daneben als Temperatur bzw. als Punkt der Abkühlungskurve. Noch sinnvoller erscheint es, die Zeit danach einzuteilen, welche Strukturen in einem bestimmten Zeit-(d.h. Temperatur-)abschnitt existieren. Wir sprechen dann z. B. von einer Zeit der Quarks, der Leptonen, der Hadronen, der Elemente usw.

Ich will nun versuchen, den Gang im einzelnen nachzuvollziehen.[7]

Das erste, was an ›Struktur‹ vorhanden war, sind die Quarks, die Urpartikel, aus denen sich dann später die Hadronen bilden, z. B. setzen sich Protonen und Neutronen aus jeweils drei Quarks zusammen. Bruchteile von Sekunden später bilden sich bei einer Temperatur von $1{,}5 \times 10^{12}$ Grad die Pi-Mesonen. Diese unterliegen, wie die Quarks, der starken Wechselwirkung, aus ihnen werden später die Neutronen und Protonen entstehen, aber das dauert noch die lange Zeit von 0,11 Sekunden und braucht einen Temperaturabfall auf ein Fünfzigstel, nämlich auf 3×10^{10} Grad. Das Universum ist bei 10^{11} Grad in vollkommenem thermischen Gleichgewicht und wird nur von den Gesetzen der statistischen Mechanik bestimmt, ist im Grunde noch ›ganz einfach‹. Bei dieser Temperatur treten wir auch in das ›Zeitalter‹ der Elektronen und Positronen ein. Da aber die Energiedichte noch ungeheuer hoch ist, besteht eigentlich immer noch kein echter Unterschied zwischen Energie und Materie, so daß nach der Formel $E = mc^2$ sich Energie und Teilchen noch ständig ineinander umwandeln. Die Dichte des Universums beträgt $3{,}8 \times 10^9$, d. h. ein Liter dieser Materie würde 38 Millionen Kilogramm wiegen. Im wesentlichen besteht jetzt das Universum aus Neutrinos, Positronen, Elektronen, Myonen und Photonen sowie deren Antiteilchen. Atome sind so gut wie noch nicht vorhanden. Auf eine Milliarde Photonen oder Elektronen bzw. Neutrinos entfällt ein Proton oder Neutron.

0,11 Sekunden nach dem Urknall – und hier werden die Aussagen etwas präziser – ist die Temperatur auf 3×10^{10} Grad gesunken. Die Zahl der Leptonen beginnt abzunehmen, und es bilden sich Neutronen und Protonen, wobei der Anteil von Protonen 62 % und der von Neutronen 38 % beträgt. Die Neutronen werden später weitgehend verschwinden.

Nach 13,8 Sekunden beträgt die Temperatur 3×10^9 Grad, und aus Protonen und Neutronen beginnen sich die ersten Deuterium-Atomkerne zu bilden, der Kosmos befindet sich ›an der Schwelle des Atomzeitalters‹, allerdings in einem ganz anderen als dem heutigen Sinne: Die Bildung von Atomen mit einem Gewicht, das höher ist als das des Wasserstoffs, wird möglich. Nach 226 Sekunden und einer Temperatur von 10^9 Grad nimmt die Deuteriumbildung zu, aber immer noch fallen die zusammengesetzten Atome sofort wieder auseinander. Es ist einfach zu heiß, und sie zerplatzen. Bei einer Temperatur von 3×10^9 Grad bzw. 2080 Sekunden nach dem Urknall entsteht außer Deuterium auch Helium, aber es ist nicht stabil und zerfällt in Protonen.

Jetzt herrscht für 300000 Jahre relative Ruhe. Wir sind noch immer im Zeitalter der subatomaren Partikel, auf denen – gewissermaßen als Schlacke der Abkühlung – ein paar Atome schwimmen. Aber dann ändert sich bei einer Temperatur von 10^6 Grad die Situation schlagartig. Atome entstehen, zunächst die niederen Atome durch Kernfusionsprozesse, wie wir sie von der Sonne her beobachten, und später auch höhere Atome. Wasserstoff, Deuterium, Helium, Kohlenstoff und Stickstoff bilden sich in großer Menge. Die subatomaren Partikel, die Kernteilchen, sind jetzt in Protonen, das heißt Wasserstoffkernen und Heliumkernen, festgelegt. Die freien Elektronen und evtl. Positronen sind in den Atomkernen gebunden. Dadurch wird das Universum plötzlich und erstmalig strahlungsdurchlässig. Materie und Strahlung sind nun endgültig entkoppelt. Erst jetzt könnte ein verfrühter Einstein auf die Idee verfallen, das ($E= mc^2$)-Gesetz zu suchen. Materie, Galaxien und Sterne und später die einfachen chemischen Verbindungen können entstehen.

Das frühe Zeitalter der Atome können wir auf der Sonne beobachten, am deutlichsten in Form der Corona der Sonne (Abb. 2.6). Sie besteht aus herausgeschleuderter Sonnenmaterie, die einige Millionen Grad heiß ist, so daß sich die Mate-

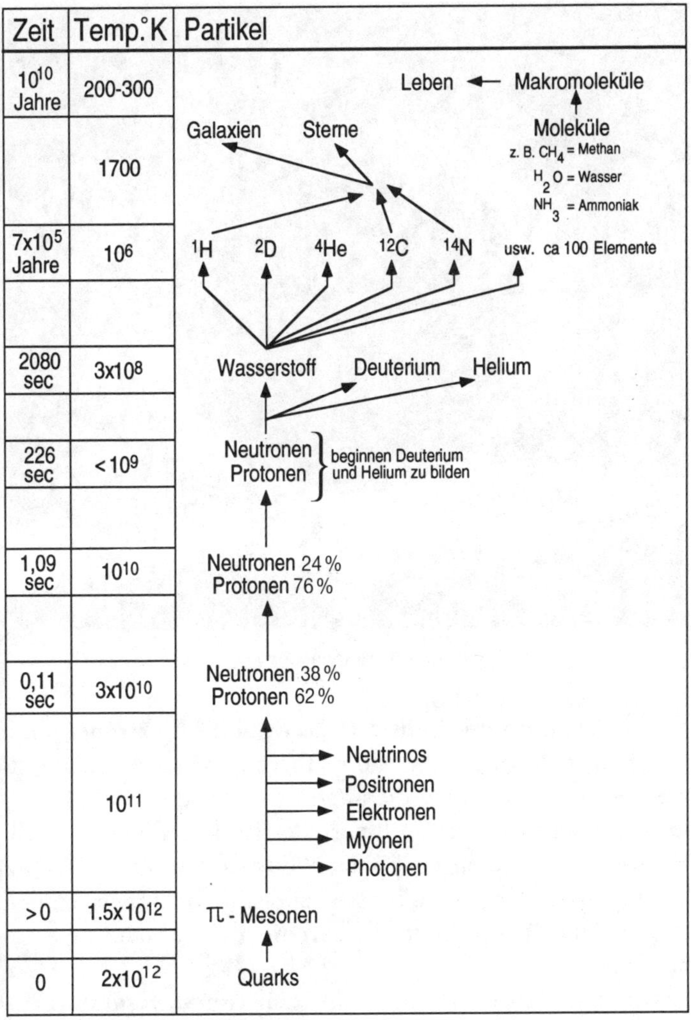

Abb. 2.5 Zeitbaum der Kosmologie. 1. Spalte: Zeit in Jahren; 2. Spalte: Temperatur; mittlere Spalte: Partikelart; rechte Spalte: Kommentar.

Abb. 2.6 Sonnen-Corona.

rie im Plasmazustand befindet, das heißt die Elektronen sind aus ihren Bahnen um die Atome thermisch weggeschleudert worden. Hier sieht man die überhitzten Produkte der Kernfusionsreaktionen, die im Innern des Reaktors Sonne durch Fusion von niederen zu höheren Elementen entstehen. Im Zeitbaum der Abbildung 2.5 sind diese Entwicklungen eingetragen. Die Übergänge in die einzelnen Zeitabschnitte sind nichtlinear.

Von dem Zeitpunkt an, an dem wir von *Strukturen* sprechen können, bilden sich *Zyklen*, die Zyklen der Atome mit ihren regelmäßigen Schwingungen, die Zyklen der Galaxien und ihrer Wirbel, die Zyklen der Planetensysteme. In Abbildung 2.7 ist das ›Zeitalter der Neutronen‹, welches kurz vor dem der Atome liegt, wiedergegeben. Es dauerte nicht einmal

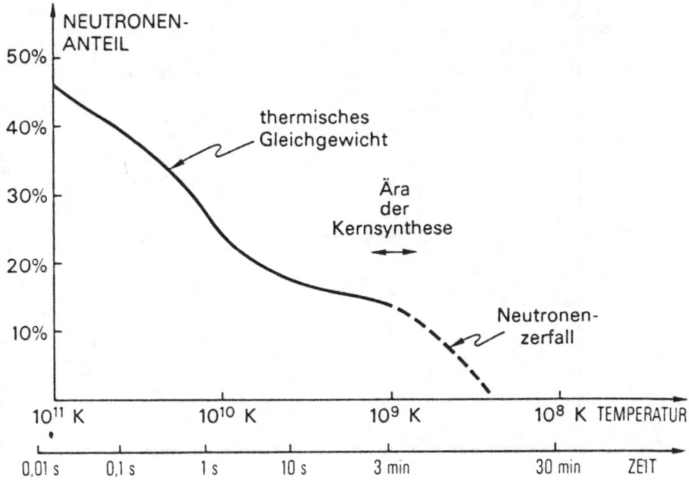

Abb. 2.7 Das Verhältnis von Neutronen zu Protonen als Funktion von Temperatur und Zeit. Im expandierenden Weltall sind Temperatur und irreversible Zeit gleichlaufend.

30 Minuten und erstreckt sich über ein Temperaturintervall von etwa 1000°.

Temperatur und irreversible Zeit lassen sich zwar in der gleichen Skala auftragen, aber die einzelnen Systeme haben ihre *Eigenzeiten*, besonders wenn die Strukturen der Atome gebildet werden. *Struktur heißt in sich zurücklaufende Zeit, heißt Zyklizität, heißt Stabilität.*

2.2.3 *Abkühlung – die Kaskade neuer Strukturen*

Je weiter wir uns zeitlich und temperaturmäßig vom Urknall entfernen, um so strukturreicher wird der Kosmos. Wir können das Auftreten wesentlicher Strukturen in der Geschichte des Kosmos in ein Temperaturzeitdiagramm eintragen, das

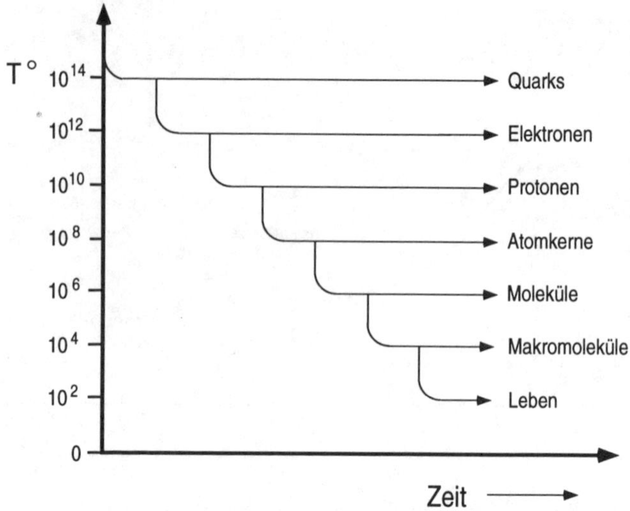

Abb. 2.8 Abklingkurve der kosmischen Temperatur und Auftreten von Strukturen.

vollkommen einer Abklingkurve gleicht, wie sie für jeden Abkühlungsvorgang, für das Abklingen der Radioaktivität und die meisten Prozesse gilt. Die Temperatur sinkt mit einer e-Funktion (Abb. 2.8).

Von ganz charakteristischen Schwellentemperaturen an wird z.B. die Bildung von Atomkernen möglich. Bei noch tieferen Temperaturen, etwa unterhalb 3000°, können chemische Verbindungen entstehen, eine bis zu diesem Zeitpunkt ›undenkbare Klasse von Stoffen‹, und erst unterhalb 100°C (373 K) können Eiweißstoffe existieren, die wichtigsten Moleküle des Lebens. Bekanntlich gerinnt Eiweiß bei 100°C (Abkochen eines Eies) und ist dann tot. Leben ist nur in einem winzigen Energiefenster zwischen 0 und 100°C möglich, das ist der zehnte Teil einer Milliarde des gesamten Energiespektrums, wenn man eine Billion Grad kurz nach dem Urknall annimmt (s.o.)

Das Abklingen der Temperatur und die Bildung der Strukturen seit dem Urknall gehören also eng zusammen. Tatsächlich ist die in Abbildung 2.8 gezeigte Abklingkurve aber keine kontinuierliche gegen null verlaufende Kurve (wenn die Temperatur gegen null geht, geschieht nichts mehr, es entstehen also auch keine neuen Strukturen). Die jeweils höheren Strukturen verschwinden ja nicht, sondern aus ihnen zweigen sich nur neue Strukturen ab. In Wirklichkeit ist also die Abklingkurve des Urknalls ein Zeitbaum mit Bifurkationen. Protonen und Elektronen gibt es auch jetzt noch auf unserer kühlen Erde, obwohl sich der größte Teil von ihnen in schwerere Materie umgewandelt hat. Wasserstoff gibt es in der Atmosphäre und insbesondere auf der Sonne, obwohl er das einfachste und primitivste Element darstellt, aus dem andere Elemente entstanden sind. Einfache chemische Moleküle wie Wasser (H_2O), Kochsalz (NaCl) oder Methan (CH_4) gibt es natürlich heute noch, obwohl in vielen Bifurkationen aus ihnen Makromoleküle und schließlich Proteine und Nucleinsäuren entstanden sind. Bei einer jeweils charakteristischen Sprungtemperatur wird die Bildung einer ›höheren‹ Art von Struktur ermöglicht, obwohl die vorhergehende durchaus noch ihre Daseinsberechtigung hat, sie ist zu einem zyklischen, sich selbst erhaltenden System mit entsprechender *Eigenzeit* bzw. *Eigenfrequenz* geworden. Sie ist eine *stabile* Struktur. Ich behaupte, daß alle Strukturen, die wir beobachten und die wir selbst sind, sich durch Abspaltung eines definierten Energiebandes zu einem *Zeitkreis* stabilisiert haben. Jede Struktur hat ihr charakteristisches Schwingungsspektrum oder ihre Eigenfrequenz, wie etwa das Elektron. Die charakteristischen kritischen Bildungstemperaturen einiger Elementarpartikel bzw. Strukturen sind in der Tabelle in Abbildung 2.9 graphisch dargestellt.

Ich will die Tabelle im einzelnen durchsprechen. Quarks sind bei Temperaturen von 10^{12} Grad stabil. Sie sind die Bausteine der Atomkerne und in diesen sozusagen ›verborgen‹.

	Temp °K	E Volt	Frequenz MHz	Wellenlänge m
Quarks	10^{12}	10^{8}	$> 10^{20}$	$< 10^{-20}$
Photon	0-∞	0-∞	10^{19} (γ-Strahlen) -0.01 (Radio)	10^{4}-10^{-18}
Elektron	5.9×10^{9}	0.5×10^{6}	3×10^{14}	10^{-8}
Proton	10^{8}-10^{10}	10^{9}	10^{16}	10^{-12}
Atomkern	10^{8}-10^{6}	10^{3}-10^{5}	10^{11}-10^{13}	10^{-7}-10^{-9}
Molekül	0-10^{4}	1-6	10^{5}-10^{7}	10^{-3}-10^{-6}
Makromolekül	5×10^{2}	0.1	10^{5}	10^{-3}
Leben	273-373	0.1	10^{-6} (Puls)	10^{-4}-10
Hintergrundstrahlung	2.7	0.001	3×10^{5}	10^{-3}

Temp K = absol. Temp.: 0 K = −273°C;
Frequenz: 1 MHz = 10^{6} Schwingungen pro sec.

Abb. 2.9 Charakteristische Bildungstemperaturen und Eigenfrequenzen einiger Strukturen.

Sie lassen sich nur durch extreme Maßnahmen, z.B. in riesigen Teilchenbeschleunigern aus ihren Strukturverbänden herauslösen und sind dann äußerst kurzlebig mit Halbwertszeiten von unter 10^{-15} sec. Die Eigenfrequenz eines Quarks beträgt mehr als 10^{20} MHz. Die Photonen, die ja bekanntlich masselos sind, können ein ganzes Energiespektrum bilden mit Frequenzen vom Radiowellenbereich 0,01 MHz bis zu den härtesten Gamma-Strahlen mit 10^{19} MHz. Elektronen entstehen bei einer Temperatur unterhalb $5{,}9 \times 10^9$ Grad. Das entspricht einer Eigenfrequenz von 3×10^{14} MHz. Protonen entstehen bei Temperaturen von 10^{10} bis 10^8 Grad mit einer Eigenfrequenz von 10^{20} Hz. Wenn ein Proton sich ein Elektron einfängt, was allerdings erst unterhalb 10^6 Grad geschehen kann, enthält es außer der Eigenfrequenz des Protonenkerns auch noch die Eigenfrequenz des den Kern umkreisenden Elektrons mit Schwingungsbanden von 10^{14} Hz. Die Atomkerne der schwereren Elemente, die sich zwischen Temperaturen von 10^8 bis 10^6 Grad bilden, haben entsprechend etwas geringere Schwingungszahlen zwischen 10^{11} und 10^{13} MHz.

Bei noch weiterem Abkühlen treten wir ins *Zeitalter der Chemie* ein, etwa bei Temperaturen unterhalb 3000° sind Moleküle existenzfähig. Die Molekülschwingungen liegen je nachdem, welche Schwingungen man betrachtet, in der Regel im Infrarotbereich und sind so charakteristisch für ein Molekül, daß sich eine sehr raffinierte und eindeutige Analytik darauf aufbaut, die Infrarot-Spektroskopie. Die Frequenzen für ein einfaches Molekül, das Wasser (H_2O) sind in Abbildung 2.10 in die Formel des Wassers eingetragen. Diese Frequenzen haben sogar einen praktischen Nutzen: Im Mikrowellenherd werden durch einen entsprechenden kleinen Sender genau diese Eigenfrequenzen des Wassermoleküls angeregt, so daß die wasserhaltigen Speisen sich erwärmen.

Je komplexer ein System ist, um so mehr Eigenfrequenzen hat es, die freilich miteinander zusammenhängen. Jedes Lebewesen besitzt seine charakteristischen Frequenzen. Sofern es ein Herz und einen Blutkreislauf besitzt, hat es eine Herzfrequenz, beim Menschen etwa 1,0 Hz. Das Nervensystem hat charakteristische Frequenzen zwischen 0,01 und 0,0001 Hz (vgl. Kap. 3.3). Zum Vergleich ist in Abbildung 2.9 auch die Hintergrundstrahlung aufgeführt, auf die das ganze Universum abgekühlt wäre, wenn es nicht die Möglichkeit der

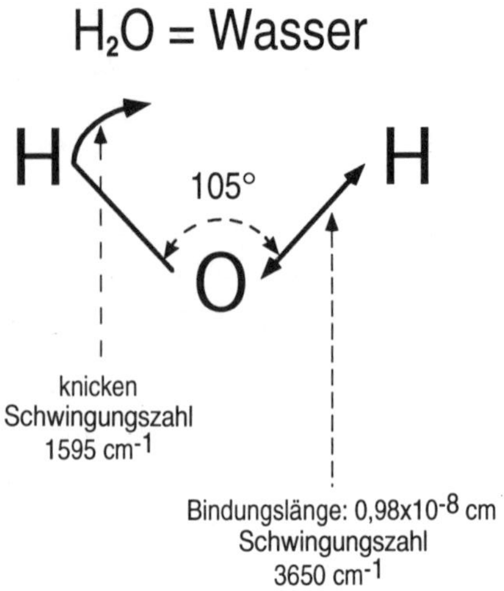

Abb. 2.10 Chemische Formel des Wassers mit seinen charakteristischen Schwingungszahlen (Eigenfrequenzen).

Strukturbildung gehabt hätte; sie hat die Temperatur von 2,7 Kelvin, eine Wellenlänge von 0,001 Metern und eine Frequenz von 10^5 MHz.

Zusammenfassend: Die zeitliche Entwicklung des Kosmos muß als (irreversible) Abkühlung gemessen werden. In ihrem Verlaufe bilden sich charakteristische Grundstrukturen mit Eigenfrequenzen aus, die eine hohe Stabilität besitzen. Bei bestimmten Schwellenwerten werden in einem Bifurkationsprozeß neue, meist komplexere Strukturen erreicht, die sich aus mehreren Eigenfrequenzen zusammensetzen. Im Schaltgetriebe von irreversiblem Zeitgeschehen t_i und reversibel strukturierter Zeit t_r wird der Kosmos ›hochgefahren‹.

2.2.4 *Der Zeitbaum der Sonnen – Geburt, Altern und Sterben von Sternen*

Die moderne Astronomie hat mit vielfältigen Methoden, besonders mit Hilfe spektroskopischer Messungen im Spektrum des sichtbaren Lichts und des Röntgenlichts, ein fast vollständiges Bild über das Leben der Gestirne gewinnen können. Sonnen ordnen sich in Milchstraßensystemen. Sie altern, sterben, entstehen neu und manche mögen, wie unsere Sonne, von Planeten umkreist werden. Es kann hier nicht ein vollständiges Bild der modernen Astronomie gegeben werden. Hierzu sei auf entsprechende Literatur verwiesen;[8] doch soll, nachdem wir den Zeitbaum der Materieentstehung verfolgt haben, nunmehr der Zeitbaum der Gestirne behandelt werden.

Wir wissen, daß ein erhitztes Stück Materie, z.B. ein Stück Eisen im Schmiedefeuer, zunächst dunkelrot glühend wird, so etwa von 1000° an. Wenn es höhere Temperatur erreicht, glüht es hellrot bis gelbrot. Dann kommt es zur *Weißglut* (ca. 3000°), und schließlich erstrahlt die Masse in einem bläulichen Ton. Man nennt das die Schwarzkörpertemperatur. Man kann also aus der Farbe eines Sternes auf dessen Temperatur schließen, und schon das bloße Auge unterscheidet ja zwischen rötlichen, gelben und bläulichen Sternen. Die Spektroskopie kann das natürlich viel besser. Im allgemeinen wird ein blau erstrahlender Stern, der ja sehr viel heißer ist, auch sehr viel heller strahlen, vorausgesetzt, daß er nicht zu weit entfernt oder daß er sehr klein ist. Wenn es also gelänge, eine Entfernungs-Eichung oder eine Größeneichung zu bekommen, könnte man eine Temperatur-Masse-Leuchtkraftbeziehung herstellen. Eine solche Eichung ist mit verschiedenen astronomischen Methoden ziemlich gut gelungen, so daß man eine Beziehung zwischen Leuchtkraft, Temperatur und Durchmesser der Sterne herstellen konnte. Diese Größen sind aber nicht unabhängig. Wenn man die Sterne im sogenannten

Herzsprung-Russell-Diagramm einträgt (vgl. Abb. 2.11), so sieht man, daß die Sterne im großen ganzen auf der Diagonale dieses Diagramms liegen. In dieser Abbildung sind 680 Fixsterne in unserer ›näheren Umgebung‹ eingetragen. Sie reichen von 10000° (Oberflächentemperatur) heißen Sternen mit mehr als 10 Sonnenleuchtkräften (links oben) bis zu Sternen mit nur 2000° und 0,001 Sonnenleuchtkräften (rechts unten). Man nennt diese Reihe die Hauptreihe der Sterne, in der die Himmelskörper offensichtlich irgendwie miteinander ›verwandt‹ sein müssen. Es besteht also eine Masse–Leuchtkraft-Beziehung darin, daß die abgestrahlte Energie bei Hauptreihensternen mit der Masse stark anwächst. Eine Erhöhung der Masse auf das 30fache entspricht einer Steigerung der Leuchtkraft um das 30000fache.

Wenn man die Entfernung der Sonnen wirklich genau kennte, könnte man wirkliche Farbhelligkeitsdiagramme aufstellen. Das ist mit einigen Sternhaufen möglich gewesen, z.B. mit Hilfe des Sternhaufens der Plejaden, den viele aus dem Sternbild des Stiers kennen (s. Abb. 2.12). Auch diese Systeme passen in die Hauptreihe der Sterne.

Die Tatsache, daß die meisten Sterne auf der Hauptreihe liegen und daß besonders in den Sternhaufen diese Beziehungen gut gelten, läßt den Schluß zu, daß die Sterne mehr oder weniger gleich zusammengesetzt sind und gewissermaßen eine *Familie* darstellen. Im Innern einer Sonne, die ein *Plasma* aus nackten Atomkernen und freien Elektronen ist, finden Kernfusionsreaktionen statt. Der Plasmazustand läßt eine Verdichtung, beispielsweise in der Sonne, auf die 10fache Dichte von Blei zu, obwohl das Sterninnere gasförmig ist. Die Temperatur beträgt 15 Millionen Grad. Die freiwerdende Fusionsenergie wird über die Oberfläche abgestrahlt, und nur die Farbtemperatur der Oberfläche können wir sehen, die Innentemperatur muß indirekt erschlossen werden. Je mehr Masse ein Stern hat, um so mehr Fusionsenergie wird frei, um

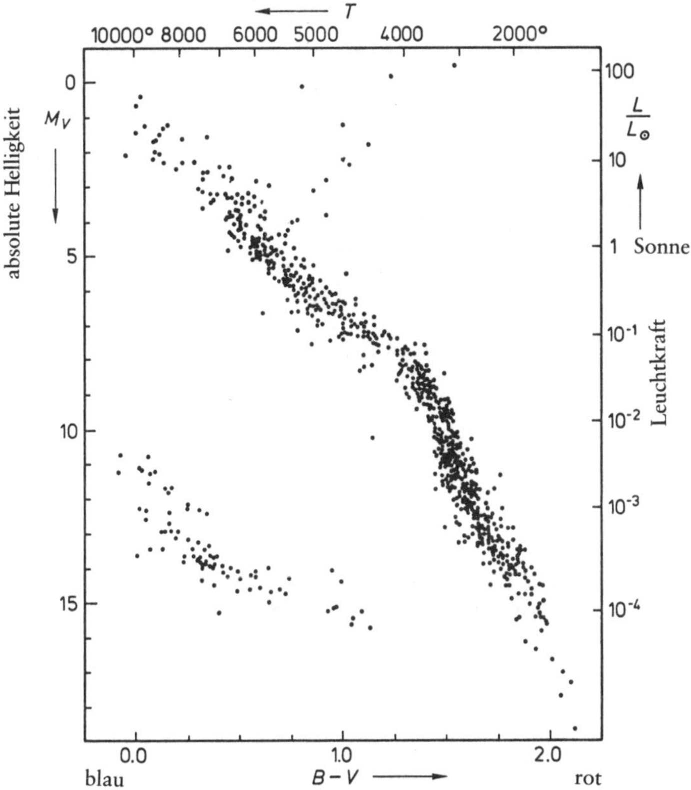

Abb. 2.11 Herzsprung-Russell-Diagramm der Hauptreihensterne.[8] B–V: Farbindex = Blauhelligkeit – visuelle Helligkeit

so intensiver strahlt er. Aber eines Tages ist der ›Kernbrennstoff‹ des Sternes erschöpft. Man kann berechnen, daß Sterne von der Masse der Sonne etwa 6 Milliarden Jahre auf der Hauptreihe verbleiben. Das auf anderem Wege bestimmte Alter der Erde und unseres Planetensystems von 4,6 Milliarden Jahren paßt in dieses Schema gut hinein. Es gibt also eine Art

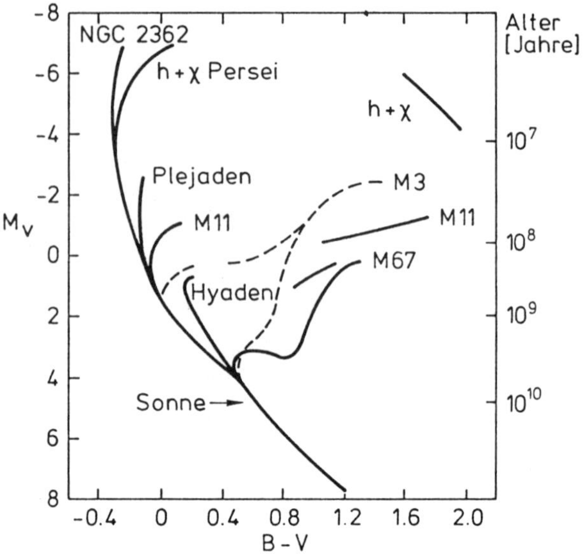

Abb. 2.12 ›Stammbaum‹ oder Zeitbaum einiger offener Sternhaufen und des Kugelhaufens M 3 als Farben-Helligkeits-Diagramm.[8]

Stammbaum der Sterne mit charakteristischen Lebensaltern, Eigenzeiten, wie das in Abbildung 2.12 dargestellt ist.

Wann beginnt nun ein Hauptreihenstern sein Leben und wann stirbt er? Man kennt durch Beobachtung unseres Milchstraßenbandes eine Reihe von Regionen, in denen durch Gravitation Gas- und Staubwolken sich zu verdichten beginnen. In ein spontan gebildetes Zentrum stürzt die interstellare Gas- und Partikelmaterie auf die Mitte zu, die sich immer mehr erhitzt und schließlich zu einer Sonne wird. Dabei ist allerdings in der Frühphase die Beobachtung schwierig, weil der Staub noch ›kühl‹ ist und die physikalischen Vorgänge, die ja nur durch Strahlung beobachtet werden können, im Innern des entstehenden Sternes verdeckt.

Modellrechnungen zeigen aber, daß man sich die Geburt, den Anfang eines Sternes so vorstellen muß.

Wie sterben Sterne? Der Fusionsreaktor Sonne verbrennt allmählich seinen Vorrat an Wasserstoff. Der nachlassende Druck im Innern bewirkt eine Schrumpfung. Aber diese Kontraktion erhöht die Temperatur in dem dichter gewordenen Kern. Es wird wieder Druck aufgebaut, und die Temperatur nimmt so stark zu, daß schließlich neue Kernfusionsprozesse erschlossen werden, zunächst die Bildung von Kohlenstoff und nach und nach auch die von höheren Elementen im hoch komprimierten Plasma des Inneren bis schließlich hin zu Eisen. Aber dann ist es zu Ende: Eisen und seine nahen Verwandten sind kernphysikalisch gesehen Schlacke, sind ausgebrannt, zur Bildung höherer Elemente bis zum Uran hin müßte sogar Energie in den Prozeß hineingesteckt werden. Die Energieerzeugung reicht also nicht mehr aus, um das Gleichgewicht aufrechtzuerhalten. Der Stern, der allerdings mindestens etwa 4 Sonnenmassen haben muß, damit die Gravitation genügend stark ist, implodiert, stürzt in sich zusammen, ein Sternkollaps ereignet sich in Bruchteilen von Sekunden. Alle Materie degeneriert durch den ungeheuren Druck zu Neutronen, wodurch alle elektrischen Abstoßungskräfte entfallen, und der ganze Stern stürzt zu einem einzigen, unglaublich dichten Riesenatom in sich zusammen. Durch die gewaltige Gravitation des Zentrums sausen die Außenschichten mit einer solchen Gewalt auf das Zentrum zu, daß von der Stoßwelle der ganze Stern zerplatzt. Eine Supernova entsteht (Abb. 2.13).

Solche Supernovabildungen sind der normale Tod massereicher Sterne. Sie werden in unserem galaktischen System relativ selten beobachtet, wahrscheinlich aber nur wegen der Verdeckung durch den interstellaren Staub. Zurück bleibt ein Neutronenstern mit einer Dichte von 10^{14} Gramm pro Kubikzentimeter. Ein Liter dieser Materie wiegt also 100 Milliarden Kilogramm, die nun auf dem *Friedhof der Sterne* ru-

Abb. 2.13 Crabnebel M 1, das Überbleibsel der Supernova des Jahres 1054 im Sternbild Taurus. Die äußeren chaotischen Teile leuchten vorwiegend in der roten Wasserstofflinie H-alpha. Der innere, wenig strukturierte Teil emittiert Synchrotonstrahlung.[8]

hen. Es gibt aber auch noch einen anderen viel häufigeren Zustand von *Sternleichen*, das sind die Weißen Zwerge. Sie haben eine Dichte von ›nur‹ 10^6 Gramm pro Kubikzentimeter und sind gleichfalls ausgebrannte Sterne. Sie entstehen, wenn die ursprüngliche Sternenmasse weniger als einige Sonnenmassen beträgt. Rote Riesen verlieren, nachdem sie ausgebrannt sind, ihre ›Atmosphäre‹. Sie blasen ihre äußeren Schichten gewissermaßen weg, und in der Mitte bleibt ein heißer Kern, der sich gegen den Gravitationskollaps nicht mehr wehren kann, nur daß, wegen der im Vergleich zur Supernova geringen Masse, die Kondensation nicht so stark ist. Ihre Oberflächentemperatur kann bis zu 100000° betragen. Der linke untere selbständige Ast auf dem HR-Diagramm in Abbildung 2.11 zeigt eine reich bevölkerte Einbahnstraße zum Friedhof der Weißen Zwerge.[9] Das wird auch das Schicksal der Sonne sein.

Zusammenfassend sei festgehalten, Fixsterne, Sonnen haben ihren Stammbaum, ihre Lebenszeit, ihre Eigenzeit. Während dieser Zeit sind sie stabil, im Gleichgewicht, strahlen gleichmäßig, erhalten sich durch Rotationen, Reaktionskreisläufe von Kernprozessen, zyklische Wechselwirkungen ihrer Energieströme und Eigenfrequenzen t_r. An bestimmten Schwellenwerten tritt eine Zustandsänderung (t_i) ein, die zu einem Kollaps, einer Eruption, kurz zum plötzlichen Übergang in etwas Neues oder in den Sternentod führt.

2.3 Schwarze Löcher – geronnene Zeit

Die Gravitationsgesetze vertragen sich nicht mit der in die Moderne hineinragenden Auffassung, das Universum verändere sich nicht mit der Zeit. Da die Gravitation stets als Anziehungskraft wirkt, muß es sich entweder ausdehnen oder zusammenziehen. Nach der allgemeinen Relativitätstheorie muß es in der Vergangenheit einen Zustand unendlicher Dichte ge-

> *geben haben, den Urknall, der den Anfang der Zeit markiert, und muß es entsprechend bei der Umkehrung dieses Prozesses und dem Zusammensturz des gesamten Universums einen weiteren Zustand unendlicher Dichte in der Zukunft geben, den großen Kollaps, das Ende der Zeit. Selbst wenn das ganze Universum nicht wieder in sich zusammenstürzt, so gibt es doch Singularitäten in allen abgegrenzten Regionen, die zu Schwarzen Löchern kollabiert sind. Diese Singularitäten bedeuten für jeden, der in das Schwarze Loch hineinfällt, das Ende der Zeit. Beim Urknall und in anderen Singularitäten – so die Theorie – büßen alle Gesetze ihre Geltung ein, so daß es noch immer in Gottes Belieben stünde, zu wählen, ob etwas geschehen ist und wie alles begonnen hat.*[10]

Im vorigen Kapitel wurde vom Gravitationskollaps der Sterne gesprochen, der dann eintritt, wenn der Kernbrennstoff so stark verbraucht ist, daß die erzeugte Energie mit der Gravitation nicht mehr im Gleichgewicht ist; der Stern stürzt dann in sich zusammen und landet als Weißer Zwerg auf dem Sternenfriedhof. Es gibt aber eine weitere Möglichkeit des Kollapses, die dann eintreten könnte, wenn der alternde Stern eine sehr, sehr große Masse besitzt. Dann könnte der Fall eintreten, daß beim Kollaps eine so starke Kontraktion und Massekonzentration eintritt, die nichts, aber auch nichts aus dem Gravitationszentrum entläßt, nicht einmal mehr das Licht.

Es gab und gibt zwei Theorien über die Natur des Lichtes, die Wellentheorie und die Korpuskular-Theorie, nach dieser haben die Photonen eine zumindest virtuelle Masse; reell kann allerdings diese Masse nicht sein, sonst würden die mit Lichtgeschwindigkeit fliegenden Photonen nach der speziellen Relativitätstheorie unendlich schwer werden. Der Widerspruch zwischen der Wellennatur und der Korpuskular-Natur des Lichtes konnte erst in der Quantenmechanik aufgelöst werden (vgl. Kap. 1.7.1.2). Lichtenberg hat das vorausgeahnt, wenn er sagt:

> Es gibt nur eine einzige grade Linie, aber eine unendliche Menge krummer, wenn sich also ein Körper bewegt, so läßt sich eine unendliche Summe gegen eins setzen, das es eine krumme sei und für jede Krümmung läßt sich ein Mittelpunkt angeben. Da sich eine zirkelförmige Bewegung in der Welt am längsten erhält, so wie wir an den Planeten sehen, sowohl an ihren Bewegungen um die Sonne und Hauptplaneten, so könnte alle Bewegung in der Welt daher ihren Ursprung nehmen. Das Licht allein scheint hiervon ein Ausnahme zu machen, da es aber vermutlich schwer ist, so wird es doch gebogen.[11]

Damit hat er die allgemeine Relativitätstheorie von Einstein in gewisser Weise vorweggenommen. Wenn Licht unter bestimmten quantenmechanischen Bedingungen tatsächlich der Gravitation unterworfen ist – und das hat man in der allgemeinen Relativitätstheorie bewiesen –, so müßte bei sehr, sehr starker Gravitation das Licht sozusagen nicht mehr vorankommen können. Da aber Licht sich immer mit Lichtgeschwindigkeit fortbewegen muß, kann es nicht gebremst werden, sondern es wird abgebogen, gekrümmt, schließlich so in sich zurückgekrümmt, daß es dem Gravitationsfeld nicht mehr entweichen kann. Diesen physikalischen Zustand nennt man seit 1969 ein *Schwarzes Loch*.[12]

Im Jahre 1934 stellte der junge indische Student Subrahmanyan Chandrasekhar in Cambridge (Engl.) grundsätzliche Überlegungen über den Zustand hochverdichteter, sehr heißer Materie an. Bis dahin hatte man geglaubt, daß im Innern eines Gestirns sich die Gravitation einerseits und die thermische Energie, die die Materie wegzuschleudern bestrebt ist, andererseits die Waage halten und eben das bilden, was wir einen Stern nennen. Das gilt auch immer noch für klassische Sterne, wie z.B. unsere Sonne. Wenn aber die Materie hoch verdichtet ist und weitgehend in sich zusammengestürzt ist, tritt eine andere Grenze der Kompressibilität in Erscheinung. Nach dem Paulischen Ausschließungsprinzip können in einem geschlossenen System, z. B. in einem Atom, Quantenzustände nur einmal besetzt sein. Für das Wasserstoffatom ist das von verhältnismäßig geringen Folgen, weil es dort nur den Atomkern und das umkreisende Elektron gibt, das in zwei Spin-Quantenzuständen auftreten kann. Wenn aber ein Stern so hoch komprimiert wird, daß seine Kernbausteine, z. B. die Neutronen, in totaler Wechselwirkung stehen, ist der ganze riesige Stern quantenmechanisch gesehen eine Einheit, und jedes der vielen Materieteilchen muß in einem jeweils anderen quantenmechanischen Zustand existieren. Im ganzen bedingt diese quantenmechanische Abstoßung nach dem Pauli-Prinzip eine Tendenz, sich auszudehnen, das heißt der Gravitation entgegenzuwirken. Chandrasekhar berechnete die Masse, oberhalb deren ein solcher Effekt auftreten könnte mit der 1.4-fachen Masse der Sonne. Man bezeichnet diese Masse als die Chandrasekharsche Grenze. Sterne, die über dieser Massegrenze liegen, können, wenn ihnen der Brennstoff ausgegangen ist, auf zweierlei Weise reagieren: Entweder explodieren sie, wobei Materie fortgeschleudert wird, wodurch das System wieder unter die Chandrasekharsche Grenze kommt, so daß es normal kollabieren kann, d. h., beispielsweise zu einem Weißen Zwerg oder zu einem Neutronenstern werden. Die andere Möglichkeit für sehr massereiche Sterne ist die der Bildung eines Schwarzen Loches: Der schrumpfende Stern hat ein so starkes Gravitationsfeld, daß der Lichtkegel an der Oberfläche vollkommen nach innen gekrümmt wird, das Licht kann nicht mehr entweichen (Abb. 2.14).

Es kann auch nichts anderes aus dem Gravitationsfeld des Schwarzen Loches entweichen, also etwa Teilchen, Protonen, Neutronen usw., die ja sogar eine reelle Masse haben. Das Schwarze Loch ist eine Region der Raumzeit, aus der kein Entkommen möglich ist. Ihre Grenze nennt man ›*Ereignishorizont*‹, also ein Horizont, jenseits dessen man keine Ereignisse, nichts mehr, auch keine Zeit mehr beobachten kann. Es

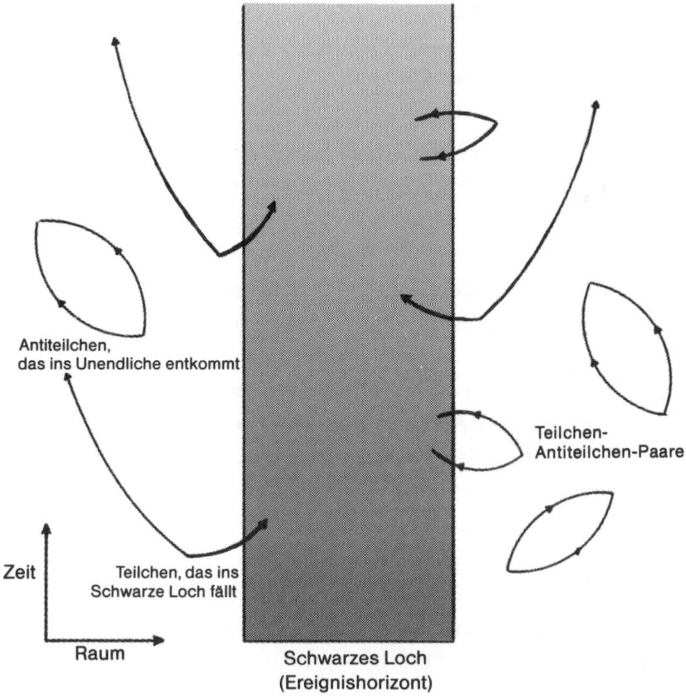

Abb. 2.14 Einfallende Materie oder Strahlung am Rande eines Schwarzen Loches.[13]

gibt keine Zeit mehr, da sich nichts mehr ereignet: *Die Zeit ist geronnen (coagulation of time)*:

> Aus den Untersuchungen, die Roger Penrose und ich zwischen 1965 und 1970 anstellten, ging hervor, daß es nach der allgemeinen Relativitätstheorie im Schwarzen Loch eine Singularität von unendlicher Dichte und Raumzeit geben muß. Sie gleicht weitgehend der Situation beim Urknall am Anfang der Zeit, nur bedeutet sie das Ende der Zeit für den zusammenstürzenden Himmelskörper (und den Astronauten). An dieser Singularität enden die Naturgesetze und unsere Fähigkeit, die Zukunft vorauszusagen. Indessen wäre kein Beobachter au-

ßerhalb des Schwarzen Loches von der Vorhersagbarkeit betroffen, weil ihn weder Licht noch andere Signale von der Singularität erreichen könnten.[13]

Gibt es Schwarze Löcher wirklich, und wie soll man sie entdekken, da sie doch grundsätzlich keine Signale aussenden können? Sie waren im Grunde bis vor kurzem ein mathematisches Postulat der theoretischen Astronomie und Kosmologie. Es gibt jedoch inzwischen einige experimentelle bzw. astronomisch beobachtbare Hinweise. Man kennt viele Beispiele von Doppelsternen. Wenn nun ein Partner eines Doppelsternsystems aus einem Schwarzen Loch bestünde, dann könnte folgende Situation entstehen: Das Schwarze Loch, das grundsätzlich nicht sichtbar ist, kann von seinem Begleiter Materie abziehen – Gas oder Staub, der in das Schwarze Loch hineinzustürzen beginnt. Wie immer in solchen Fällen stürzt aber die Materie nicht senkrecht, sozusagen mit Kopfsprung in das andere System – auch beim seltsamen Attraktor hatten wir das kennengelernt –, sondern schwenkt zunächst auf eine Umlaufbahn um das andere Objekt ein, dem sie sich in spiralförmig enger werdenden Kreisen nähert, um schließlich hineinzustürzen. Dabei wird die Materie rasend beschleunigt, so wie etwa die Materie in einem Synchrotron. Sie sendet dann Synchrotron-Strahlung aus, in diesem Falle harte Röntgenstrahlung oder auch Gammastrahlung. Ein Objekt, das diesem Zustand entsprechen könnte, hat man in Gestalt der Röntgenquelle Cygnus X 1 am Himmel beobachtet (vgl. Abb. 2.15).

Die Materie rast zunächst um das Schwarze Loch herum, bis sie schließlich hineinstürzt. Die Möglichkeit des Schwarzen Loches scheint die einleuchtendste Erklärung für die starke Röntgenstrahlung zu sein. Hawking sagt dazu:

> Es gibt andere Modelle zur Erklärung von Cygnus X-1, die ohne Schwarzes Loch auskommen, doch sie sind alle ziemlich weit hergeholt. Trotzdem habe ich mit Kip Thorne vom Cali-

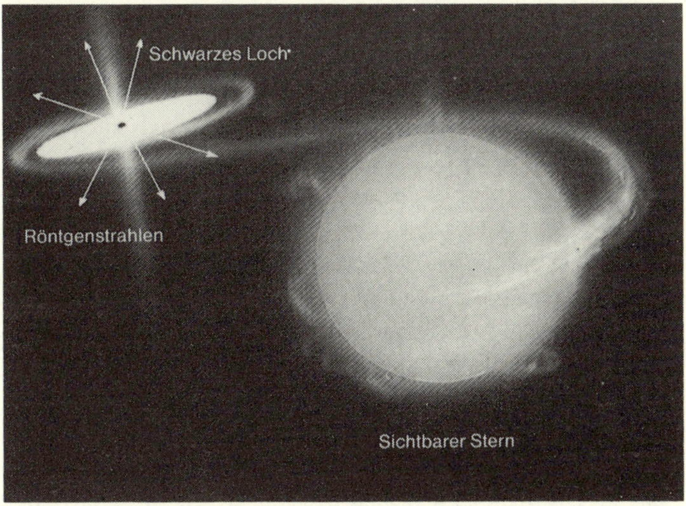

Abb. 2.15 Oben: Der mit einem Pfeil gekennzeichnete Stern ist Cygnus X 1, von dem man vermutet, er bestehe aus einem Schwarzen Loch und einem normalen Stern, die einander umkreisen. Unten: Einfangen von Materie durch das Schwarze Loch.[nach 14]

fornia Institute of Technology gewettet, daß Cygnus X-1 kein Schwarzes Loch enthält. Damit habe ich eine Art Versicherung

> abgeschlossen. Ich habe viel Arbeit in die Theorie der Schwarzen Löcher investiert. Die ganze Mühe wäre umsonst, wenn sich herausstellen würde, daß es sie gar nicht gibt. Aber dann bliebe mir wenigstens der Trost, eine Wette gewonnen zu haben, und ich würde vier Jahre lang kostenlos die Zeitschrift *Private Eye* beziehen können. Wenn es Schwarze Löcher gibt, wird Kip ein Jahresabonnement von *Penthouse* bekommen. Als wir die Wette 1975 abschlossen, waren wir uns zu 80 Prozent sicher, daß Cygnus ein Schwarzes Loch sei. Heute würde ich sagen, daß unsere Sicherheit 95 Prozent beträgt, doch endgültig entschieden ist die Wette noch nicht.[14]

Die Theorie der Schwarzen Löcher kann hier nicht detailliert ausgeführt werden, dazu sei auf die einschlägige Literatur verwiesen.[13, 14] Wichtig erscheint aber über den eigentlichen physikalischen Zustand des Schwarzen Loches hinaus der Begriff des *Ereignishorizontes* zu sein. Im prozessualen Kosmos gibt es nicht nur den Ereignishorizont am Anfang, das heißt beim Urknall, als eine Grenze der Zeiten nach rückwärts, sondern es gibt an den jeweiligen Enden von Zweigen des Zeitbaumes Ereignishorizonte, jenseits deren man vernünftigerweise nicht mehr die Frage nach der Zeit stellen kann, wo die Zeit *einfach aufgehört* hat. Die newtonsche Dauer läuft ohne Substrat eben doch nicht weiter. Wenn die Eigenzeit eines Systems ausgeschöpft ist und es nicht durch eine Bifurkation in ein neues System übergehen kann, hat es seinen Ereignishorizont erreicht, ist ein Schwarzes Loch. Zum Beispiel könnten wir unseren Trabanten, den Mond, in diesem erweiterten Sinne als ein Schwarzes Loch bezeichnen. Man hat abgeschätzt, daß die Fußstapfen von Armstrong im toten Sande des Mondes noch in 3 Milliarden Jahren unverändert erhalten sein werden, da es auf dem Mond weder Wind und Regen noch vulkanische Ereignisse, noch überhaupt Ereignisse im Sinne von Veränderungen gibt. In bezug auf seine Eigenzeit ist der Mond ein Schwarzes Loch. Natürlich wird eines Tages das Planetensystem kollabieren und die Materie des Mondes in irgend etwas anderes übergehen oder zerstrahlen. Aber das hat dann mit der Eigenzeit des Mondes nichts mehr zu tun.

2.4 Synchronizität, Konvergenz und Resonanz – Mechanismen der Zeitverschränkung

Es gibt Erlebnisse, über die zu sprechen die meisten Menschen sich scheuen, weil sie nicht in die Alltagswirklichkeit passen und sich einer verstandesmäßigen Erklärung entziehen. Damit sind nicht besondere Ereignisse in der Außenwelt gemeint, sondern Vorgänge in unserem Inneren, die meistens als bloße Einbildung abgewertet und aus der Erinnerung verdrängt werden. Das vertraute Bild der Umgebung erfährt plötzlich eine merkwürdige, beglückende oder erschreckende Verwandlung, erscheint in einem anderen Licht, bekommt eine besondere Bedeutung. Ein solches Erlebnis kann uns nur wie ein Hauch berühren oder aber sich tief einprägen.

Aus meiner Knabenzeit ist mir eine derartige Verzauberung ganz besonders lebendig in der Erinnerung geblieben. Es war an einem Maimorgen. Das Jahr weiß ich nicht mehr, aber ich kann noch auf den Schritt genau angeben, an welcher Stelle des Waldweges auf dem Martinsberg oberhalb von Baden (Schweiz) sie eintrat. Während ich durch frischergrünten, von der Morgensonne durchstrahlten, von Vogelgesang erfüllten Wald dahinschlenderte, erschien auf einmal alles in einem ungewöhnlich klaren Licht. Hatte ich vorher nie recht geschaut, und sah ich jetzt plötzlich den Frühlingswald, wie er wirklich war? Er erstrahlte im Glanz einer eigenartig zu Herzen gehenden, sprechenden Schönheit, als ob er mich einbeziehen wollte in seine Herrlichkeit. Ein unbeschreibliches Glücksgefühl der Zugehörigkeit und seligen Geborgenheit durchströmte mich.

Wie lange ich gebannt stehen blieb, weiß ich nicht, aber ich erinnere mich der Gedanken, die mich beschäftigten, als der verklärte Zustand langsam dahinschwand und ich weiterwan-

derte. Oft beschäftigte mich damals die Frage, ob ich vielleicht später als Erwachsener fähig sein würde, anderen diese Erfahrungen mitzuteilen, ob ich als Dichter oder Maler das Geschaute darzustellen vermöchte. Aber ich fühlte mich weder zum einen noch zum andern berufen, und so würde ich wohl diese Erlebnisse, die mir soviel bedeuteten, für mich behalten müssen.

Auf unerwartete Weise, aber kaum zufällig, ergab sich erst in der Mitte meines Lebens ein Zusammenhang zwischen meiner beruflichen Tätigkeit und der visionären Schau meiner Knabenzeit.

Ich wollte Einblick in den Bau und das Wesen der Materie gewinnen; deshalb bin ich Chemiker geworden. Mit der Pflanzenwelt seit früher Kindheit eng verbunden, wählte ich als Arbeitsgebiet die Erforschung der Inhaltsstoffe von Arzneipflanzen. Dabei stieß ich auf psychoaktive, Halluzinationen erzeugende Substanzen, die unter bestimmten Bedingungen den geschilderten spontanen Erlebnissen ähnliche, visionäre Zustände hervorzurufen vermögen. Die wichtigste dieser halluzinogenen Substanzen ist unter der Bezeichnung LSD bekannt geworden. Halluzinogene fanden als wissenschaftlich interessante Wirkstoffe Eingang in die medizinische Forschung, in die Biologie und Psychiatrie und erlangten später auch in der Drogenszene weite Verbreitung, vor allem LSD.[15]

2.4.1 *Was geschieht wirklich?*

Albert Hofmann, der Entdecker des LSD und der wissenschaftliche Bearbeiter vieler mexikanischer Halluzinogene, beschreibt in seiner literarisch anspruchsvollen Biographie nicht nur die Aufhebung von Zeit und Raum durch psychogene Drogen, sondern er zeigt auch, daß sich in seiner Person gewissermaßen ein Kreis schließt: Kindheitsvisionen und wissenschaftliche Berufserfahrung fallen auf einer höheren

Ebene zusammen. Ist das ein *wirkliches* Geschehen? Können wir derartige psychische Phänomene im Rahmen meiner Zeittheorie behandeln? Oder wird es jetzt ›unwissenschaftlich‹? Ich glaube das nicht: Halluzinogene Zustände haben doch höchst reale Folgen, und ein Lebenslauf ist *Wirklichkeit*. So sei der Ansatz noch einmal zusammengefaßt und gleichzeitig erweitert.

Ich habe gezeigt, daß Zeit einem Evolutionsprozeß unterworfen ist, daß sie einerseits in *Uhren*, in *Strukturen*, in *Systemen* kreist oder schwingt, daß sie aber in einem bestimmten Bifurkationspunkt das System verläßt und diskontinuierlich sich einem anderen System aufprägt. Dadurch entsteht der Zeitbaum mit den verschiedenen Eigenzeiten. Es ist nun theoretisch denkbar, daß Zweige dieses Baumes, die auf ganz verschiedenen Hauptästen gewachsen sein mögen, wieder aufeinander zuwachsen, konvergieren, sich berühren, ja wieder zusammenlaufen. Die jeweiligen, Struktur repräsentierenden Eigenzeiten sind, wie ich ausgeführt habe, Kreise oder Oszillationen. Oszillationen zeigen unter geeigneten Bedingungen das Phänomen der *Resonanz*. In den folgenden Abschnitten soll untersucht werden, ob das Modell vom Zeitbaum uns dem Verständnis von Phänomenen wie Synchronizität, Gleichzeitigkeit des Ungleichzeitigen, Konvergenz von Strukturen und Formen und von Resonanz-Wechselwirkung über Raum und Zeit hinweg näherbringt.

2.4.2 *Quantenmechanische Ganzheit*

In der quantenmechanischen Theorie, insbesondere in ihrer Kopenhagener Deutung, herrscht die Auffassung, daß das Ganze mehr ist als die Summe der Teile. »Die Phänomene haben somit in der Atomphysik eine neue Eigenschaft der Ganzheit, indem sie sich nicht in Teilphänomene zerlegen lassen, ohne das ganze Phänomen dabei jedesmal zu ändern.«[16] Ich habe darüber in Kapitel 1.7 gesprochen. Einstein, den man in diesem Sinne als den letzten Vertreter der klassischen Physik bezeichnen kann, war diese Ansicht im tiefsten zuwider, er glaubte, daß man alles in Einzelereignisse auflösen könne und müsse und diese im Prinzip exakt beschreiben könne. Deshalb ersann er mögliche Widerlegungen der quantenmechanischen Auffassung, und die berühmteste ist das Einstein-Podolsky-Rosen-Experiment.[17] Es war lange Zeit ein reines Gedankenexperiment. Man stelle sich vor, ein Teilchen- oder Lichtstrahl würde an einem zentralen Ort in zwei Richtungen gespalten oder flöge in entgegengesetzte Richtungen auseinander (Abb. 2.16). Wenn die beiden Strahlen gleich sind und – definitionsgemäß – den gleichen Impuls erhalten haben, sind sie jeweils in berechenbarer Weise vom zentralen Ausgangsort gleich weit entfernt. Wenn man also etwa eine Orts- oder Geschwindigkeitsmessung an a vornimmt, so kann man ohne weiteres auf den gegenwärtigen Punkt von b schließen, ohne b auch nur im geringsten gestört zu haben. Wenn nun a und b sich für eine größere Strecke oder Zeit voneinander entfernt haben, dann wird die Messung an a keinerlei Einfluß auf b haben können, besonders dann nicht, wenn das Signal das Licht ist, das sich nur mit Lichtgeschwindigkeit bewegen kann. b kann nicht bemerken, »daß an a eine Messung vorgenommen wurde«. Jedenfalls nicht schneller, als das Licht auf dieser Strecke braucht. Das EPR-Experiment wurde später durch das sogenannte Bellsche Theorem erweitert und präzisiert, wonach es für zwei Photonen, die von einem gemeinsamen Zentrum in entgegengesetzte Richtungen fliegen, und zwar mit Lichtgeschwindigkeit, eine Grenze der Korrelation der an jedem von ihnen einzeln vorgenommenen Polarisationsmessungen gibt (Abb. 2.16).

Damit war eine experimentelle Prüfung möglich, die 1982 von Aspect durchgeführt wurde.[18] Das Experiment bestand darin, daß von einer Lichtquelle s zwei absolut gleiche Strah-

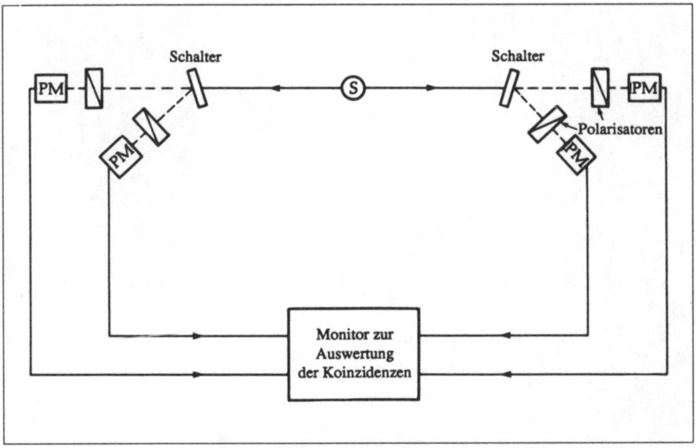

Abb. 2.16 Korrelationssystem zur Prüfung des Bellschen Theorems.

len in entgegengesetzter Richtung ausgeschickt wurden. Das geschieht durch eine sogenannte 2-Photonen-Kaskade mit Hilfe einer Laseranregung (Abb. 2.17).

Die jeweiligen Strahlen werden mit Hilfe von ›Schaltern‹ innerhalb von 10^{-8} Sekunden noch einmal geteilt und laufen durch verschiedene Polarisationsfilter, bevor sie im Photomultiplier registriert werden.

Ohne auf die komplizierten technischen Einzelheiten des Experiments eingehen zu können, soll hier nur gesagt werden, daß die Photonen auch über lange Strecken oder über längere Zeiten hinweg *korreliert* bleiben, sozusagen von ihrem gemeinsamen Ursprung *wissen*, sich daran *erinnern*, sich auf ihrem mit Lichtgeschwindigkeit zurückgelegten Weg gegenseitig *nicht vergessen*. Das System hat über Raum und Zeit hinweg den Charakter der Ganzheit.[19, 20] Die Photonen bleiben über die doppelte Lichtgeschwindigkeit hinweg in *Resonanz*, ihre zeitlichen Schwingungen *wissen voneinander*.

Abb. 2.17 Versuchsanordnung des Aspect-Experiments.

2.4.3 Resonanz

Was Resonanz ist, weiß im Grunde jeder. Wenn ein Lastwagen vorbeifährt, zittern die Scheiben; im Mai 1992 brach in einem Fußballstadion auf Korsika eine Tribüne zusammen, weil die Fans rhythmisch stampften und dadurch die Tribüne in Resonanzschwingungen brachten; wenn man am Klavier bei getretenem Pedal das C anschlägt, schwingen das obere und das untere C, dann auch die Quinten und Terzen und schließlich das ganze Saitensystem mit; hören können wir nur deshalb, weil die Schallquelle und unser inneres Ohr in Resonanz treten. Alle Schwingungen oder auch Zeitkreise können, wenn sie auf ein passendes System treffen, in diesem Resonanz erzeugen: Atome, Photonen, Himmelskörper. Und Resonanz ist immer auch ein zeitliches Geschehen: Ein System prägt dem anderen seine Eigenfrequenz, seine Eigenzeit auf.

Abb. 2.18 Saturnring mit Cassinischer Teilung.

Ein Beispiel für mechanische Resonanz im Gravitationsfeld sind die Ringe des Saturn. Jeder, der einmal im Fernrohr den Saturn gesehen hat, wird das nie vergessen – eine erstaunliche, rötlich schimmernde Kugel mit den merkwürdigen Ringen, die den Planeten wie ein Heiligenschein umgeben.

Die Ringe des Saturn bestehen aus Staubteilchen, Körnern und Brocken, die einzeln und lose um den riesigen Planeten als Mini-Monde kreisen und über die große Entfernung zusammen wie eine Scheibe wirken. Sie haben sich nicht zu einem einzelnen kompakten Mond zusammengeschlossen wie unser Erdenmond, obwohl der Saturn außerdem einige richtige Monde hat. Wenn man die Scheibe in stärkerer Vergrößerung betrachtet, sieht man, daß sie in bestimmten Abständen Lükken aufweist. Bestimmte Bereiche wirken wie leergefegt, so besonders die ›Cassinische Teilung‹ (s. Abb. 2.18).

Es zeigt sich nun, daß diese Cassinische Teilung und auch die anderen größeren Lücken des Ringes als ›Resonanzzonen‹ des Saturnmondes Mimas verstanden werden müssen. Die Teilchen, die in der Cassinischen Teilung vorhanden wären, würden mit genau der halben Umlaufzeit von Mimas fliegen, also gewissermaßen eine Oktave höher. So etwas nennt man nicht nur in der Akustik, sondern ganz allgemein bei periodischen Vorgängen Resonanz. Weitere Lücken sind Resonanzen höherer Ordnung. Wie ist das zu erklären?

Die Partikel, die an sich in die Leerzonen gehörten, sind durch Resonanz mit dem Mond Mimas gewissermaßen aus ihren Resonanzzonen ›herausgeschüttelt‹ worden, so wie die Staubteilchen, die man z.B. auf die Klaviersaite des hohen C legt, weggeschüttelt werden, wenn man das tiefe C anschlägt.

Da wir alle Strukturen, auch die der geistigen Systeme, nunmehr als zeitlich prozessual erkannt haben, müssen wir in Zukunft viel stärker mit derartigen Resonanzen rechnen und werden vielleicht in der Lage sein, bisher unerklärbare Phänomene über Resonanzen der Zeitkreise zu verstehen.

2.4.4 *Synchronizität und Erfahrungshorizont*

Das Denken geht offenbar mit Hilfe unseres Gehirns vor sich, und dieses enthält als wesentliche Bauelemente die etwa 10^{11} Nervenzellen, die aus dem Axon – gewissermaßen dem Baumstamm – und Hunderten von Dendriten – den Zweigen – bestehen. Letztere stellen die Verbindung zu anderen Nervenzellen her. Die Baumstruktur der Nervenzellen habe ich an anderer Stelle ausführlich diskutiert.[21]

In Abbildung 2.19 ist die funktionale Struktur einer solchen Nervenzelle wiedergegeben.[22] Die Dendriten (oben und seitlich) nehmen elektrische Nervenimpulse von anderen Neuronen auf und leiten sie in den Zellkörper bis schließlich auf das sog. Axon (unten). Vom Axon werden die Impulse wiederum auf andere Zellen geleitet. Das Neuron hat also eine polare Struktur, es hat eine (irreversible) Richtung. Im Neuron werden alle ankommenden Impulse zueinander in Beziehung gesetzt (verrechnet). Das Resultat dieser molekularen Verrechnung wird dann über das Axon weitergeleitet.[23] Die elektrische Natur dieses Vorganges läßt sich über Mikroelektroden nachweisen.

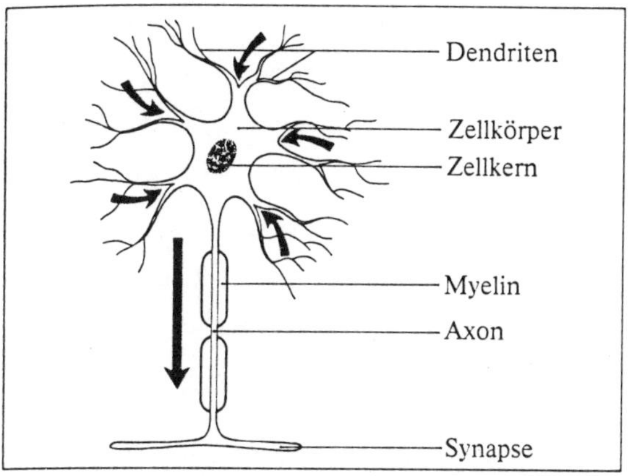

Abb. 2.19 Schematische Darstellung einer Nervenzelle (Neuron). In den Zellkörper münden zahlreiche Fortsätze, die Dendriten und das Axon. Überall, vor allem an den Dendriten, treffen Impulse von anderen Neuronen ein, werden ›verarbeitet‹ und über das Axon weitergegeben.

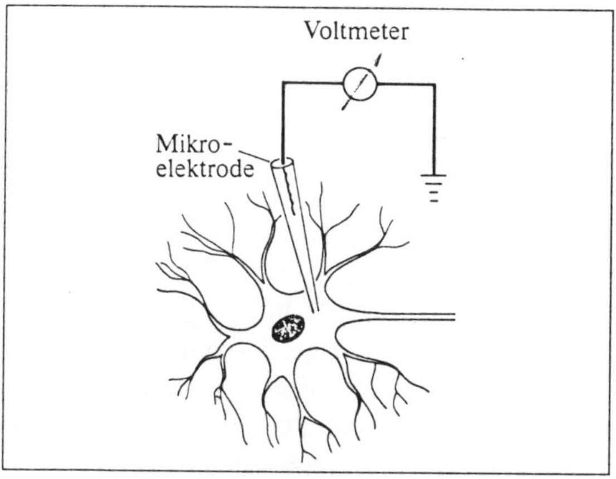

Abb. 2.20 Elektrische Messung an einer einzelnen Nervenzelle.

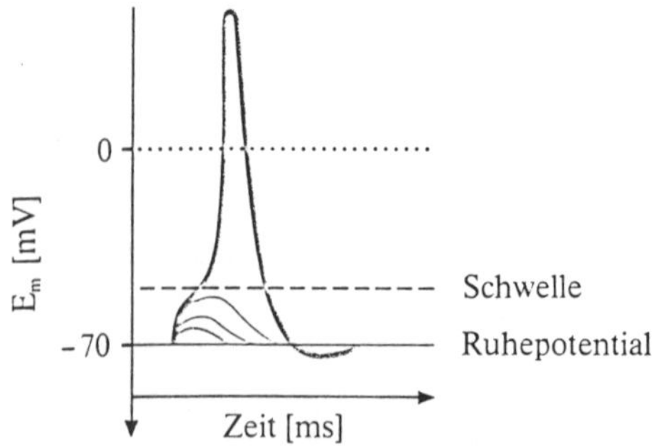

Abb. 2.21 Das Aktionspotential, der eigentliche Nervenimpuls. – Elektrische Messung: Die Spannung über der Membran vermindert sich auf einen Reiz hin plötzlich, nimmt sogar positive Werte an, bevor sie wieder auf den ursprünglichen Wert, das Ruhepotential, zurückgeht. Die Ionenkanäle in der Zellmembran des Neurons, sind im Ruhezustand geschlossen. Die Ausbreitung des Aktionspotentials geschieht durch Öffnung der Ionenkanäle.

Die elektrische Spannung, die an einer neuronalen Zellmembran liegt, beträgt etwa 70 mVolt und beruht auf einem Konzentrationsgradienten der Ionen zwischen innen und außen. Wenn nun die Zelle einen Reiz erhält, dann wird dieses Ionengleichgewicht gestört, es öffnen sich die sogenannten Natriumkanäle, und zwar alle mehr oder weniger gleichzeitig. Die Zelle erleidet eine Art Kurzschluß, ein Impuls wird ausgesandt. Diesen Impuls kann man messen (Abb. 2.21).

Dieser Spannungssprung, der bei der normalen Nervenzelle in etwa 10 msec (= 0,01 Sek.) vor sich geht, ist sozusagen die kleinste Einheit des Gehirnvorgangs, es ist die *gequantelte Zeit des Denkens* bzw. des Sinneseindrucks.

Tatsächlich sind die Reaktionszeiten im Gesamtorganismus (das oben Gesagte gilt für die isolierte, einzelne Nervenzelle) etwas länger, da u. U. sehr viele neuronale Übergänge der geschilderten Art hintereinander geschaltet sein können. In Abbildung 2.22 sind bei einem größeren Kreis von Versuchspersonen die akustischen und optischen Reaktionszeiten in tausendstel Sekunden aufgetragen. Daraus geht z. B. hervor, daß der ›elektrophysiologische Augenblick‹ 0,17 Sekunden beträgt.

Die tatsächlichen Reaktionszeiten sind also etwa zehnmal länger als der neuronale Elementarvorgang eines elektrischen Impulses. Das könnte bedeuten (muß es aber nicht unbedingt), daß für eine Reaktion des Systems Gehirn etwa zehn neuronale Elementarvorgänge hintereinander geschaltet sind. Pöppel schreibt dazu:

> Der Grund für die längere optische Reaktionszeit ist darin zu sehen, daß die Umwandlung von Lichtenergie in die Sprache des Gehirns mehr Zeit beansprucht, wie wir bereits bei der Erörterung des Erlebens von Gleichzeitigkeit festgestellt hatten. Dieser langsamere Umwandlungsprozeß führt notwendigerweise dazu, daß unser Sehen immer hinterherhinkt. Das kann man wortwörtlich verstehen: Wenn von einem Objekt ein Ton und ein Licht ausgehen, wobei das Objekt allerdings nicht zu weit von uns entfernt sein darf, damit die Schallgeschwindigkeit keine Rolle spielt, dann kommen die beiden Signale zu unterschiedlichen Zeiten in unserem Gehirn an, erst der Ton und dann das Licht. Objektiv gleichzeitige Ereignisse sind subjektiv also gegeneinander verschoben wegen des unterschiedlichen Zeitverhaltens unserer Sinnesorgane. Dagegen können wir gar nichts tun – die akustische und die optische Welt unserer näheren Umgebung bleiben zeitlich gegeneinander verschoben. Mit unserer visuellen Interpretation der Umwelt hinken wir immer um den Bruchteil einer Sekunde hinter der akustischen Interpretation her.

Aber nun gibt es ja tatsächlich die Schallgeschwindigkeit von etwa 330 Metern pro Sekunde gegenüber der sehr viel höheren Lichtgeschwindigkeit von 300 000 000 Metern pro Sekunde. Dann können wir ausrechnen, wie weit ein Objekt entfernt sein muß, damit im Gehirn ein von diesem Objekt ausgehender Ton und ein Lichtsignal wirklich gleichzeitig ankommen, so daß gleiche Reaktionszeiten möglich werden.

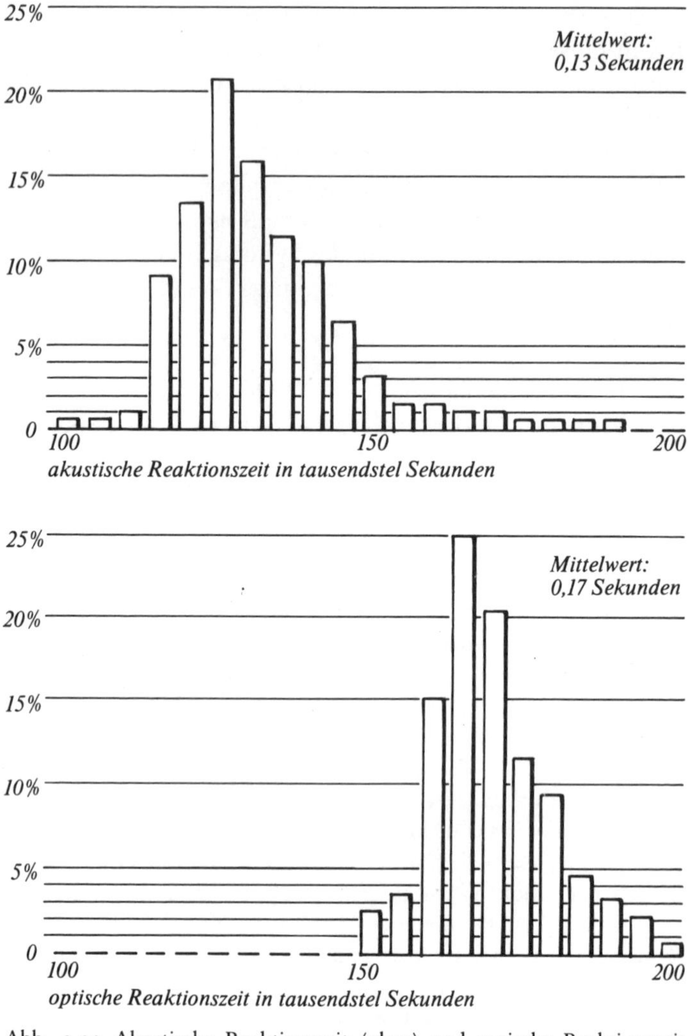

Abb. 2.22 Akustische Reaktionszeit (oben) und optische Reaktionszeit (unten) in 1/1000 Sek.[24]

> Diese Distanz beträgt etwa 12,5 Meter, denn das ist die Entfernung, die der Schall in 0,038 Sekunden zurücklegt, die genaue Differenz zwischen der akustischen und der optischen Reaktionszeit. Der *Gleichzeitigkeits-Horizont* der optischen und akustischen Welt liegt also etwa bei zwölf Metern. Unter zwölf Metern ist die akustische Welt früher, über zwölf die visuelle.[24]

Der Begriff *gleichzeitig* läßt sich weder quantenmechanisch noch sinnesphysiologisch begründen.

Ist der Umkehrschluß erlaubt, daß Ungleichzeitiges auch gleichzeitig werden kann? C. G. Jung hat den Begriff der Synchronizität eingeführt.

> Dies bezeichnet ein ›sinnvolles zeitliches Zusammentreffen‹ eines inneren mit einem äußeren Ereignis, ohne daß diese zwei Ereignisse kausal voneinander abhängig wären. Die Betonung liegt auf dem Wort ›sinnvoll‹, denn es gibt viele sinnlose Zufälle. Wenn ein Flugzeug vor mir abstürzt, wenn ich gerade die Nase putze, so ist das eine Koinzidenz ohne jeden Sinn. Wenn ich aber in einem Laden ein blaues Kleid bestelle und man irrtümlich ein schwarzes schickt gerade an dem Tage, an dem ein naher Verwandter stirbt, so berührt mich das als ›sinnvoller‹ Zufall.[25]

Hier wird es natürlich ›unwissenschaftlich‹ – im Sinne der klassischen Physik. Denn was heißt ›sinnvoll‹? Was kümmern uns in der Physik und in den Naturwissenschaften zwei Ereignisse, die nicht kausal miteinander verknüpft sind, wo doch der Sinn von Wissenschaft gerade darin besteht, Kausalverknüpfungen aufzuspüren. Natürlich grenzt es an Spiritualität und Esoterik, wenn z. B. C. G. Jung über seine geistige Begegnung mit dem alten, weisen Philemon schreibt:

> Manchmal schien er mir sehr real, als wäre er eine lebende Person. Ich ging mit ihm im Garten auf und ab, und er war mir das, was die Inder einen Guru nennen [...] er sagte Dinge, die

Abb. 2.23 Spiralgalaxie M 15 mit dem Begleiter NGC5195 (Aufnahme: 5 m – Teleskop Mt.Palomar.[31]

Abb. 2.24 Tief über dem Atlantik.[32]

ich nicht bewußt gedacht hatte, denn ich nahm genau wahr, daß er es war, der sprach, nicht ich. Diese Besuche erreichten 1916 ihren Höhepunkt. Seit Tagen schon spukte es im ganzen Hause, und eines Sonntagmorgens ging die Türklingel. Niemand stand draußen. Die Luft war dick, sage ich Ihnen. Das ganze Haus war angefüllt wie von einer Volksmenge, dicht voll von Geistern [...][26]

Als ich an einem Sonntagmorgen, dem 17.05.92, gerade die Zeile las: »[...] eines Sonntagmorgens ging die Türklingel. Niemand stand draußen«, klingelte meine Türklingel: Niemand stand draußen! Ich setzte mich wieder hin, um den Gedankenfaden wieder aufzunehmen. Als ich beim Nachlesen an der gleichen Stelle war, klingelte es wiederum an der Haustür: niemand stand draußen. Dann hörte ich allerdings hinter dem Gebüsch ein Kichern: Zwei kleine Mädchen aus unserer Nachbarschaft hatten sich einen Spaß erlaubt. Ich lud sie zu mir ein, und wir machten eine Stunde lang auf der Terrasse schöne bunte Seifenblasen. Die Tatsachen muß man mir glauben (und ich habe Zeugen), die Interpretation muß ich dem Leser überlassen.

Nicht unerwähnt bleiben dürfen in diesem Zusammenhange die – freilich subjektiven (?) – Zeit-Raum-Veränderungen unter dem Einfluß von Drogen, wie sie vielfach beschrieben worden sind, z.B. von Aldous Huxley[27] und von Albert Hofmann[15]. Über eine Art Zeitraffer-Effekt unter der Wirkung der Droge Ayahuasca wird mehrfach berichtet.[28] Hierüber hat Gabriele Beck ein bemerkenswertes Hörspiel geschrieben.[29]

2.4.5. *Konvergenz – Gestalt*

Auf ganz verschiedenen Zweigen des Zeitbaumes können die Eigenzeiten und die Eigenfrequenzen der Systeme auf gleiche oder ähnliche Gestalt hin konvergieren. Die Natur erprobt in ihrer Evolution gewissermaßen immer wieder die gleichen Formen für verschiedene Zwecke. Oder ist das nur ein Ausdruck davon, daß alle physikalischen Gesetze von Anfang an gelten und nur einen begrenzten Formenkatalog zulassen? Wirkt die Selbstorganisation im zeitlichen Evolutionsfeld vermöge eines begrenzten Formenkataloges? Ist dieser Formenkatalog in den Bausteinen der Materie, den Atomen, Molekülen und Molekülaggregaten so festgelegt, daß nur eine relativ geringe Variationsbreite zulässig ist?

Ich habe über das Phänomen der *Korrespondenz*, wie ich es damals nannte, schon an anderer Stelle gesprochen.[30] Unter dem Aspekt der Zeit und der Prozessualität möchte ich heute derartige Phänomene eher als konvergierende Entwicklungen, als *Konvergenz* auffassen. Getrennte, in verschiedene Richtungen gewachsene Zweige des Zeitbaumes finden wieder zueinander, treten in Resonanz und bilden an den Enden der jeweiligen Zweige ähnliche Früchte.

Hierfür einige weitere Beispiele. Eine Galaxie (Abb. 2.23) und ein Tiefdruckgebiet über dem Atlantik (Abb. 2.24) haben eine zum Verwechseln ähnliche Gestalt trotz vollkommen verschiedener Eigenzeiten. Die Galaxie besteht für unsere Zeitbegriffe nahezu ewig, das Tief hat eine Eigenzeit von Stunden; natürlich kann man das *erklären*: beides sind Wirbelerscheinungen, Turbulenzen, die zu gleichen Mustern führen können. Ist das eine Erklärung? Die Seifenblasen (Abb. 2.25) und die Bienenwabe (Abb. 2.26) sind das Resultat einer möglichst lückenlosen Raumausnützung, die Seifenblase sozusagen durch reine Physik, die Bienenwabe wird gebaut im Interesse der Funktion des Insektenstaates – eine vernünftige Erklärung und doch ein Wunder.

Die zerklüftete Oberfläche eines Kristalls (Abb. 2.29), einer ›unbelebten‹ anorganischen Struktur, ähnelt in frappanter Weise dem von Menschen gemachten Business-District in Manhattan (Abb. 2.30). Was ist ihnen gemeinsam? Beide wachsen sie in ihren Himmel, haben einen Zeithorizont überschritten – der Kristall den der gesättigten Lösung, die Stadt den der saturierten kleinstädtischen Wohngemeinschaft – und haben eine neue Struktur gebildet.

Was soll man von der konvergierenden Gestalt des Kometen Halley und seiner Entsprechung im Spermatozoon halten; sind das einfach nur stromlinienförmige Optimalstrukturen? (Abb. 2.31 und 2.32)

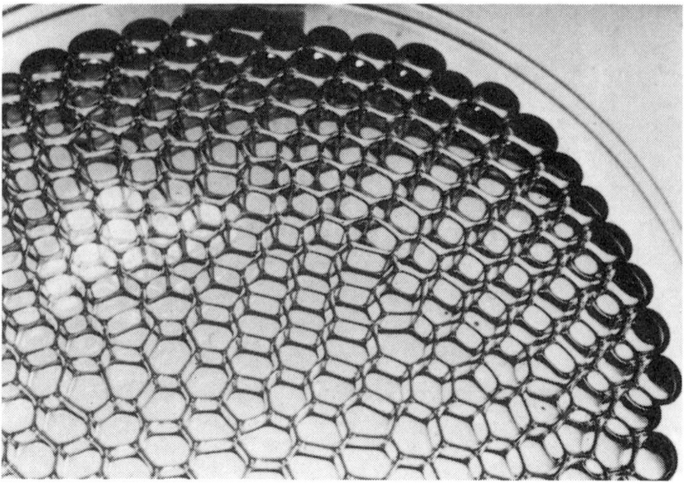

Abb. 2.25 Seifenblasen.[33]

Auffällig ist die Konvergenz der Feinstruktur des Oberschenkelknochens und eines gotischen Gewölbes (Abb. 2.33 und 2.34)

Natürlich kann man argumentieren, daß beide konstruiert worden sind, um gewisse Bedingungen der Statik zu erfüllen. Wer hat sie gerade so konstruiert?

Das Innere eines Sepia-Tintenfüßlers (Abb. 2.35) und das Schaufelrad einer Turbine (Abb. 2.36) gehören in den gleichen Formenkatalog, obwohl sie funktional gar nichts miteinander zu tun haben.

Besonders auffällig sind die Konvergenzen im Bereich des Lebendigen. Bekannt ist die Erscheinung des Mimikri: Harmlose Insekten legen sich das Äußere einer Hornisse zu, um Insektenfresser abzuschrecken. Schmetterlinge ahmen eine schlecht schmeckende Art nach und begeben sich damit unter den Schutz des Artgenossen, der eine schlecht schmeckende Substanz erfunden hat (Abb. 2.37). Warum? Wäre es nicht einfacher, die schlecht schmeckende Substanz aus sich selbst heraus zu erzeugen, als die ganze Gestalt zu ändern. Ich

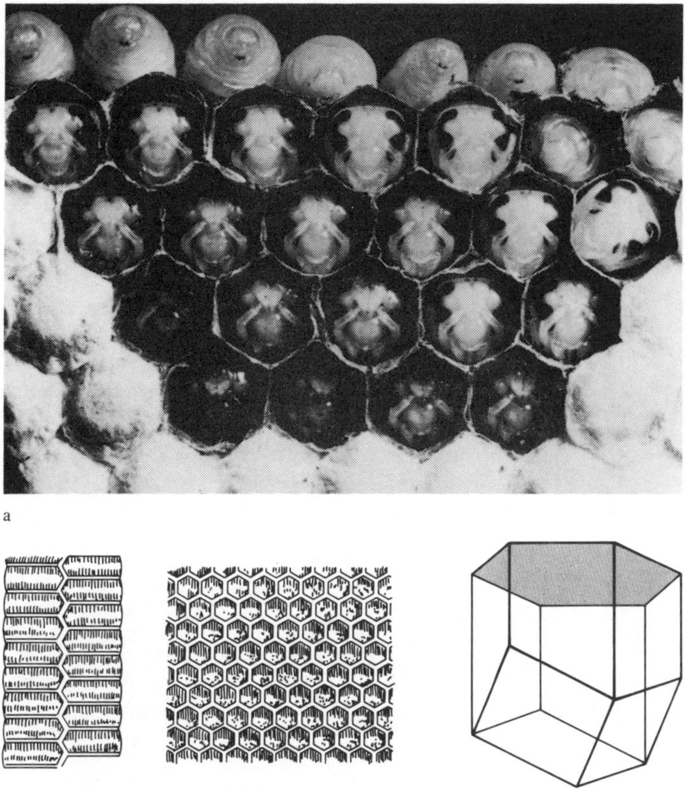

a

b c d

Bienenwabe: a) Aufsicht; b) Längsschnitt; c) Querschnitt; d) einzelne Zelle.

Abb. 2.26 Bienenwabe.[34]

spreche hier bewußt eine teleologische Sprache, um an die Grenzen der nichtteleologischen Betrachtungsweise heranzuführen. Freilich gibt es darwinistische Erklärungen, und wir kennen sie.[42] Helfen sie uns wirklich weiter? *Erklären sie etwas?*

Im Bereich der molekularen Biologie gibt es auffällige strukturelle Konvergenzen. Hämoglobin, der Träger des Sau-

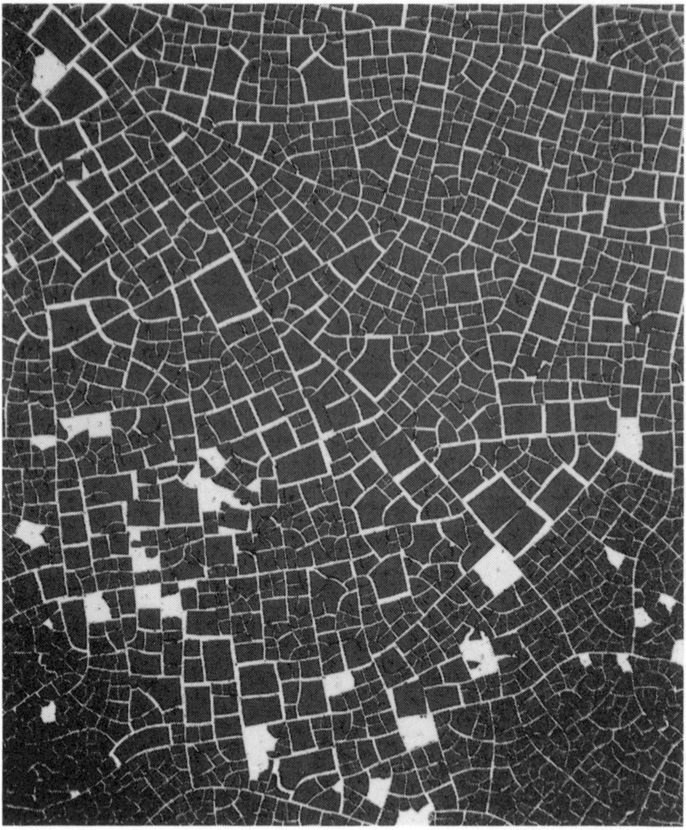

Abb. 2.27 Gerissene Gelatine.[35]

erstoffs im Blutkreislauf, ist ein von der Evolution für den Zweck des Sauerstofftransports ideal perfektioniertes Molekül.[43] Auf ganz verschiedenen Ästen des Evolutionstammbaums wird Hämoglobin von den Lebewesen benötigt. Es hat sich nun herausgestellt, daß ein funktionsfähiges Hämoglobin in seiner ideal geeigneten dreidimensionalen Struktur auf mehrere Arten, das heißt mit mehreren verschiedenen Proteinsequenzen, konstruiert werden kann. Das Hämoglobin

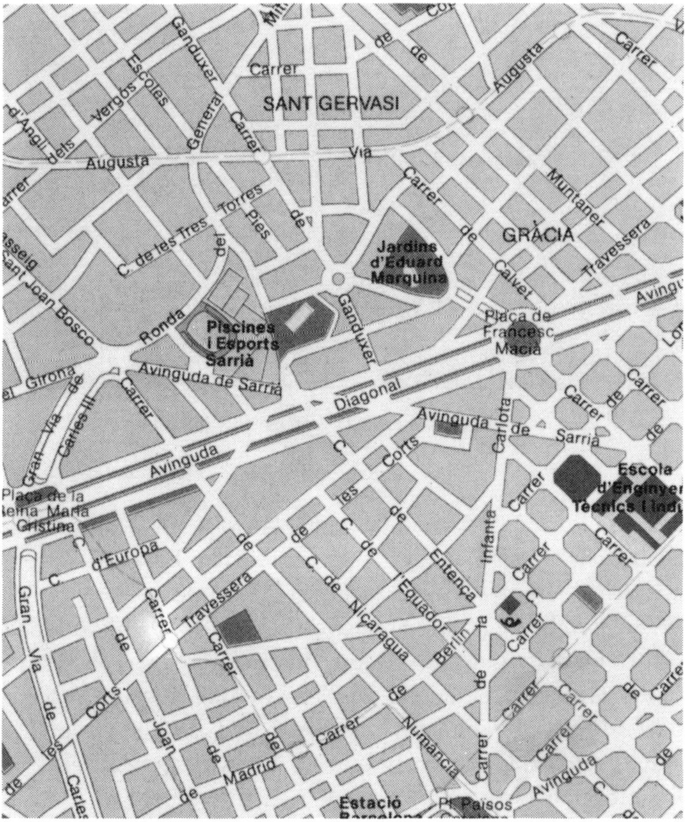

Abb. 2.28 Ausschnitt aus dem Stadtplan von Barcelona. Nach welchem Formengesetz zerreißt Gelatine, nach welchem Entwicklungsgesetz wächst eine Stadt?

von Insekten und von Säugetieren ist in seiner Aminosäuresequenz nur zu 10 % gleich bzw. überlappend – und dennoch haben die beiden Proteine praktisch exakt die gleiche dreidimensionale Faltungsstruktur: Das Molekül konvergiert auf die optimale Funktionsstruktur.[44] Eine ähnliche Konvergenz der molekularen Strukturen findet man bei den sogenannten Trypsin-Inhibitoren.[45, 46]

Abb. 2.29 Kristalloberfläche unter dem Mikroskop.[nach 36]

Es sieht so aus, als habe die Natur einen bestimmten, zwar sehr großen, aber doch begrenzten Formenkatalog, auf den sie immer wieder zurückgreifen, konvergieren muß. Wieder stellt sich die Frage, ob dieser Formenkatalog a priori in den Bausteinen der Materie und den physikalischen Gesetzen eindeutig und notwendig begründet liegt oder ob er sich vielmehr funktional und zufällig adaptiert. Nach welchen Gesetzen prägt sich Struktur im Zeitfeld der Evolution aus?

2.5 Zeit und Raum bei Prigogine[47]

Der Glaube an die ›Einfachheit‹ der mikroskopischen Ebene gehört inzwischen der Vergangenheit an. Es gibt jedoch einen weiteren Grund, warum ich überzeugt bin, daß wir uns inmitten einer wissenschaftlichen Revolution befinden. Die klassische, oft als ›galileische‹ bezeichnete Wissenschaftsauffassung betrachtete die Welt als ein ›Objekt‹ und versuchte, die physi-

Abb. 2.30 Skyline von Manhattan.[37]

kalische Welt so zu beschreiben, als würde sie von außen als ein zu untersuchender Gegenstand, der uns nicht einschließt, gesehen. Diese Haltung ist in der Vergangenheit ungeheuer erfolgreich gewesen. Jetzt stoßen wir jedoch an die Grenze dieser galileischen Auffassung (Koyré, 1968).[48] *Um weitere Fortschritte zu erreichen, müssen wir unsere Position, den Standpunkt, von dem aus wir die physikalische Welt beschreiben, besser verstehen. Das heißt nicht, daß wir zu einer subjektivistischen Wissenschaftsauffassung zurückkehren müßten, doch müssen wir die physikalische Erkenntnis in einem gewissen Sinne mit den charakteristischen Merkmalen des Lebens in einen Zusammenhang bringen.*

Ilya Prigogine war einer der ersten, die den Zeitbegriff der klassischen Physik in Frage stellten und die Irreversibilität mit dem 2. Hauptsatz in Verbindung brachten. Prigogine als Physikochemiker und Thermodynamiker war solchen Überlegungen eher zugänglich als die klassischen Physiker ein-

Abb. 2.31 Komet Halley im Jahre 1910.[nach 38]

schließlich Einstein. Wenn Einstein noch in seinen letzten Lebensjahren an seinen Freund Besso schreibt: »[...] daß Du Dich ganz erheblich aufs Glatteis gewagt hast [...] Soweit unsere mehr direkte Kenntnis der Elementar-Vorgänge existiert, gibt es zu jedem Vorgang dessen Umkehrung. [...] Im Elementaren gibt es zu jedem Vorgang den inversen. [...] Du kannst Dich nicht an den Gedanken gewöhnen, daß die subjektive Zeit mit ihrem ›Jetzt‹ keine objektive Bedeutung haben soll.«[49] Wenn Einstein so schreibt, dann zeigt das die unüberbrückbare Kluft zwischen der Physik des Seins, der klassischen Physik, und der Wissenschaft vom Werden, der Thermodynamik, der Biophysik und der Biologie. Und als dann wenig später Einsteins alter Freund Michele Besso

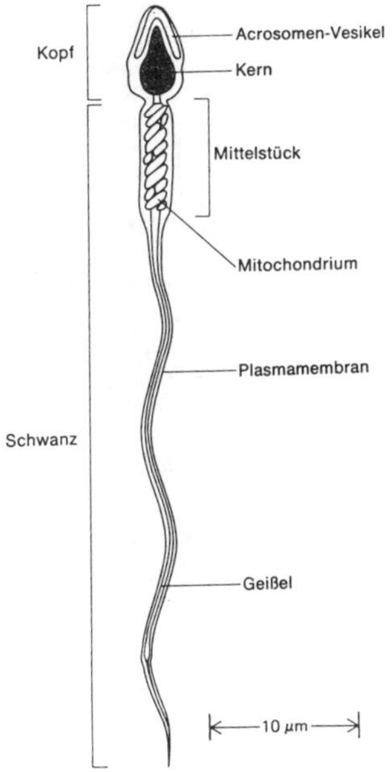

Abb. 2.32 Spermatozoon.[nach 39]

stirbt, schreibt er an dessen Schwester und Sohn: »Nun ist er mir auch mit dem Abschied von dieser sonderbaren Welt ein wenig vorausgegangen. Dies bedeutet nichts. Für uns gläubige Physiker hat die Scheidung zwischen Vergangenheit, Gegenwart und Zukunft nur die Bedeutung einer wenn auch hartnäckigen Illusion.«[50]

Prigogine schreibt zum Problem des 2. Hauptsatzes und der Zeit:

> Die Möglichkeit der Selbstorganisation (der sogenannten dissipativen Strukturen) in Systemen, die weit vom Gleichgewicht entfernt sind, die Erkenntnis der Bedeutung irreversibler Prozesse für die Evolution des Universums insgesamt,

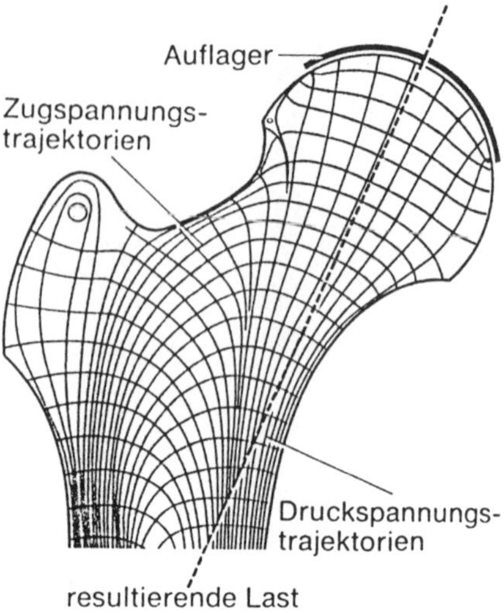

Abb. 2.33 Feinstruktur des Oberschenkelknochens.[40]

Abb. 2.34 Gotisches Gewölbe.

Abb. 2.35 Schnitt durch die Schale eines Sepia-Tintenfüßlers.[41]

Abb. 2.36 Schaufelrad einer Turbine.

Abb. 2.37 Mimikri bei Schmetterlingen. Links der ungenießbare Monarch, rechts der genießbare Vizekönig.[42]

der Versuch, einen 2. Hauptsatz zu formulieren, der sich auf so fundamentale Prozesse wie den Gravitationskollaps bezieht – das alles sind früher unerwartete Entwicklungen, die darauf hinzudeuten scheinen, daß der 2. Hauptsatz noch grundlegender sein könnte, als man üblicherweise angenommen hat.[51]

In Kapitel 1.7 wurde die grundlegende Bedeutung des *Entropiegesetzes* als des *ersten teleologischen Naturgesetzes* dargestellt. Prigogine vertritt eine ähnliche Haltung. Er versucht den 2. Hauptsatz nicht als eine scheinbare Tatsache zu erklären, die nur daher rührt, daß irgendwelche Näherungen vorgenommen worden seien oder daß es Bereiche der Unkenntnis in der Thermodynamik gäbe, vielmehr setzt er den 2. Hauptsatz als eine *fundamentale physikalische Tatsache* voraus und untersucht dann die Änderungen, welche dieses Postulat in unserer Auffassung von Raum, Zeit und Dynamik nach sich zieht.[52] Ohne auf die komplizierten mathematischen Berechnungen von Prigogine eingehen zu können, soll nur so viel gesagt werden: Prigogine definiert eine *innere Zeit*

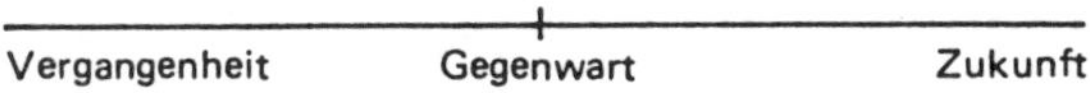

Abb. 2.38 Übergang zwischen Vergangenheit und Zukunft in der herkömmlichen Darstellung.[53]

T eines Systems, die Elemente enthält, die ebenso aus der Vergangenheit wie aus der Zukunft stammen:

> Während Zukunft und Vergangenheit in ϱ (das ist die Verteilungsfunktion der Zeit im Gegenwartszeitpunkt) jedoch eine symmetrische Rolle spielen, ist dies in $\hat{\varrho}$: (der entspr. Funktion der inneren Zeit) nicht mehr der Fall. Hier ist der Beitrag der künftigen Zustände ›*gedämpft*‹. Die Gegenwart enthält die Beiträge aus der Vergangenheit und Beiträge aus der ›nahen‹ Zukunft. Dies steht im Gegensatz zu deterministischen Systemen, wo die Gegenwart sowohl die Vergangenheit als auch die Zukunft einschließt.[53]

Dadurch hat sich die physikalische Beschreibung der Zeit gegenüber der klassischen Darstellung geändert. Die Zeit ist nicht mehr isomorph, eine isomorphe Gerade, die sich von der fernen Vergangenheit in die ferne Zukunft durch den Gegenwartspunkt hindurch erstreckt. Die Gegenwart wäre dann dimensionslos, was unserer Erfahrung widerspricht. Über den Augenblick und seine Dauer wurde an anderer Stelle berichtet.[54] In der klassischen Darstellung der Zeit war die Zeit nicht nur reversibel (t = – t), sondern die Gegenwart auch dimensionslos. Mit der neuen Auffassung von Zeit *gewinnt der Augenblick Dauer*.

Prigogine bringt Zeit und Entropie über die folgende ma-

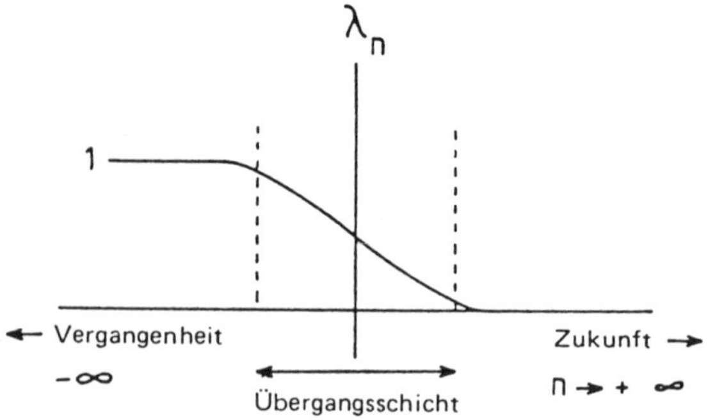

Abb. 2.39 Übergang zwischen Vergangenheit und Zukunft mit einer Übergangsschicht.[53]

kroskopische Formulierung des 2. Hauptsatzes miteinander in Verbindung.

$$\frac{dS}{dt} = \frac{\delta S}{\delta(T)} \cdot \frac{\delta(T)}{\delta t} = 0$$

worin S = die Entropie, T = die innere Zeit, t = die äußere Newtonsche Zeit ist.

Prigogine spaltet die Zeit gewissermaßen in eine innere Zeit auf, die Zeit des Zeitpfeils, die Zeit der Entropie, und in die äußere Zeit t, die im wesentlichen noch die newtonsche Zeit bleibt. Prigogine ist also der erste, der die Zeit in zwei Komponenten aufspaltet. Dabei bleiben aber das makroskopisch Reversible und das mikroskopisch Irreversible irgendwie unverbunden, nebeneinander. Die Beziehung zwischen t, der äußeren Zeit, und T, der inneren Zeit, und deren Übergänge werden nicht durchsichtig.

Mit dem Mechanismus der Bifurkation im Seltsamen Attraktor und dem Zusammenspiel von strukturerhaltender, zyklischer Zeit, t_r, der Eigenzeit eines Systems einerseits und von strukturverändernder, ins Neuland vorstoßender irreversibler Zeit, t_i, andererseits glaube ich, eine Struktur der Zeit vorzuschlagen, die in Form des Zeitbaumes das mikroskopische und das makroskopische Zeitgeschehen einheitlich zu beschreiben gestattet.

2.6 Groß und klein – Punkte und Zeitpunkte

Der große Kunstgriff, kleine Abweichungen von der Wahrheit für die Wahrheit selbst zu halten, worauf die ganze Differentialrechnung gebaut ist, ist auch zugleich der Grund unserer witzigen Gedanken, wo oft das Ganze hinfällig würde, wenn wir die Abweichungen mit philosophischer Strenge nehmen würden.[55]

Unser begriffliches Vorstellungsvermögen ist raumzeitlich, ist im Grunde auf unseren Lebensabschnitt beschränkt. Wir können weder einen Anfang noch ein Ende begreifen. Wir können mit dem sehr Großen und sehr Kleinen nicht umgehen. Ich habe darüber schon an anderer Stelle gesprochen. Das mag mit der Struktur unserer Sinnesorgane und unseres Zentralnervensystems zusammenhängen, also genetisch verankert sein. Das könnte aber auch mit Begriffsbildungen in der frühen Kindheit oder im Laufe des Lebens zusammenhängen. Das sehr Große und das sehr Kleine sind uns unzugänglich. Die großartige Leistung von Leibniz, Newton und von Euler war es, das unendlich Kleine, den Grenzwert, auch noch für die exakte Berechnung in der Infinitesimal- und Differentialrechnung nutzbar gemacht zu haben. Eine unendliche Approximation hat noch einen exakten Wert.

Das perfekte Funktionieren dieser Mathematik in Physik, Astronomie und in der gesamten Technologie hat uns nur zu leicht das grundsätzlich problematische solcher Approximationen vergessen lassen. Darüber hinaus ist unser topologisches Denken, unser Raum-Zeit-Gefühl, weitgehend euklidisch bestimmt. Obwohl wir natürlich einen dreidimensionalen Raum erleben, muß man diese Orientierung in der euklidischen Raumzeit doch eher für angelernt, anerzogen, starr und einengend ansehen. Und tatsächlich beginnt der starre Zugriff der euklidischen Geometrie sich nach und nach zu lockern.

In der euklidischen Geometrie gibt es drei Dimensionen. Ausgehend vom dimensionslosen Punkt verläuft die eindimensionale Gerade, die die Seitenkante der zweidimensionalen Fläche bildet, über der der dreidimensionale Raum steht. Realiter gibt es den Punkt nicht. Der Punkt ist im euklidischen Sinne der ideelle Kreuzungspunkt zweier Geraden, für sich genommen ist er aber *nichts*. Das ist auch letztlich der Grund für das Auftreten von deterministischem Chaos in iterativen Systemen: Es gibt zwar einen mathematischen Idealpunkt, aber *es gibt keinen physikalischen Ausgangspunkt* für eine dynamische physikalische Operation. Mit den Konzepten der fraktalen Geometrie hat sich das Konzept der Dimensionalität völlig verändert. Die berühmte Frage: Wie lang ist die Küste Großbritanniens, läßt sich nicht eindeutig beantworten: Auf der Landkarte im Maßstab zu 1:1 Million kann man sie exakt ausmessen. Auf dem Meßtischblatt 1:10000 wird sie beim Nachmessen deutlich länger sein, und wenn man gar selber an die Küste geht und jede kleine Einbuchtung mißt, ist sie noch länger und schließlich: wenn man die Linie um jedes Sandkorn herumlegt, wird sie um vieles länger sein als im ersten Falle. Die Länge läßt sich nicht eindeutig festlegen, sie hat *fraktale Dimension*, sie ist nicht eindimensional, sondern etwa 1,333dimensional.[56] Zerklüftete Oberflächen (normalerweise zweidimensional) können z.B. 2,4dimensional sein, wie etwa die Oberflächen von Proteinmolekülen. Die moderne mathematische Topologie ist voller nichteuklidischer Begriffe wie Cantor-*Staub*, Fehler*schauer*, Schnee*flocken*, Mengerscher *Schwamm*, Raum-Zeit-*Schaum*, fraktale *Teppiche* und vieles andere. Im Grunde ist es das Dilemma der physikalischen Wissenschaften, daß man zwischen dem mikroskopischen und dem makroskopischen Zustand nicht vermitteln kann, daß es keinen Übergang gibt. Die Quantenmechanik hat versucht, Wege von der Summe der Teile zum Ganzen zu finden, ist aber dabei so abstrakt geworden, daß sie im Grunde das Wesen der Natur nicht mehr beschreiben kann. Vielleicht gelingt es mit den hier beschriebenen Vorstellungen über die Zeit, insbesondere in ihren Anwendungen auf die Biologie, das Mikroskopische und das Makroskopische zu versöhnen.

Den Punkt gibt es nicht. Die Annahme des Punktes ist die größte und fundamentalste Täuschung, ja Verführung des logischen Denkens. Insofern gibt es auch keinen Zeitpunkt.

2.7 Chemische Zeit

Insofern als ich als Chemiker erzogen worden bin und den größten Teil meines Lebens in einem chemischen Laboratorium verbracht habe, spreche ich als Fachmann. Insofern als ich alt und störrisch bin und den größten Teil meines Lebens die gräßliche New Yorker Luft atmen mußte, spreche ich als hustender Laie. Da ich aus Österreich stamme, hat mir eine ungütige Fee die landesübliche Gabe des Nörgelns verliehen; eine Gabe, die sich bei den meisten auf eine Kritik des außerhalb Wiens servierten Kaffees beschränkt, bei mir aber leider viel weiter geht, indem ich sogar an den Grenzen der Naturforschung und der Technik nicht haltmache.

Zuerst will ich aber etwas tun, was bei einem Kritiker der Auswüchse von Forschung und Technik seltsam scheinen dürfte: ich will ein Lob singen der Wissenschaft Chemie. Die

Chemie ist eines der großartigsten Gedankengebäude, die der menschliche Geist errichtet hat. Nehmen wir z. B. die organische Chemie, also die Wissenschaft von den unzähligen Formen, die das Element Kohlenstoff zusammen mit den Elementen Wasserstoff, Sauerstoff, Stickstoff usw. zu bilden vermag. Wer in einem Lehrbuch der organischen Chemie blättert, begegnet wahren Kathedralen von Strukturen, in denen strengste Ordnung mit phantastischer Vielfalt gepaart ist. Die organische Chemie ist eine verhältnismäßig junge Wissenschaft, keine zweihundert Jahre alt; und man muß darüber staunen, wie viel Scharfsinn, Fleiß und Einbildungsgabe, wieviel Kühnheit und Entschlußkraft darauf aufgewendet worden sind.

Die Chemie hat gleichsam die Lücken der Schöpfung ausgefüllt, indem sie die in den chemischen Elementen ruhenden Möglichkeiten zu neuen und nie gesehenen Strukturen ausnutzte. Ein umfassender Blick auf die Naturwissenschaften zeigt uns drei große, grundlegende Wissenschaften; sie sind die Physik, die Lehre von den Kräften, die Chemie, die Lehre von den Stoffen, und die Biologie, die Lehre vom Lebenden. Unter diesen ist die Chemie wie ich selbst oft betont habe, diejenige Disziplin, die sozusagen die geringsten metaphysischen Bauchschmerzen zu haben braucht. Nichts auf der Welt ist so wenig fragwürdig wie die Stoffe, aus denen sie zusammengesetzt ist. Keine andere Wissenschaft bietet dem Naturforscher einen so festen Boden wie die Chemie. Die Brücke der Induktion, die der Chemiker immer wieder überschreiten muß, wackelt nur sehr selten. Der gedankliche Schluß, den seine Experimente ihm gestatten, ist weniger anfechtbar als in irgendeiner anderen Wissenschaft. Daher ist die Chemie auch die am wenigsten philosophische unter den Naturwissenschaften, obwohl ich das nicht als einen Vorzug gemeint haben will. Um so größer das Befremden des Chemikers, wenn er plötzlich in unseren Tagen mit einer Branche der Philosophie sehr schmerzhaft konfrontiert wird, nämlich mit der

Ethik. Nicht nur befremdet ist der Chemiker, sondern auch empört: wie konnte das ihm, diesem sachlichsten aller Gelehrten, passieren?

Wie es dazu gekommen ist, ist eine lange und schmerzliche Geschichte, die auch nur im oberflächlichen Umriß zu schildern zu viel Raum benötigen würde. Kurz gesagt, dem einzelnen Menschen fehlt völlig die Fähigkeit, die Tragweite seiner Handlungen vorherzusehen, und selbst wenn er es könnte, würde das nur in sehr seltenen Fällen seine Tatkraft einschränken.

[...]

Die Brutalität der Gegenwart zwingt uns Entscheidungen auf, denen wir nicht gewachsen sind. Ich sehe nur zwei Lösungen. Entweder setzen wir unsere gegenwärtige Lebensweise fort, bis ein terminaler Zusammenbruch der Umwelt uns die Entscheidung aus den Händen nimmt. Oder es kommt dazu, daß sehr, sehr viele einzelne willens werden, das Dilemma in ihren eigenen Herzen zu sprengen und sich zu einer anderen Naturbetrachtung zu erziehen. Aus vielen einzelnen, die sich der Herrlichkeit unserer Welt bewußt werden, ersteht eine herrlichere Welt. Damit das geschehen kann, müssen wir uns selbst lehren zu unterscheiden zwischen dem Wichtigen und dem Angenehmen.[57]

Die Chemie ist die Wissenschaft von den Molekülen. Wie wir gehört haben, verbinden sich Atome zu Molekülen erst bei Temperaturen unterhalb ca. 3000°, die Chemie findet also auf relativ niederen, aber dafür um so differenzierteren Energieniveaus statt. Das bedingt, daß die Zeitmaße der Chemie, die Eigenzeiten chemischer Systeme relativ kurz sind im Vergleich zum übrigen Kosmos (bzw. die Eigenfrequenzen relativ lang) und daß die Größen chemischer Einheiten sich mit kosmischen Maßen nicht messen können. Die Größe von Molekülen liegt zwischen etwa 10^{-8} cm (Wasserstoffmolekül H_2) und 1 cm (DNS), die Eigenfrequenzen zwischen 10^8 MHz

Periode	Schale	Reihe	Gruppe I a b	Gruppe II a b	Gruppe III b a	Gruppe IV b a	Gruppe V b a
1	1 s	I	**1 H** Wasserstoff 1,0079 1				
2	2 p 2 s	II	**3 Li** Lithium 6,94 1	**4 Be** Beryllium 9,01218 2	**5 B** 1 Bor 2 10,81	**6 C** 2 Kohlenstoff 2 12,011	**7 N** 3 Stickstoff 2 14,0067
3	3 p 3 s	III	**11 Na** Natrium 22,98977 1	**12 Mg** Magnesium 24,305 2	**13 Al** 1 Aluminium 2 26,98154	**14 Si** 2 Silicium 2 28,0855	**15 P** 3 Phosphor 2 30,97376
4	3 d 4 s	IV	**19 K** Kalium 39,0983 1	**20 Ca** Calcium 40,08 2	**21 Sc** Scandium 1 44,9559 2	**22 Ti** Titan 2 47,90 2	**23 V** Vanadium 3 50,9415 2
	4 p 3 d 4 s	V	**29 Cu** 10 Kupfer 1 63,546	**30 Zn** 10 Zink 2 65,38	1 **31 Ga** 10 Gallium 2 69,72	2 **32 Ge** 10 Germanium 2 72,59	3 **33 As** 10 Arsen 2 74,9216
5	4 d 5 s	VI	**37 Rb** Rubidium 85,4678 1	**38 Sr** Strontium 87,62 2	**39 Y** Yttrium 1 88,9059 2	**40 Zr** Zirkonium 2 91,22 2	**41 Nb** Niob 4 92,9064 1
	5 p 4 d 5 s	VII	**47 Ag** 10 Silber 1 107,868	**48 Cd** 10 Cadmium 2 112,41	1 **49 In** 10 Indium 2 114,82	2 **50 Sn** 10 Zinn 2 118,69	3 **51 Sb** 10 Antimon 2 121,75
6	5 d 6 s	VIII	**55 Cs** Cäsium 132,9054 1	**56 Ba** Barium 137,33 2	**57 La** *) Lanthan 1 138,9055 2	**72 Hf** Hafnium 2 178,49 2	**73 Ta** Tantal 3 180,9479 2
	6 p 5 d 6 s	IX	**79 Au** 10 Gold 1 196,9665	**80 Hg** 10 Quecksilber 2 200,59	1 **81 Tl** 10 Thallium 2 204,37	2 **82 Pb** 10 Blei 2 207,2	3 **83 Bi** 10 Wismut 2 208,9808
7	6 d 7 s	X	**87 Fr** Francium (223) 1	**88 Ra** Radium 226,0254 2	**89 Ac** **) Actinium 1 (227) 2	**104 Ku** Kurtschatovium (261)	**105 Ha** Hahnium (262)

*) Lanthanoide

5 d 6 s 4 f	**58 Ce** Cer 2 140,12 2	**59 Pr** Praseodym 2 140,907 3	**60 Nd** Neodym 2 144,24 4	**61 Pm** Promethium 2 (145) 5	**62 Sm** Samarium 2 150,4 6	**63 Eu** Europium 2 151,96 7	**64 Gd** 1 Gadolinium 2 157,25 7

***) Actinoide*

6 d 7 s 5 f	**90 Th** Tho- 2 rium 2 232,0381	**91 Pa** Protacti- 1 nium 2 231,0359 2	**92 U** Uran 1 2 238,029 3	**93 Np** Neptu- 1 nium 2 237,0482 4	**94 Pu** Plutonium 1 2 (244) 5	**95 Am** Ameri- 1 cium 2 (243) 6	**96 Cm** Curium 1 2 (247) 7

Abb. 2.40 Periodisches System der Elemente.

und 10^4 MHz. Im folgenden sollen die Zeitübergänge chemischer Systeme im weitesten Sinne besprochen werden, wobei auch die Radioaktivität, die eigentlich noch in den Bereich der Physik gehört, und die Ökosysteme, die eigentlich schon in den Bereich der Biologie gehören, mit eingeschlossen werden.

Gruppe VI b a	Gruppe VII b a	Gruppe VIIIb (Gruppe VIII)			Gruppe VIIIa (Gruppe 0)	An- zahl
					2 He Helium 4,00260 2	2
8 O 4 Sauerstoff 2 15,9994	**9 F** 5 Fluor 2 18,998403				**10 Ne** Neon 6 20,179 2	8
16 S 4 Schwefel 2 32,06	**17 Cl** 5 Chlor 2 35,453				**18 Ar** Argon 6 39,948 2	8
24 Cr Chrom 5 51,996 1	**25 Mn** Mangan 5 54,9380 2	**26 Fe** Eisen 6 55,847 2	**27 Co** Kobalt 7 58,9332 2	**28 Ni** Nickel 8 58,71 2		18
4 **34 Se** 10 Selen 2 78,96	5 **35 Br** 10 Brom 2 79,904				**36 Kr** 6 Krypton 10 83,80 2	
42 Mo Molybdän 5 95,94 1	**43 Tc** Technetium 6 (97) 1	**44 Ru** Ruthenium 7 101,07 1	**45 Rh** Rhodium 8 102,9055 1	**46 Pd** Palladium 10 106,4		18
4 **52 Te** 10 Tellur 2 127,60	5 **53 J** 10 Jod 2 126,9045				**54 Xe** 6 Xenon 10 131,30 2	
74 W Wolfram 4 183,85 2	**75 Re** Rhenium 5 186,2 2	**76 Os** Osmium 6 190,2 2	**77 Ir** Iridium 7 192,22 2	**78 Pt** Platin 9 195,09 1		32
4 **84 Po** 10 Polonium 2 (209)	5 **85 At** 10 Astat 2 (210)				**86 Rn** 6 Radon 10 (222) 2	
106 Element 106	**107** Element 107	**108** Element 108	**109** Element 109			

65 Tb Terbium 2 158,9254 9	**66 Dy** Dysprosium 2 162,50 10	**67 Ho** Holmium 2 164,9304 11	**68 Er** Erbium 2 167,26 12	**69 Tm** Thulium 2 168,9342 13	**70 Yb** Ytterbium 2 173,04 14	**71 Lu** 1 Lutetium 2 174,967 14
97 Bk Berke- 1 lium 2 (247) 8	**98 Cf** Califor- 1 nium 2 (251) 9	**99 Es** Einstei- 1 nium 2 (254) 10	**100 Fm** Fer- 1 mium 2 (257) 11	**101 Md** Mende- 1 levium 2 (258) 12	**102 No** Nobelium 1 2 (259) 13	**103 Lr** Lawren- 1 cium 2 (260) 14

2.7.1 Radioaktivität

Chemie besteht in der Verbindungsbildung zwischen den z.Z. rund 94 chemischen Elementen des periodischen Systems (Abb. 2.40)

Es gibt zwar inzwischen 109 chemische Elemente, die schwereren oberhalb der Ordnungszahl 94 (Plutonium) sind jedoch so kurzlebig, daß sie praktisch keine Zeit zur Verbindungsbildung haben. Oberhalb der Ordnungszahl 80, das ist Quecksilber, können sie radioaktiv sein, jedenfalls einzelne

Isotopen dieser Elemente. Durch Strahlenabgabe zerfallen sie, wobei durch Abstrahlen von α-Strahlen (Heliumatomen) ein anderes Element entsteht, das um zwei Ordnungszahlen niedriger ist, z.B. aus Uran (92) das Thorium (90), oder durch β-Zerfall (Aussenden eines Elektrons) ein Element, das eine Ordnungszahl niedriger oder höher steht. Die Geschwindigkeit dieses Zerfalls ist – unter irdischen Bedingungen – vollkommen unbeeinflußbar. Die Radioaktivität klingt mit einer e-Funktion in einer Abklingkurve ab, die in Abbildung 2.4 dargestellt ist.

Für jedes radioaktiv strahlende Element ist eine Halbwertszeit charakteristisch, z.B. beträgt die Halbwertszeit des in der Atmosphäre natürlich vorkommenden Kohlenstoffisotops ^{14}C 5760 Jahre, das heißt in 5760 Jahren zerfallen die Atome zur Hälfte, nach 11520 Jahren sind noch ein Viertel der strahlenden Atome vorhanden, nach 17280 Jahren noch ein Achtel usw. Nach 10 Halbwertszeiten ist die Strahlung dann kaum mehr meßbar (Exponentialfunktion). Die Halbwertszeiten natürlich vorkommender radioaktiver Isotope liegen zwischen 10^{-9} Sekunden und 10^{10} Jahren. Die Halbwertszeit ist die Eigenzeit des radioaktiven Atoms.

In den radioaktiven Zerfallsreihen können relativ langlebige Elemente wie Uran zunächst in kurzlebige Elemente zerfallen, die jeweils eine charakteristische kürzere Halbwertszeit haben. Auf diese Weise entstehen in verzweigten Kaskaden schließlich die stabilen Endprodukte. Jede der dazwischen liegenden Atomarten hat ihre charakteristische Halbwertszeit, ihre Eigenzeit (Abb. 2.41)

Einige dieser Zerfallsreihen, die man als Zeitbäume der Radioaktivität auffassen kann, hat Otto Hahn Anfang dieses Jahrhunderts aufgeklärt, bis er dann schließlich 1938 die Uranspaltung entdeckte.[58]

Die radioaktiven Atome sind absolut unbestechliche Uhren. Deswegen kann man eine zuverlässige Altersbestim-

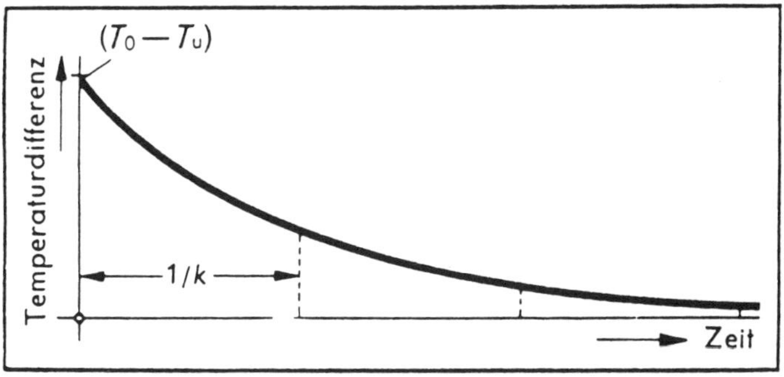

Abb. 2.41 Abklingkurve der Radioaktivität.

mung mit diesen Uhren erreichen. Bekannt ist die sogenannte ^{14}C-Methode. Sie beruht darauf, daß unter dem Einfluß der kosmischen Strahlung in der Atmosphäre aus dem Stickstoff (^{14}N) das radioaktive Kohlenstoffisotop ^{14}C gebildet wird, das mit der oben angegebenen Halbwertszeit von ca. 5700 Jahren zerfällt. Der Kohlenstoff wird durch den Regen ins Meer oder ins Binnenwasser ausgewaschen, bzw. von den Pflanzen aus der Atmosphäre assimiliert. Eine lebende Pflanze enthält in ihrem Holz also relativ die gleiche Menge an ^{14}C wie die Atmosphäre. Wenn sie stirbt, und erst ab diesem Zeitpunkt, nimmt die Menge an ^{14}C (im Vergleich zum normalen nicht strahlenden ^{12}C) mit der oben angegebenen Halbwertszeit ab. Ein Holz, ein 5700 Jahre alter Knochen, die Kohle eines prähistorischen Lagerfeuers aus dem Jahre 3700 v. Chr. wird also die halbe relative Radioaktivität aufweisen wie eine heutige Holzkohle. Auf diese Weise kann man das Alter von bis zu 20000 oder 30000 Jahre alten Materialien bestimmen.

Eine andere Altersbestimmung nach diesem Prinzip ist für geologische Zeiträume geeignet. Das in praktisch allen Mineralien enthaltene Kaliumisotop ^{40}K zerfällt mit einer Halbwertszeit von $1{,}27 \times 10^9$ Jahren, d.h. also in geologischen

Historische Bezeichnung	Elementname (Ordnungszahl Z)	Nuklid-symbol	Halbwerts-zeit
Uran I	Uran (92)	^{238}U	$4{,}51 \cdot 10^9$ a
↓			
Uran X_1	Thorium (90)	^{234}Th	24,1 d
↓			
Uran X_2	Protactinium (91)	^{234}Pa	1,17 m
99,87 % ↓ 0,13 %			
Uran II	Uran (92)	^{234}U	$2{,}48 \cdot 10^5$ a
Uran Z	Protactinium (91)	^{234}Pa	6,66 h
↓			
Ionium	Thorium (90)	^{230}Th	$7{,}5 \cdot 10^4$ a
↓			
Radium	Radium (88)	^{226}Ra	$1{,}62 \cdot 10^3$ a
↓			
Radium Emanation	Radon (86)	^{222}Rn	3,82 d
↓			
Radium A	Polonium (84)	^{218}Po	3,05 m
99,96 % ↓ 0,04 %			
Radium B	Blei (82)	^{214}Pb	26,8 m
Astat	Astat (85)	^{218}At	2 s
↓			
Radium C	Wismut (83)	^{214}Bi	19,7 m
99,96 % ↓ 0,04 %			
Radium C′	Polonium (84)	^{214}Po	$1{,}5 \cdot 10^{-4}$ s
Radium C″	Thallium (81)	^{210}Tl	1,32 m
↓			
Radium D	Blei (82)	^{210}Pb	19,4 a
↓			
Radium E	Wismut (83)	^{210}Bi	$2{,}6 \cdot 10^6$ a
~ 100 % ↓ ~ 10^{-5} %			
Radium F	Polonium (84)	^{210}Po	138,4 d
Thallium	Thallium (81)	^{206}Tl	4,23 m
↓			
Radium G (Endprodukt)	Blei (82)	^{206}Pb	——

Abb. 2.42 Radioaktive Zerfallsreihe des Urans über 13 Zwischenstufen zu Blei. Halbwertszeiten: a = Jahre, d = Tage, m = Minuten, s = Sekunden.

Zeiträumen, in das stabile ^{40}K und in Argon (^{40}Ar). Wenn ein Mineral, z. B. Granit, sich vor einer Milliarde Jahren gebildet hat, fängt seine radioaktive Uhr an zu ticken. Das Mineral ist aber dann so verfestigt, daß das Argon nicht mehr entweichen kann, es bleibt im Gestein eingeschlossen. Wenn man das Gestein heute mit modernen Mitteln entgast, so ist die gemessene Menge an Argon im Verhältnis zum Kaliumgehalt ein exaktes Maß für das Alter des Gesteins, bzw. den Zeitpunkt seiner Verfestigung.

2.7.2 *Zeit und Reaktion*

Chemie ist die Lehre von der Umwandlung der Stoffe. Damit ist Chemie Teil der allgemeinen Evolution vom Urknall bis zum Homo sapiens, denn diese ist eine Stoffumwandlung, die in ihrem allerletzten Teil, nämlich bei Temperaturen unterhalb von 3000° eine chemische Evolution ist: Wasser ist aus Wasserstoff und Sauerstoff entstanden, eine chemische Reaktion, die wir auch heute noch in Form der Knallgasreaktion nachahmen können. Die Mineralien haben sich unter Hitze und hohem Druck aus den Elementen Silizium, Sauerstoff, Kalium, Natrium und Aluminium zusammengefügt, sie sind über Jahrmillionen teilweise kristallisiert, wie die Kalium-Aluminium-Silikate Rubin, Smaragd und Saphir. Das Zeitmaß chemischer Reaktionen kann über ein weites Spektrum variieren. Reaktionen, bei denen Wärme freigesetzt wird, verlaufen im allgemeinen rasch, z. B. die Verbrennung von Kraftstoff in Verbrennungsmotoren. Chemische Reaktionen, zu deren Ablauf man Wärme hineinstecken muß, gehen gewöhnlich langsamer, z. B. benötigt die Gerinnung von Hühnereiweiß bei 100° ca. 5 Minuten, und das Brennen von Tongeschirr – eine Umwandlung von Silikat-Mineralien – benötigt bei 1200° einige Stunden. Jede chemische Reaktion hat ihre charakteristische Eigenzeit. Durch die Forschung

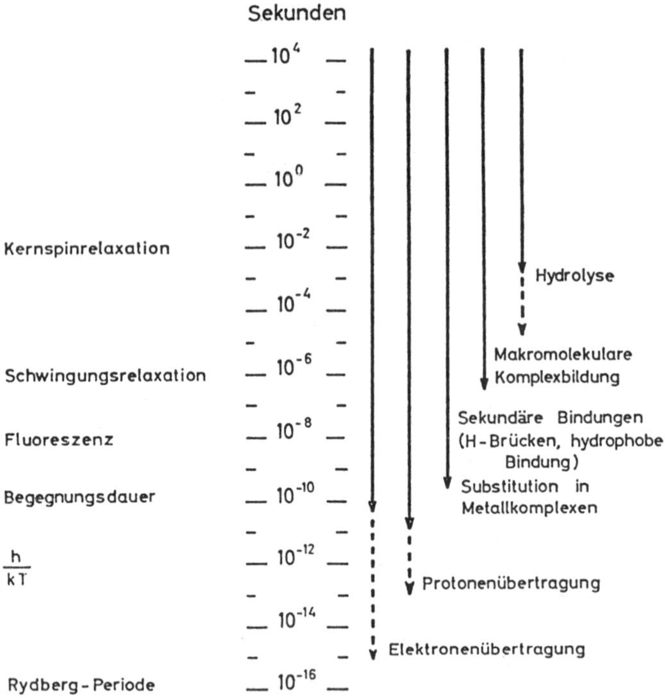

Abb. 2.43 Tabelle der Reaktionsgeschwindigkeiten.[59] – 2.43 a Zeitkonstanten der Chemie. Hier sind nur einige wichtige Reaktionsklassen aufgeführt. Von der Vielzahl der möglichen Reaktionen wird der Zeitmaßstab zwischen 10^{-4} und 10^{12} sec fast völlig überdeckt.

von Manfred Eigen sind die Möglichkeiten, chemische Reaktionsgeschwindigkeiten zu messen, bis hin zu den schnellsten Reaktionen möglich geworden, die in 10^{-9} Sekunden ablaufen.

Meistens sind in Reaktionsabläufen viele Reaktionen hintereinander geschaltet zu Kettenreaktionen, die oft verzweigt sein können. Das ist besonders in den komplexeren biochemischen Reaktionen der Fall; es werden in Kapitel 3 einige Beispiele dafür vorgestellt.

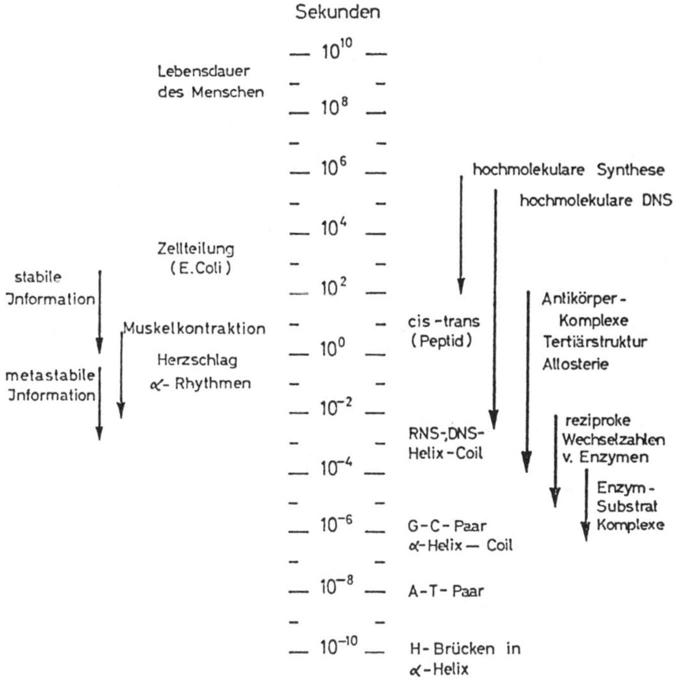

Abb. 2.43 b Tabelle der Reaktionsgeschwindigkeiten. – Zeitkonstanten der Biochemie und Biologie.

2.7.3 Ökosysteme

Im Reich des Lebendigen, im Reich der Moleküle, dem schmalen Energiefenster der Chemie, in diesen hochkomplexen Strukturen hängt alles mit allem zusammen, zu einem Netzwerk verknüpft. Das sagt die Gaia-Hypothese mehr intuitiv, es ist aber für jeden, der sich näher mit molekularen Strukturen, Reaktionsabläufen, Energieübergängen, kurz mit Chemie befaßt, eigentlich eine Selbstverständlichkeit,

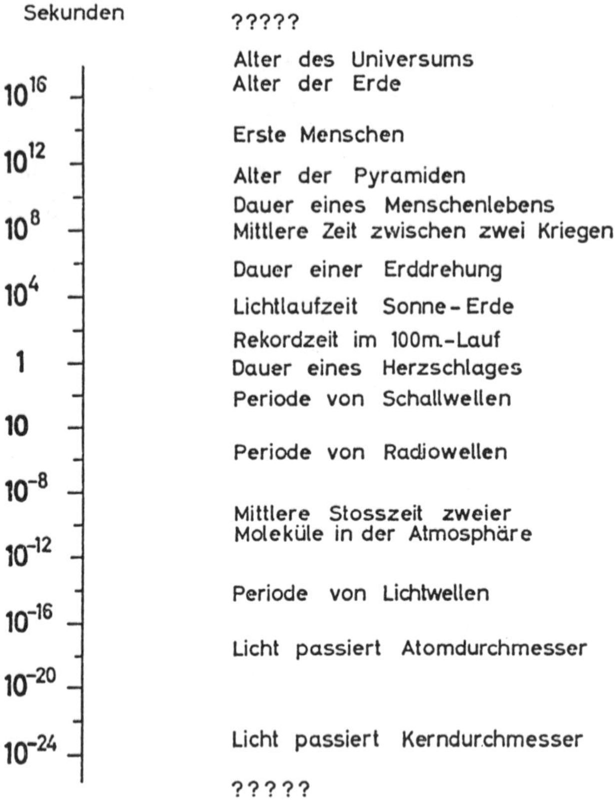

Abb. 2.43c Tabelle der Reaktionsgeschwindigkeiten. – Zeitkonstanten, in die unser Leben und der Kosmos eingebettet sind.

und zwar nicht nur im Bereich des Lebendigen, auf den ich in Kapitel 3 zu sprechen kommen werde.

In einer sauerstofffreien Uratmosphäre herrschte über Jahrmilliarden ein *Gleichgewicht*, so daß der Gehalt an Stickstoff, Methan, Ammoniak oder CO_2 nahezu konstant war. Auch ein totes Gebirge ist ein Ökosystem im Gleichgewicht, in welchem Gesteinsmassen, heiße Magma des Erdinneren,

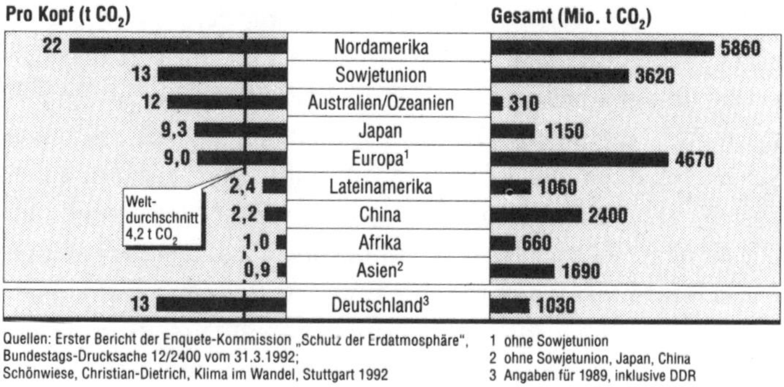

Abb. 2.44 Jährliche energiebedingte Kohlendioxyd-Emission nach Regionen (1990).[61]

Druck der Kontinentalschollen, Erosion durch Temperatur, Sonnenstrahlung oder Wasser eine bestimmte, wenn auch nicht direkt sichtbare Dynamik haben, die zur Formbildung oder -zerstörung führt.[60]

Solche gewachsenen Systeme – und alle Systeme, ob Atmosphäre oder Kontinente, sind gewachsen und haben ihre Eigenzeit – wird man nicht ohne Konsequenzen zerstören, da die Eigenzeiten der Systeme miteinander gekoppelt sind, in Resonanzbeziehung stehen. Diese *Zeitverschränkung* kann sich über sehr große Zeiträume erstrecken. Ein Beispiel ist die Zusammensetzung der Atmosphäre und der drohende Treibhauseffekt, von dem heute überall geschrieben wird. Allein in der Bundesrepublik werden jährlich etwa eine Milliarde Tonnen CO_2 erzeugt, das sind 13 Tonnen pro Kopf (vgl. Abb. 2.44).

Dabei macht sich kaum jemand klar, daß es sich bei dem erzeugten CO_2 um das *normale, unvermeidliche Abgas eines jeden Verbrennungsprozesses* handelt, das bei jeder Zentralheizung, beim Anknipsen jedes Lichtschalters, für jede Industrieproduktion, für jede Autofahrt unvermeidlich ist. Es grenzt an Volksverdummung, wenn z.B. eine seriöse Tageszeitung einen Artikel betitelt: Aus modernen Müllöfen kommt fast nur noch warme Luft![62] Es kann nicht deutlich genug gesagt werden: Das CO_2 ist kein vermeidbarer *Schadstoff* und Nebenprodukt eines Industrieprozesses wie etwa Schwefeldioxyd, Stickoxyde, Cadmium u.a., sondern es ist das *unvermeidbare Hauptprodukt* jeder Energieerzeugung. Diese übersteigerte CO_2-Produktion wird möglich durch einen Raubbau an den fossilen Brennstoffen, durch eine Aufhebung der *Eigenzeiten* von Atmosphäre einerseits und geologischer Erdgeschichte andererseits. Die fossilen Brennstoffe, also Kohle, Erdgas und Erdöl, haben sich seit 300 Millionen Jahren unter der Erdoberfläche angesammelt und sind dort festgelegt. Wenn der Mensch des Industriezeitalters diese festgelegten Vorräte innerhalb von 300 Jahren im wahrsten Sinne des Wortes verpulvert, dann wird die Eigenzeit des Systems Kohle, Erdöl und Erdgas um den Faktor von einer Million beschleunigt. Es ist klar, daß man das in einem Netzwerksystem nicht ungestraft tun kann.

Die gegenwärtige Zusammensetzung der Atmosphäre zeigt Abbildung 2.45.

Man schätzt, daß der CO_2-Gehalt bis zur Jahrtausendwende auf 370 ppm Kohlendioxyd gestiegen sein wird.

Warum war der CO_2-Gehalt der Atmosphäre bisher so relativ konstant und warum hat sich die Energie- und Stoffbilanz auf der Erde nicht wesentlich geändert? Weil in Energie- und Stoffkreisläufen der Energieverbrauch durch die Sonne und der Stoffverbrauch durch die Regenerierung von CO_2 wettgemacht wurde. Was in natürlichen biologischen Prozessen, z.B. durch Bakterien oder durch menschliche Aktivität, im normalen Rahmen zu CO_2 verbrannt wird, wird mit Hilfe der grünen Pflanzen, genauer gesagt durch das Chlorophyll der Pflanzen und den sogenannten Calvin-Zyklus (Abb. 2.46) wieder aus der Atmosphäre herausgeholt, z.B. durch die grüne Hölle des Amazonas (vgl. Anm. 64), und dem Stoffkreislauf wieder zugeführt.

Volumen (relativ)		Volumen (%)		Masse (relativ)	Masse (in kg)
1	100 %	100 %	Atmosphäre		$5{,}13 \cdot 10^{18}$ kg
		78,084 %	Stickstoff	75,52 %	$3{,}93 \cdot 10^{18}$ kg
		20,946 %	Sauerstoff	23,14 %	$1{,}19 \cdot 10^{18}$ kg
10^{-1}	10 %		Wasserdampf (obere)		
			Wasserdampf (mittlere)		
10^{-2}	1 %	0,934 %	Argon	1,29 %	$6{,}62 \cdot 10^{16}$ kg
10^{-3}	1000ppm				
		340 ppm	Kohlendioxid	500ppm	$2{,}57 \cdot 10^{15}$ kg
10^{-4}	100 ppm				
		18 ppm	Neon		
10^{-5}	10 ppm				
		5 ppm	Helium		
		2 ppm	Ozon		
		1,5 ppm	Methan		
10^{-6}	1 ppm				

Abb. 2.45 Zusammensetzung der Erdatmosphäre im Jahre 1988.[63]

Die Speisen, die wir essen, waren vor kurzem noch CO_2 in der Atmosphäre, bei Salat noch vor wenigen Tagen, bei Schnitzel vor ein oder zwei Jahren. Dadurch werden wir in die Lage versetzt zu leben, das heißt zum Beispiel zu sprechen, Muskelarbeit zu leisten, unsere Nerven mit den notwendigen elektrischen Spannungen zu versorgen oder gegebenenfalls, wie z. B. das Glühwürmchen, Licht zu erzeugen. Dieses eingespielte Gleichgewicht wird nun im industriellen Zeitalter durch eine groteske Desynchronisation total durcheinandergebracht. Die Zusammenhänge zeigt Abbildung 2.47. Aber auch der Zeitkreis der Atmosphäre war nicht immer eine Konstante und er wird seine Frequenz vermutlich auch nicht dauernd beibehalten. Die Uratmosphäre dieser Erde vor ca. 3 Milliarden Jahren war in ihrer Zusammensetzung von der

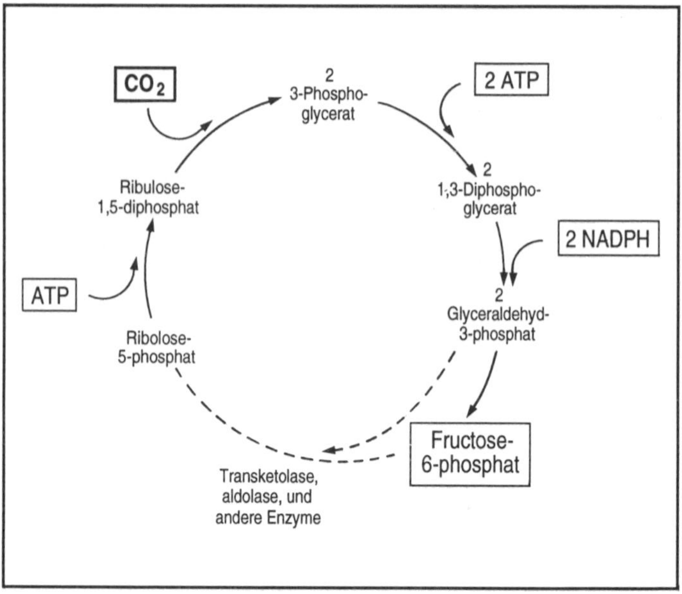

Abb. 2.46 Calvin-Zyklus der CO_2-Assimilation. Durch diesen Kreisprozeß im Blatt jeder Pflanze wird das Kohlendioxid aus der Luft herausgeholt, in Traubenzucker, Stärke und Zellulose umgewandelt und so für die Pflanze und schließlich auch für Mensch und Tier nutzbar gemacht.

heutigen vollkommen verschieden, und wir könnten darin unmöglich existieren. Sie bestand aus Wasserstoff, Methan, Stickstoff, Ammoniak, Kohlenmonoxyd, Schwefelwasserstoff und einigen anderen tödlich giftigen Gasen. Allmählich entwich der Wasserstoff in den Weltraum, und durch Photolyse des Wassers bildete sich der erste freie Sauerstoff. Auch das erste Leben der Archaebakterien entstand in dieser Uratmosphäre. Archaebakterien gibt es heute noch. Sie ernähren sich von so abstrusen Substanzen wie Methan oder Schwefeldioxid, z.B. in vulkanischen Quellen. Vor etwa 4 Milliarden Jahren trat dann für diese Urlebewesen die erste globale Umweltkatastrophe ein: Grünalgen und die ersten primitiven

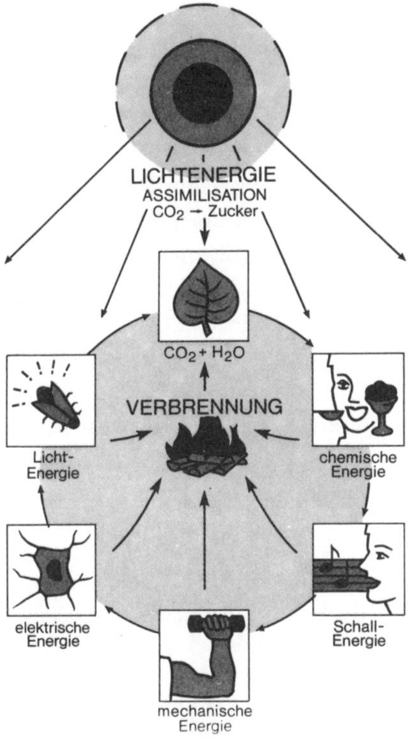

Abb. 2.47 Kreislauf der Energien des Lebens. Der Kreislauf wird letzten Endes von der Kernfusionsenergie der Sonne angetrieben.

Pflanzen machten sich daran, das reichlich vorhandene Kohlendioxyd als Nahrungs- und Kohlenstoffquelle zu benützen, indem CO_2 in Kohlenstoff, der in die Pflanzen eingebaut wurde, und in Sauerstoff, der in die Atmosphäre abgegeben wurde, zerlegt wurde. Dadurch sank die Menge von CO_2 ständig, und die Atmosphäre wurde sauerstoffreicher, wurde oxidativ. Jetzt erst konnten atmende Organismen die Oberhand gewinnen, die mit Hilfe des nunmehr vorhandenen Sauerstoffs den assimilierten Kohlenstoff der Pflanzen wieder verbrannten. Der in Abbildung 2.47 gezeigte Kreislauf trat in Aktion, die Archaebakterien waren in ihrer Existenz auf schwerste bedroht und mußten sich beispielsweise in vulkanische Schwefelquellen mit ihrem ›teuflischen‹ Gestank zurückziehen, wo sie heute noch ein Restdasein fristen. Wird die Atmosphäre als Folge der anthropogenen Einwirkungen noch einmal umkippen, und werden dann nach einer globalen Totalkatastrophe einige wenige Menschen ein kümmerliches Restdasein unter Glasglocken oder in Raumfahreranzügen führen müssen, weil wir die Eigenzeiten der Systeme nicht berücksichtigt haben? Ein Überleben gäbe es nach dem Umkippen der Atmosphäre natürlich nicht.

Die Welt evolviert. Sie geht durch Bifurkationspunkte. Sie ist geschichtlich, sie evolviert zunächst physikalisch, danach chemisch, dann biologisch und schließlich in unseren Köpfen geistig.

> Unsere Welt ist vom Urknall bis zum homo sapiens durch den Prozeß der Evolution entstanden. [...] Was wir heute als natürliche Umwelt vor uns sehen, ist eine Momentaufnahme. Und wir glauben, das müßte nun alles so bleiben!? Aber vielleicht sind wir an einem Punkte angekommen, wo die letzte Stufe der Evolution, die biologische, zu Ende geht, wo wir sie zu einem Ende gebracht haben, wo nun tatsächlich alles so bleiben muß. Evolution ist eben nicht nur Veränderung, sondern auch Aussterben. Evolvierende Systeme müssen sterben können. *Oder umgekehrt: Nur Systeme, die das Sterben in ihrem Lebensprogramm haben, können evolvieren.* Wer langfristig überleben will, muß die Evolution anhalten. Und genau an diesem Punkte ist die Menschheit heute angelangt, das bedingt ihre Krisen und ihre Chancen.
>
> Warum hat die Entwicklung des Gehirns dem Menschen einen biologischen Vorteil gebracht? In der Doppelhelix unserer Erbanlagen sind etwa 4×10^9 Bits an Information enthalten, nach Genen, Erbanlagen usw. geordnet. Heute produziert die Menschheit schätzungsweise jährlich 10^{18} Bits an neuer nichtgenetischer Information pro Jahr. Pro Jahr produzieren

wir eine Milliarde mal mehr Information und geben sie an die nächsten Generationen weiter, als wir dies in einer Generation von 30 Jahren durch unsere Erbanlagen können. Selbst wenn nur jeweils ein kleiner Teil dieser Information aus Bibliotheken, Archiven und Datenspeichern abgerufen oder vom Kindergarten bis zur Eliteuniversität pädagogisch vermittelt wird – rechnen wir einmal der millionste Teil –, so bleibt immer noch eine Akzeleration der Entwicklung dieser Erde durch den Menschen um den Faktor eine Million (übrigens der gleiche Faktor wie beim Raubbau der fossilen Brennstoffe). Das heißt schlicht: Die biologische Evolution des Menschen ist zu Ende.

Die biologische Evolution geht nach den Darwinschen Gesetzen vor sich. Ende des 19. Jahrhunderts und bis in das 20. Jahrhundert (z.B. bei Lyssenko) herrschte ein erbitterter Streit zwischen Darwinisten und Lamarckisten. Auf die Frage: Warum haben die Giraffen lange Hälse? antworteten die Darwinisten: Weil in der Savanne die Fähigkeit zum Abrupfen von Blättern hoher Bäume einen Überlebensvorteil darstellte, hatten gewisse langhalsige Antilopen bessere Vermehrungschancen; die kurzhalsigen starben aus. In Jahrmillionen entwickelte sich auf diese Weise die Giraffe. Die Lamarckisten sagten: Die Giraffen reckten ihre Hälse nach den Blättern, sie trainierten ihre Hälse und waren dann in der Lage, die erworbene Eigenschaft ›langer Hals‹ direkt an ihre Nachkommen weiterzuvererben. Das Erstaunliche ist: Der Mensch ist durch seinen Geist zu einem Lamarckschen Wesen geworden! Wenn er fliegen will, braucht er nicht Tausende von Generationen zu warten, mit den Armen zu schlagen, bis ihm zwischen den Fingern Flughäute und schließlich Flügel wachsen, sondern er erfindet Flugmaschinen. Wenn er nicht frieren will, braucht er nicht einen Eisbärpelz über tausend Generationen genetisch zu erwerben. Entweder schießt er einen Eisbären und benützt das Fell, oder er drückt auf den Knopf der Zentralheizung. *Wir, die Lamarckschen Wesen, können unsere Wünsche direkt in ›Erbeigenschaften‹ umsetzen.* Jawohl, Erbeigenschaften! Allerdings nicht solche, die in der Doppelhelix festgelegt sind. Aber es sind Kenntnisse, Fähigkeiten, Instrumente, Sitten, Ge-

> bräuche, Moralvorschriften, die durch Erziehung, in Bibliotheken, in der Umgangssprache, in gesellschaftlichen Normen, in politischen Systemen niedergelegt sind und weitergegeben werden.
>
> Das qualitativ Neue an der gegenwärtigen Situation besteht darin, daß der Mensch in den letzten Jahrzehnten gelernt hat, die technisch-manipulativen Fähigkeiten auf seine eigene und die ihn umgebende Natur anzuwenden. Er kann seine Ideen der Natur aufprägen. Naturgeschichte wird zu Geschichte.[65]

Was heißt das? Seit der Mensch in der Vorgeschichte in die Natur einzugreifen begann, hat er versucht, die Evolution in Teilen der Natur in bestimmte Richtungen zu lenken – häufig nicht bewußt, sondern durch Symbiose. Um nur ein Beispiel zu nennen: Für die restefressenden Schakale an den Lagerfeuern des Menschen war es auf die Dauer vorteilhaft, sich dem Menschen als Haushund anzuschließen. Solange der Mensch noch Teil der Natur war, war auch dies nur Beschleunigung in eine bestimmte Richtung, Teil der natürlichen Evolution und somit nicht von ihm zu verantworten. Zwar ist der Mensch auch jetzt noch ein biologisches Wesen und insofern Teil der Natur, durch seine Aktivitäten ist aber die biologische Evolution im technisch-kulturellen Fortschritt aufgegangen, beziehungsweise in die Hand und Verantwortung des Menschen gegeben.[66]

Mit dem technischen Zeitalter seit 150 Jahren und besonders mit dem Eintritt in das biotechnische Zeitalter seit zehn Jahren tritt erstmalig eine bis dahin nicht gekannte Interaktion zwischen dem Reich der Ideen (Poppers Welt III) und der Natur (dem Reich Evolution) auf. Diese neuartige, vom Menschen hervorgebrachte und von ihm zu verantwortende Rückkopplung kann der Naturgeschichte die gleiche Instabilität, den gleichen Komplexitätsgrad, die gleiche Krisenanfälligkeit aufprägen, wie wir sie in der historischen Geschichte beobachten. Diese Wechselwirkung droht außer Kontrolle zu geraten und zur globalen ökologischen Katastrophe oder zum Atomtod oder zur genetischen Totalmanipulation zu führen. Der Mensch steht zwar in der Geschichte, aber er macht sich auch *seine* Geschichte. Die Materie, die biologischen Grundlagen, die materiellen Gegebenheiten dieses Erdballs, im vortechnischen Zeitalter noch das Leben *und* Denken bestimmend, setzen heute nur noch Randbedingungen, die mit dem Fortschreiten der Naturwissenschaften mehr und mehr zurückgedrängt werden zugunsten einer ausschließlich aus dem Bereich des menschlichen Denkens gestalteten Naturgeschichte.

Die Reaktionen des Menschen sind die Reaktionen seines Zentralnervensystems einschließlich des von diesem gesteuerten hormonalen Systems. Sie sind von einer unendlichen Mannigfaltigkeit. Deshalb ist Geschichte qualitativ verschieden von Naturgeschichte. Durch die Eroberung und schrankenlose Ausbeutung der Natur prägt der Mensch nicht nur die Natur, sondern er zwingt ihr auch seine historischen Gesetze und Instabilitäten auf. Die Naturgeschichte, die Evolution, die wir erst jetzt, am Ende dieses Jahrtausends, ganz zu erkennen vermögen, *könnten* wir als abgeschlossen ansehen, sie zufrieden, historisierend in der Rückschau betrachten, als überwundene barbarische Epoche der unumstößlichen Geltung der grausamen Evolutionsgesetze, von denen wir uns nun – endlich – nach zehn Millionen Jahren der Geschichte der Menschheit befreit haben. *Wir könnten. Aber wir dürfen nicht.*

»An diesem *Kreuzweg von Geschichte und Naturgeschichte* ist – erstmalig in der Geschichte unserer Welt – uns die moralische Verantwortung nicht nur für unsere Geschichte (und ihre Verbrechen), sondern auch für die *Naturgeschichte* (und die Verbrechen an ihr) auferlegt – und wir werden sie tragen müssen.«[65, 66, 67, 68]

Der jüngste Bericht über die Grenzen des Wachstums läßt vermuten, daß wir nicht mehr sehr viel Zeit haben.[69] Die ökologische Krise ist durch eine vom Menschen herbeigeführte Entkoppelung der Eigenzeiten entstanden, die nun nicht mehr miteinander in harmonische Resonanz treten können, sondern ungebremst zu rasen beginnen und sich dabei total verzehren.

Lauf' nicht, geh' langsam:
du mußt nur auf dich zugehn!

Geh' langsam, lauf' nicht,
denn das Kind deines Ich, das ewig
neugeborene,
kann dir nicht folgen![70]

3. Lebenszeit

3.1 Evolution – unser Stammbaum

Das [...] physikalisch determinierte Verhalten von Selektion [...] ist eine Nichtgleichgewichts-Eigenschaft, die nicht minder determiniert und an Voraussetzungen geknüpft und doch vollkommen andersartig ist als Gleichgewicht. Wenn man fragt, was denn eigentlich das Kriterium für eine Selektion, beziehungsweise für die Entstehung von Information sei, so lautet die Antwort: Es ist allein die selbstreflexive Informationsbewertung durch Reproduktion, die sich auf die gesamte Quasispezies bezieht. Selektion basiert auf der chemischen Eigenschaft der Komplementarität, die damit zur Grundlage nicht nur für die Erhaltung, sondern auch für die Möglichkeit zur Entstehung von Information wird. Gewiß wird mit steigendem Komplexitätsgrad der Lebewesen die Bewertung der Information eine äußerst komplizierte Funktion vieler Parameter. Sogar bei den primitivsten Formen muß die Umwelt gewisse Voraussetzungen erfüllen. Das Lebewesen schafft sich zunächst durch Abkapselung eine eigene, innere Welt, die in immer komplizierterer Weise mit der Außenwelt kommuniziert. Zur Umwelt gehören freilich auch andere Lebewesen, gehört darüber hinaus Information über die Umwelt. Die belebte Natur baut auf diese Weise einen Informationsfundus auf, der komplizierteste Funktionen ihrer Informationserhaltung und -erweiterung dienstbar macht. Was vielleicht am bemerkenswertesten ist: Wir haben einen einfachen Algorithmus gefunden, der hinter der komplexen Wirklichkeit des Lebens steht. Es ist ein im Verhalten der Materie begründeter Algorithmus, dessen Wirkungen – in der Erzeugung von Information – das Materielle transzendiert.[1]

3.1.1 *Unser Stammbaum als Zeitbaum*

Manfred Eigen hat uns wesentliche Einsichten in den Mechanismus der Evolution vermittelt und die Theorie vom Hyperzyklus entwickelt, der eine Art Algorithmus für evolvierende Systeme darstellt.[2] Bevor ich jedoch in 3.1.2 näher darauf eingehe, will ich den Evolutionsstammbaum genauer betrachten. Die Zuordnungen und Relationen im Reich des Lebendigen lassen sich eben nicht durch lineare Trajektorien, durch Kreis- oder Ellipsenbahnen darstellen, sondern in Stammbäumen mit vielen Zweigen und charakteristischen Bifurkationen. Durch eine oder mehrere Mutationen entsteht eine neue Spezies – oder genauer gesagt ein Lebewesen mit einer neuen Erbeigenschaft, die dieses Lebewesen qualitativ verschieden macht von seinem Vorgänger. Eine solche Mutation/Bifurkation läßt etwas Neues, etwas vorher nie Dagewesenes in die Welt treten, ein Lebewesen, dessen neue Existenz so niemals voraussagbar gewesen wäre. Freilich ist man auch hier hinterher schlauer und kann argumentieren: Natürlich mußte sich der harmlose Schmetterling das Mimikri einer Hornisse zulegen, um abschreckend zu wirken. Er mußte keineswegs! Es war nicht einmal naheliegend. Der Evolutionsstammbaum ist ein typisches, geradezu paradigmatisches Bifurkationssystem mit chaotischen Durchgängen einerseits, in denen die Strukturen sich irreversibel ändern, und Zeiten oder Strecken stabiler Strukturen andererseits. Im Evolutionsstammbaum können die Eigenzeiten der verschiedenen Äste völlig verschieden sein: Die Spezies homo sapiens gibt es seit etwa 100000 Jahren (wenn man vom homo heidelbergensis an rechnet) – ob sie noch weitere 100000 Jahre aushalten wird, mag fraglich erscheinen –, die Kopffüßler-Schnekken (Nautilus), die man in der Schwäbischen Alb massenhaft, und auch in der Umgebung von Göttingen, als 200 Millionen Jahre alte Versteinerungen (Ammoniten) findet, gibt es im Pazifik heute noch in nahezu unveränderter Gestalt.

Charles Darwin hat mit seiner *Entstehung der Arten* die Idee der Evolution erstmalig vorgeschlagen.[3]

Die Idee der Evolution ist durch Darwin zum erstenmal in klarer Form in die Wissenschaft eingeführt worden. Er hat als erster einen Stammbaum der Arten gesehen und aufgestellt, wenn auch seinerzeit noch sehr unvollständig. Mit seiner Historisierung der Natur, mit der erstmaligen Einführung einer wirklichen Naturgeschichte hat Darwin einen Paradigmenwechsel herbeigeführt, der eine ›wissenschaftliche Revolution‹ im Sinne von Thomas Kuhn[4] bedeutet.

Die bis dahin statische, in sich ruhende Natur steht nur für das Auge des kurzzeitigen Beobachters stille. In Wahrheit stellt sie einen dynamischen Prozeß dar, in dem eines sich aus dem andern entwickelt. Das System der Natur evolviert.

Die Darwinsche Theorie ist bekannt. Unter Selektionsdruck werden aus den genetischen Varianten einer Art diejenigen überleben und sich fortpflanzen, die sich der jeweiligen Umwelt am besten anpassen können, und so driften die Arten immer weiter auseinander. Die Variation der Arten geht aus von Punktmutationen in den jeweiligen Genen. Die meisten Mutationen sind unvorteilhaft und führen zu einem Aussterben der betreffenden genetischen Variante. Die wenigen vorteilhaften Änderungen pflanzen sich fort.

Darwin hatte durch Vergleich der Merkmale Verwandtschaften festgestellt, und die Paläontologen haben aus Versteinerungen weiter zurückliegende Verwandtschaften rekonstruiert. Eine biochemische Taxonomie hat solche Stammbäume in den letzten fünfzig Jahren verfeinern können. Heute ist die zuverlässigste Methode die Sequenzanalyse der Nukleinsäuren. Ein bestimmtes Gen, zum Beispiel das des Hämoglobins oder des Cytochroms c (eines der Atmungsenzyme) oder der sogenannten 5-s-RNS, wird aus den verschiedensten Arten isoliert und seine Sequenz verglichen. Je weiter die einzelnen Arten entwicklungsgeschichtlich voneinander entfernt sind, desto größer sind die Unterschiede in den Basensequenzen. Man kann dies direkt auszählen.

In Abbildung [3.1] ist der Stammbaum höherer Lebewesen

anhand der Basenunterschiede des Gens für das Enzym Cytochrom gezeigt. Man kann zum Beispiel daraus sehen, daß zwischen den heutigen Affen und den Menschen nur ein Unterschied von einem Nukleotid besteht

$$(0{,}8 + 0{,}2 = 1).$$[5]

Auf gleiche Weise läßt sich der Evolutionsstammbaum der gesamten Tier-, Pflanzen- und Bakterienwelt ableiten anhand der 5-s-RNS, einer Nukleinsäure, die bei der Biosynthese der Proteine eine wichtige Rolle spielt und in allen Lebewesen, vom primitivsten bis zum Menschen, vorhanden ist.[6] Der Zusammenhang der Arten läßt sich heute nicht nur qualitativ, sondern auch quantitativ an der Zahl der veränderten Basenpaare direkt ablesen. Danach kann an der Gültigkeit der Darwinschen Beschreibung der evolvierenden Natur also kein Zweifel mehr bestehen. Aber ist die Zahl der Basenpaare das einzig mögliche Kriterium? Sind Mensch und Affe wirklich als Spezies so nahe beieinander wie Pferd und Esel? Gibt es nicht auch noch andere Kriterien als die in der Molekularbiologie ablesbaren?

Wenden wir uns zunächst der Frage zu: Was bestimmt die Richtung der Evolution, nach welchen Kriterien verzweigen sich Stammbäume? Die Darwinsche Theorie löst vitalistische, teleologische Schöpfungstheorien endgültig ab, obwohl das Darwin selbst zunächst nicht voraussah, und stellt ein operationelles Schema aus Zufall und Notwendigkeit vor.[7]

Durch einzelne Punktmutationen oder, wie wir heute wissen, durch Übertragung von größeren Genstücken mit Hilfe von Plasmiden, das sogenannte ›Exon Shuffling‹, entsteht eine mehr oder weniger große genetische Variationsbreite, aus der dann die Selektion erfolgt. So gesehen geschieht an jedem Verzweigungspunkt ein irreversibler Schritt. Das Genom ändert sich; die neuen Eigenschaften passen sich in die Umwelt ein und behaupten dort ihren neuen Platz, aus dem sie nicht mehr herausspringen können, aber wenn sie sich nicht in die Umwelt einpassen, geht das Lebewesen unter. Jeder Verzweigungspunkt der Evolution ist also ein Sprung. Evolution, die, von außen betrachtet, ein kontinuierliches System des Lebendigen darstellt und gerade deshalb auch von Darwin entdeckt

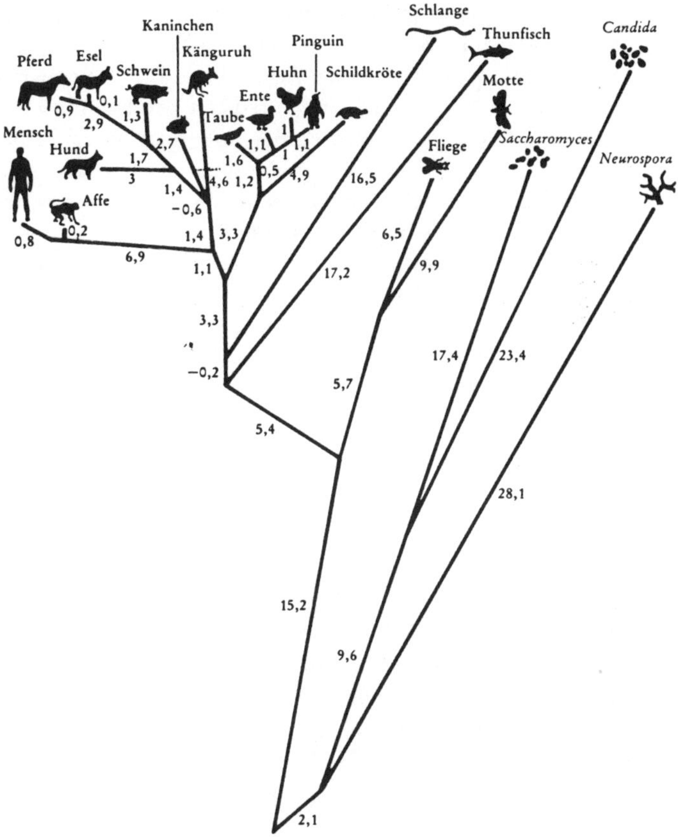

Abb. 3.1 Rekonstruktion des phylogenetischen Stammbaums des Cytochroms c auf der Basis vergleichender Sequenzanalysen. An den einzelnen Ästen ist jeweils die minimale Zahl von Nukleotidsubstitutionen in der DNS der Gene angegeben, mit der sich die empirisch ermittelten Unterschiede in der Aminosäuresequenz des Cytochroms c erklären lassen. Der hieraus resultierende Evolutionsbaum des Cytochroms c stimmt bis auf geringfügige Abweichungen mit dem makroskopischen Evolutionsbaum überein, wie er aufgrund paläontologischer Befunde rekonstruiert wird.[5]

> werden konnte, ist in ihrem tatsächlichen Mechanismus diskontinuierlich im physikalischen und mathematischen Sinne. Sie findet in einer irreversiblen Zeitskala statt. Dies ist ein tief einschneidender physikalischer Paradigmenwechsel. Newton hatte die Zeit als skalare Meßgröße im Prinzip als reversibel angenommen: Wurfbahnen, sogenannte Trajektorien, sind wiederholbar, Pendel schwingen hin und her, die Planeten bewegen sich periodisch. Für Newton sind irreversible Fälle Sonderfälle, die, zumindest im Rahmen der Physik des 18. Jahrhunderts, nicht behandelt werden können. Nun stellt sich seit Darwin heraus, daß die realistischen Fälle, die unser Leben und unsere Existenz betreffen, irreversibel sind. Demnach ist die Newtonsche Physik ein Sonderfall.[8]

Und auch die Newtonsche Zeit ist ein Sonderfall, ein Begriff, der sich auf die Zeit des Lebendigen nicht anwenden läßt. Das Lebendige in seiner Vielfalt kann nur mit einem Zeitmodus beschrieben werden, der dieser Vielfalt gerecht wird. Eine Art entsteht in einem qualitativen, die Struktur destabilisierenden Sprung, t_i, sie stabilisiert sich dann nach der Bifurkation wieder zu einer rhythmisch-zyklischen neuen Struktur, findet ihre körperlichen Rhythmen und Kreisläufe, synchronisiert sich mit den Periodizitäten der Umwelt, tritt in Resonanz mit Artgenossen, Symbionten oder Feinden, kurz: sie schwingt in einen t_r-Modus ein. Auch die Generationszeit gehört zu den stabilisierenden Eigenzeiten, den Eigenfrequenzen, die, präzise abgestimmt, die Art zu erhalten helfen.

3.1.2 Der Hyperzyklus

Vor der Evolution der Arten vom primitiven Einzeller an – mit der sich Darwin ausschließlich befaßte – muß eine ›molekulare Evolution‹ von einfachen, ungeordneten Molekülen hin zur Zellstruktur vor sich gegangen sein. Zwischen der Entwicklung vom Urknall über die galaktischen Systeme, über die Planetensysteme, über die wüste und leere Erde bis hin zur ersten lebenden Zelle sind die ›Missing Links‹ noch nicht gefunden. Sie werden wohl auch niemals gefunden werden, jedenfalls nicht im Sinne der klassischen Paläontologie. Man kann aber trotzdem auf zweierlei Weise dem Problem der Entstehung des Lebens näherkommen: Einmal durch experimentelle Nachahmung der damals herrschenden Bedingungen und zum andern durch theoretische Überlegungen und Rückschlüsse aus den jetzt vorhandenen molekularen Strukturen.

In vielen inzwischen schon klassisch gewordenen Versuchen konnte bewiesen werden, daß diejenigen Substanzen, aus denen lebendige Strukturen zusammengesetzt sind, also Aminosäuren und Nukleotide, in der Natur im Prinzip spontan unter entsprechenden Bedingungen entstehen können. Wenn man annimmt, daß es vor etwa drei Milliarden Jahren eine Art ›Ursuppe‹ gab, also Pfützen, in denen eine Menge organischer Substanzen gelöst waren: Blausäure, Aldehyde, Amine, einfache Heterozyklen usw., dann könnten unter dem Einfluß elektrischer Entladungen oder vulkanischer Erscheinungen chemische Reaktionen stattgefunden haben, in denen diese organischen Substanzen spontan die einfachen Aminosäuren oder Basen der Nukleinsäuren bilden. Versuche, die diese Urbedingungen auf der Erdoberfläche nachahmen, sind in vielen Laboratorien der Welt gemacht worden. Dabei hat man die entscheidenden Aminosäuren, zum Beispiel Glyzin und Alanin, und die entsprechenden Nukleotide Adenosin oder Guanosin gefunden. Manche dieser organischen Verbindungen kommen auch in Meteoriten vor. Zyanide und Kohlenstoffradikale sind spektroskopisch im Weltraum nachgewiesen worden. Im Prinzip gibt es eine ›spontane organische Chemie‹ in unbelebten Systemen. Es fragt sich nur, wie aus diesen unbelebten Systemen sich selbst reproduzierende und selektierende Molekülgruppen und schließlich Lebewesen entstehen können.

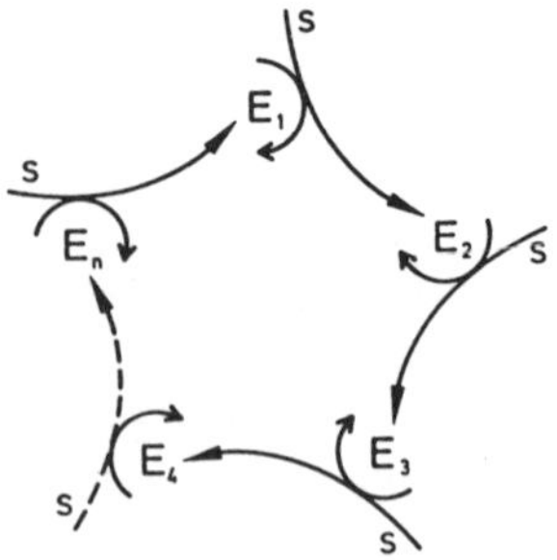

Abb. 3.2 Katalytischer Zyklus, in dem mehrere Enzyme zusammengeschaltet sind, so daß ein kontinuierlicher Stoffwechsel erfolgen kann. Ein detailliertes Beispiel ist der Zitronensäurezyklus, der in Abbildung 3.6 dargestellt ist. Ein katalytischer Zyklus führt definitionsgemäß in sich zurück und kann demnach als Autokatalysator bezeichnet werden.

Man kann bei der Entstehung des Lebens nicht den ungesteuerten Zufall als einzige Erklärung heranziehen, die Entwicklung des Lebens auf der Erde ist viel schneller gegangen, als daß sie auf einfachen statistischen Schwankungen beruhen könnte. Vielmehr muß von Anfang an ein Selektionsmechanismus wirksam gewesen sein, der die ›richtigen‹ Moleküle ausgewählt und ihnen das ›Weiterleben‹ ermöglicht hat. Da es eine Bewertungsskala für ›falsch‹ und ›richtig‹, zum Beispiel in bezug auf Schnellerfliegen, bessere Tarnfarbe, Anlokken von Bienen usw. noch nicht gab, so kann es damals nur ein einziges Kriterium der Selektion gegeben haben: die schnellere Selbstreproduktion eines Makromoleküls, das Information enthält. Versuche zur Selbstreproduktion von Makromolekülen, die den damaligen Bedingungen entsprechen könnten, kann man heute machen, und zwar mit Hilfe des Bakteriophagen Qß und seiner Replikase, das heißt also mit demjenigen Enzym, welches diesen Phagen kopiert.[2]

Der Mechanismus der Selbstorganisation von Molekülen läßt sich nach Manfred Eigen in einer gänzlich neuartigen Theorie beschreiben, der Theorie des Hyperzyklus.[2] Alle biochemischen Reaktionen sind enzymatische Reaktionen, sie werden durch Enzyme katalysiert. Mehrere Enzyme können dabei zu katalytischen Zyklen zusammengeschlossen sein, wie man das z. B. beim Zitronensäurezyklus kennt. Schematisch ist in Abbildung 3.2 ein solcher katalytischer Zyklus wiedergegeben. Er stellt ein höheres Organisationsniveau der Katalyse dar. Die einzelnen Enzyme des Zyklus E_1 bis E_n sind Katalysatoren. Die Produkte der jeweiligen Katalysen sind Katalysatoren für die nächste Reaktion. Ein katalytischer Hyperzyklus (Abb. 3.3) besteht wiederum aus einer Zusammenschaltung von mehreren katalytischen Zyklen, die jeweils zwei Funktionen erfüllen müssen, nämlich: Erstens müssen sie in der Lage sein, sich selbst zu reproduzieren, und zweitens müssen die von ihnen erzeugten Produkte den darauffolgenden Zyklus unterstützen.

Das ist genauer dargestellt in Abbildung 3.3. Die Informationsträger I haben zwei Arten von Instruktionen, eine für ihre eigene Reproduktion und die andere für die Übertragung in einen zweiten Typ von Zwischenprodukt, welcher die Funktion des nächsten katalytischen Zyklus unterstützt. In einem solchen System sind verschiedene Randbedingungen zu beachten.

1. Das System muß einerseits seine Information behalten und unverändert weitergeben können. Die Information, etwa für die Sequenz einer Nukleinsäure, darf nicht rasch aussterben. Andererseits muß die Information veränderbar sein, das System muß lernen können. In der Sprache der Nukleinsäure bedeutet Veränderung eine Mutation, einen Austausch eines Nukleinsäure-Bausteins, das heißt: die Reihenfolge der Nukleinsäure-Bausteine muß sich verändern können. Beide Forderungen müssen erfüllt sein: Konstanz und Veränderbarkeit. Zwischen ihnen muß ein Kompromiß gefunden werden, und der ist für die einzelnen Lebewesen je nach Evolutionshöhe, Länge des Genoms oder Einflüssen der Umgebung sehr verschieden. Der Phage Qß mit seinem kurzen Informations-

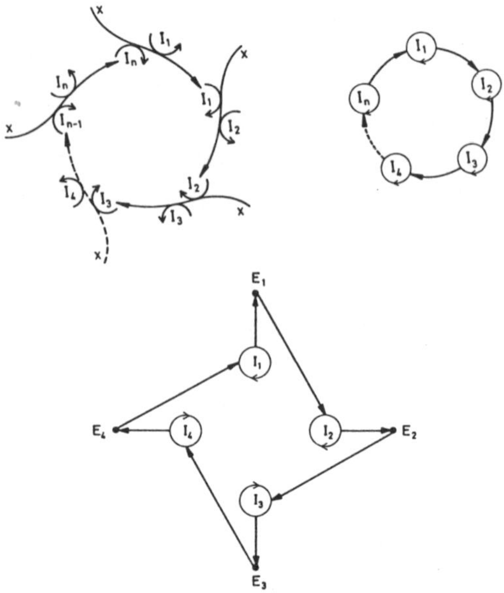

Abb. 3.3 Oben: Katalytischer Hyperzyklus. I ist eine selbstinstruktive Einheit (angezeigt durch den kleinen Pfeil), die durch die Reproduktion des folgenden Zyklus unterstützt wird (angezeigt durch den großen Pfeil). – Unten: Der Informationsträger I enthält die Information für seine eigene Reproduktion und außerdem Information für die Übersetzung eines zweiten Typs von Zwischenprodukt mit optimalen funktionalen Eigenschaften, in der Regel eines Enzyms. Dieses vom Informationsträger erzeugte Enzym unterstützt die Tätigkeit des folgenden Informationsträgers.

träger von 3500 Basen kann sich besonders rasch verändern. Die Genauigkeit der β-Replikase beträgt etwa einen Fehler in 3500, das heißt pro Kopiervorgang der RNS findet ein Austausch statt, der die Basis für die Evolution der Eigenschaften darstellt. Als eine Faustregel kann man annehmen, daß pro Kopiervorgang des gesamten Genoms etwa ein Fehler entsteht. Beim Menschen also wäre die Genauigkeit des Kopierens der DNS ein Fehler in 10^9 bis 10^{10} Basenpaaren.

2. Ein evolvierendes System darf, wenn es evolutionsfähig

bleiben soll, nicht in eine Sackgasse geraten, in ein Energieminimum, in ein Loch oder Tal, aus dem es nicht wieder herausfindet. Evolution ist ja dadurch charakterisiert, daß sie immer weitergeht. Die einzelnen Spezies dürfen trotz selbständiger Entwicklung nicht vollkommen voneinander abgekoppelt werden. Evolution ist ein interaktives Netzwerk und ist offensichtlich immer ein Netzwerk gewesen, sonst bestünde die lebendige Welt aus lauter Sackgassen, das heißt aus fossilen, ausgestorbenen oder zum Aussterben verurteilten Tieren an den jeweiligen Enden von abstrusen Entwicklungen, also etwa aus Sauriern oder Riesenhirschen mit absonderlichen Geweihen – aus Lebewesen, deren Entwicklungsreihen sich nicht mehr fortsetzen können, weil sie nicht mehr Teil des interaktiven Netzwerks Evolution sind.

Die Eigensche Theorie der Hyperzyklen trägt diesem Tatbestand Rechnung und ist wohl derzeit die beste Beschreibung des Mechanismus der molekularen Evolution. Auf den umfangreichen biochemischen Teil und den bestechend schönen mathematischen Teil dieser Theorie kann hier nicht näher eingegangen werden. Hierzu sei auf die Monographie von Manfred Eigen und Peter Schuster[2] verwiesen.

In Abbildung 3.4 ist das Schema der Evolution vom einfachen Makromolekül bis zur integrierten Zellstruktur noch einmal zusammengefaßt, so wie es sich nach der Theorie der Hyperzyklen darstellt.

Diese Theorie ist für das Verständnis des Mechanismus der Evolution vergleichsweise dasselbe wie die Quantenmechanik für die Physik der Elementarvorgänge. Die Heisenbergsche Quantenmechanik ist eine allgemeine Methode und Darstellungsform zur Beschreibung physikalischer Elementarvorgänge, die dem statistischen Charakter und der Unschärfe dieser Prozesse Rechnung trägt. Der Eigensche Hyperzyklus ist eine allgemeine mathematische Formulierung aller möglichen evolvierenden Systeme, die dem rückgekoppelten Charakter der Evolution Rechnung trägt. Die Quan-

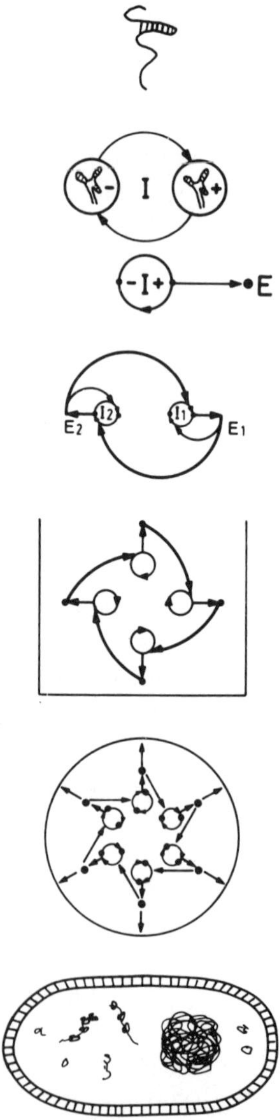

Abb. 3.4 Hypothetisches Schema der Evolution vom einzelnen Makromolekül bis zur integrierten Zellstruktur nach der Theorie der Hyperzyklen.[2]

tenmechanik ist eine mathematische Beschreibungsmethode und nicht »die Erklärung der Physik«. Im gleichen Sinne ist die Hyperzyklentheorie eine mathematische Beschreibungsmethode und nicht »die Erklärung der Evolution«.[9]

Fassen wir zusammen: Der Hyperzyklen-Mechanismus stellt ein raum-zeitliches bzw. struktur-zeitliches Selbstorganisationsschema vor, in welchem selbsterhaltende, sich selbst reproduzierende Zyklen, Zeitkreise, Kreisprozesse, t_r, kombiniert sind mit innovativen Strukturzeit-Sprüngen, t_i. In immer neuen Bifurkationen evolvieren replizierbare Makromoleküle, der genetische Code, Nukleinsäuren und Proteine.

3.2 Ontogenese – der innere Stammbaum des Individuums

Weißt Du die Zeit, wann die Gemsen auf den Felsen gebären?
Oder hast du gemerkt, wann die Hinden schwanger gehen?

Hast du gezählt ihre Monden, wann sie voll werden?
Oder weisst du die Zeit, wann sie gebären?

Sie beugen sich, lassen aus ihre Jungen
und werden los ihre Wehen.

Ihre Jungen werden feist und groß im Freien
und gehen aus und kommen nicht wieder zu ihnen.

[...]

Der Fittich des Straußes hebt sich fröhlich.
Dem frommen Storch gleicht er an Flügeln und Federn.

Doch läßt er seine Eier auf der Erde
und lässt sie die heisse Erde ausbrüten.

Er vergißt, daß sie möchten zertreten werden
und ein wildes Tier sie zerbreche.

Er wird so hart gegen seine Jungen, als wären sie nicht sein,
achtets nicht, daß er umsonst arbeitet.[10]

Der Autor des Buches Hiob macht sich Gedanken über den ›Automatismus‹ des Lebendigen, darüber, daß Leben sich scheinbar von selbst entwickelt: Der Strauß legt sein Ei in den warmen Sand, kümmert sich nicht mehr darum, und doch wird daraus ein prächtiger neuer Straußenvogel. Der menschliche Embryo ist zwar im Mutterleib wesentlich besser behütet, ernährt, eingebettet, aber auch er entwickelt sich von selbst, nach seinem eigenen Programm, das – wie wir heute wissen – in seinen Genen festgelegt ist; das *lineare Informationsband* der DNS (Desoxyribonukleinsäure) enthält also nicht nur die *räumliche Strukturinformation* für den künftigen Organismus, sondern auch das exakte *zeitliche Programm* seiner Entwicklung von der einen befruchteten Eizelle zum fertigen Lebewesen mit vielen Milliarden von hochdifferenzierten Zellen genau zur richtigen Zeit an den ihnen zugewiesenen Plätzen – ein kaum faßliches zeitlich-topologisches Problem!

Wissenschaftlich ist dieses Struktur-Zeit-Problem, das Problem der Ontogenese, noch keineswegs gelöst, aber wichtige erste Ansätze der Entwicklungsbiologie sind gemacht. Man arbeitet dabei wie stets in der Forschung zunächst an möglichst einfachen Modellen. Der kleine, ›primitive‹ Wurm *Caenorhabditis elegans*, ein Nematode, der sich von Fäkalien und allerlei Unrat ernährt, aber auch leicht im Labor gezüchtet werden kann, hat sich für entwicklungsbiologische Studien als besonders geeignet erwiesen. Er ist etwa einen Millimeter lang und besteht aus ca. 1000 Körperzellen: dennoch besitzt er im adulten Zustand alle Organe bzw. Zellgruppen eines wenn auch nicht gerade höheren Lebewesens, also Nervensystem, Hypodermis, Muskulatur, Darm bzw. Verdauungstrakt und Geschlechtsorgane zur Erzeugung von Ei- und Spermazellen. Da das Tierchen glasig-durchsichtig ist, läßt sich unter dem Mikroskop seine Differenzierung von der einzelligen Oozyte bis zum ausgewachsenen Tausend-Zell-Stadium optisch verfolgen. Durch Laser-Bestrahlung einzelner Stammzellen im wachsenden Organismus lassen sich einzelne Entwicklungslinien unterbinden, und so konnte man einen vollständigen Überblick über den *inneren Stammbaum* gewinnen. Nacheinander, wohlgeordnet und vollständig miteinander *abgestimmt* (Resonanz!) entstehen 95 Muskelzellen, die längs des Körpers angeordnet sind, 102 Zellen im Nervensystem und 143 Zellen für die Fortpflanzungsorgane.[11]

Der ontogenetische Zeitbaum ist in Abbildung 3.5 gezeigt.

Welches die biochemischen Mechanismen dieser »beweglichen Ordnung«[12] sind, ist noch fast völlig ungeklärt. Sicher ist nur, daß der Prozeß hoch rückgekoppelt ist und daß dabei eine präzise Zell-Zell-Erkennung stattfinden muß. Im wesentlichen scheint diese Zell-Zell-Erkennung über komplexe Zuckerstrukturen an den Zelloberflächen, die sog. Glykoproteine, zu erfolgen, die von entsprechenden Erkennungsmolekülen *gelesen* werden; wir haben diese in einigen Fällen gefunden, charakterisiert und *endogene Lektine* (d.h. Moleküle, die lesen können) genannt.[13] Offenbar werden diese Lektine von den Zellen nach einem genauen zeitlichen Programm erzeugt und auf ihrer Oberfläche präsentiert.[14] Dieses zeitliche Programm ist in den Genen genau festgelegt; wird es gestört, so kommt es zu Mißbildungen. Eine solche ›Programmstörung‹ mit furchtbaren Folgen war die Contergan-(=Thalidomid)-Katastrophe.

Besonders gut ist die Morphogenese, die Gestaltbildung, bei der Taufliege *Drosophila* genetisch untersucht worden. Fällt ein bestimmtes Morpho-Gen aus, so wachsen dem Insekt nur Stummelflügel, oder in einem anderen Fallen wächst

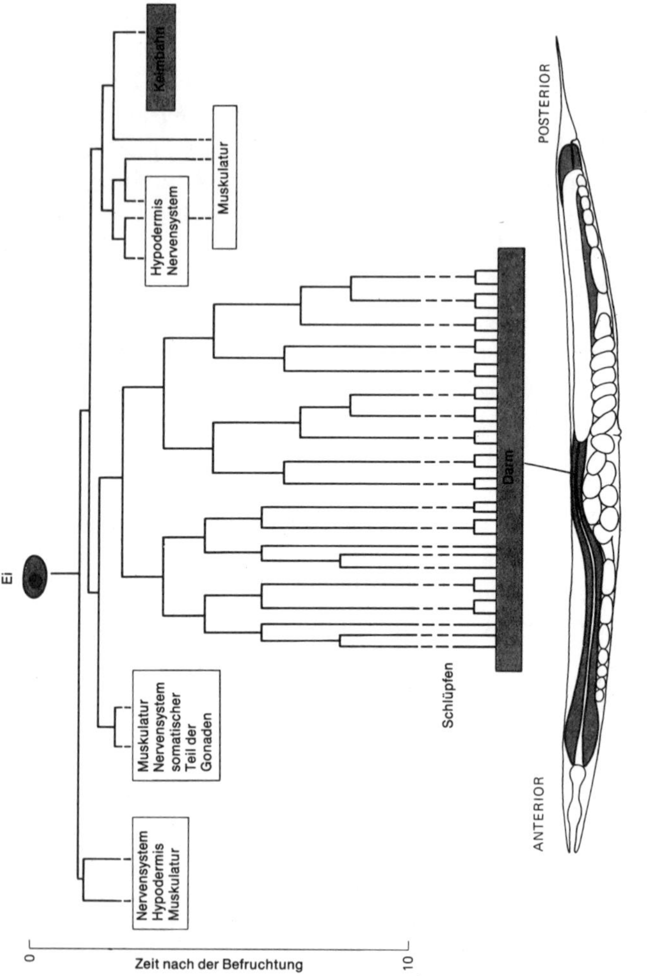

Abb. 3.5 Ontogenetischer Zeitbaum der Zellen, die den Darm von *Caenorhabditis elegans* bilden. Das Ei (oben) ist im gleichen Maßstab gezeichnet wie das adulte Tier (unten). Die Zeitskala ist in Tagen nach der Befruchtung angegeben. Der Organismus entwickelt sich bis zum 550-Zell-Stadium innerhalb der Eihülle – wie der Vogel Strauß –, schlüpft dann und verdoppelt danach seine Zellzahl noch einmal.

ihm auf den Antennen (= Fühlern) ein zusätzliches Beinpaar.[15] Die Morphogene sind in sog. Homöoboxen zusammengefaßt, die letztlich die ›Gestalt‹ des Insekts bestimmen, aber doch nicht in einer streng linearen Kausalkette.[16] In den einzelnen Bifurkationen des embryonalen Wachstums ist ein gewisses ›Spiel‹ möglich, es können Varianten auftreten. Einzelne Schritte des Embryonalwachstums sind besonders empfindlich gegenüber Störungen: dort können kleine Ursachen große Wirkung entfalten, wie sie für das deterministische Chaos in Bifurkationssystemen typisch sind. So ist die schlimme Wirkung von Contergan oder Röteln in einem ganz engen Zeitfenster der Schwangerschaft zu erklären.

Das Hauptobjekt dieser Forschung ist immer noch die kleine Taufliege, an der man die morphogenetischen Prinzipien aufzuklären hofft, die dann auch für höhere Organismen Geltung haben sollten. Es darf als ein großer wissenschaftlicher Erfolg angesehen werden, daß Christiane Nüsslein-Volhard die Segmentbildung bei Insektenlarven im Detail als einen diskontinuierlichen biochemischen Prozeß erklären konnte, der von mehreren Genen in genau abgestimmter zeitlicher Reihenfolge kontrolliert wird.[17] Die Segmente des Insektenkörpers sind gewissermaßen eine chemische ›Stehende Welle‹, eine metabolische Resonanz.

Die Morphogenese, die Gestaltbildung höherer Lebewesen, ist heute eines der aktuellsten Themen biologischer Forschung. Und sie ist auch medizinisch höchst relevant: Ist doch das gestörte, ungeregelte Zellwachstum beim Menschen eine der gefährlichsten Krankheiten, der Krebs. Malignes Wachstum, im Gegensatz zum normal gesteuerten Wachstum, besteht ja gerade darin, daß bestimmte Zellgruppen sich nicht in den raumzeitlichen Zusammenhang einordnen, sich zeitlich abkoppeln und dadurch den Gesamtorganismus tödlich schädigen. Man könnte den *Krebs* als den *Bruch des ontogenetischen Zeitgetriebes* auffassen.

Fassen wir zusammen: Der Aufbau eines Organismus besteht in einer Folge von *Bifurkationen*. Die metabolischen *Zyklen*, die *Zeitkreise* der Zellen produzieren bestimmte stabile, generelle Ausgangsstoffe, Materialien, Wachstumsfaktoren, Hormone. Wenn diese oder einige von diesen Stoffen einen bestimmten *Schwellenwert* erreichen, tritt eine sprunghafte Änderung oder Differenzierung ein, kurz: es entsteht etwas *Neues*, eine *Bifurkation* ereignet sich, der Organismus gelangt irreversibel auf eine höhere, das heißt komplexere, differenziertere Stufe. Das ist die *interne Evolution der Ontogenese.*[18]

3.3 Biologische Uhren – Eigenzeit und Resonanz

Ein jegliches hat seine Zeit, und alles Vornehmen unter dem Himmel hat seine Stunde.
Geboren werden und sterben, pflanzen und ausrotten, was gepflanzt ist,
würgen und heilen, brechen und bauen,
weinen und lachen, klagen und tanzen,
Steine zerstreuen und Steine sammeln, herzen und ferne sein von Herzen,
suchen und verlieren, behalten und wegwerfen,
zerreißen und zunähen, schweigen und reden,
lieben und hassen, Streit und Friede hat seine Zeit.
Man arbeite, wie man will, so hat man keinen Gewinn davon.
Ich sah die Mühe, die Gott den Menschen gegeben hat, daß sie darin geplagt werden.
Er aber tut alles fein zu seiner Zeit und läßt ihr Herz sich ängsten, wie es gehen solle in der Welt; denn der Mensch kann doch nicht treffen das Werk, das Gott tut, weder Anfang noch Ende.
Darum merkte ich, daß nichts Besseres darin ist denn fröhlich sein und sich gütlich tun in seinem Leben.[19]

3.3.1 Biologische Kreisprozesse

Leben ist zyklisch, reproduktiv, sich wiederholend: in jahreszeitlichen Rhythmen, in Fortpflanzungsrhythmen, in Zellteilungen, in Generationenfolgen. Die Zyklizität bedingt überhaupt die strukturelle Stabilität des Lebendigen. Hiervon soll in diesem Abschnitt die Rede sein. Auf der anderen Seite wäre das Leben nicht *lebendig*, wenn der Rhythmus nicht aus dem Tritt kommen könnte, dann wäre jede Adaptationsfähigkeit, jede Innovation, die Überraschung, die Gefährdung eliminiert, und die Welt des Lebendigen ein toter Automat.

Die strukturerhaltende Zyklizität, der *Kreisprozeß als Systembaustein* findet sich vom mikroskopischen bis zum makroskopischen Bereich des Lebendigen. Der grundsätzliche Energieerzeugungsprozeß aller Lebewesen, die Verbrennung von Traubenzucker und die Energiegewinnung, geschieht im sog. Zitronensäurezyklus, in welchem in einem komplexen Kreisprozeß über das Zwischenprodukt Zitronensäure der Zucker zu Kohlendioxyd und Wasser verbrannt wird.

Der Zitronensäurezyklus ist in Abbildung 3.6 wiedergegeben; er steht repräsentativ für unzählige ähnliche Stoffkreisläufe des Organismus, die in komplizierter Weise miteinander verschaltet sind. Eines der wesentlichen Produkte des Zitratzyklus ist der Universalenergielieferant des Organismus, das Adenosintriphosphat (ATP), das z.B. bei der Muskelkontraktion gespalten wird in ADP und Phosphat. Auf diese Weise wird chemische Energie in die mechanische Muskelarbeit verwandelt. Ähnlich ist es mit der elektrischen Energie der Nervenimpulse, auch hier wird ATP gespalten. Das ADP wird dann im Zitratzyklus wieder zu ATP regeneriert.

Ein solches Resonanzsystem kann natürlich auch bei Störungen ›aus dem Tritt geraten‹. Das konnte Benno Hess in Modellexperimenten zeigen: Wenn man zwei isolierte Enzyme des Zitratzyklus im Reagenzglas den Glukoseabbau imitieren läßt, kann man durch geeignete Konzentrationsän-

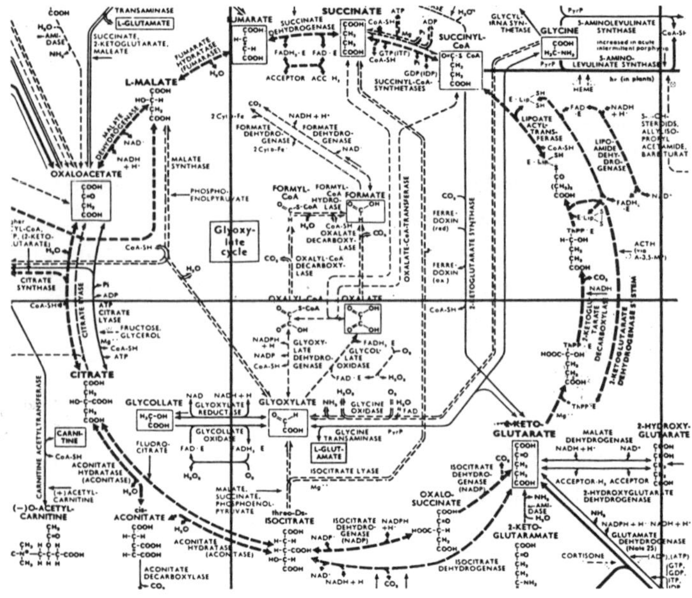

Abb. 3.6 Der Zitronensäurezyklus oder Zitratzyklus, der den größten Anteil an Energie für die Zellen liefert.

derungen die Frequenz des Zyklus ändern (Abb. 3.7). Bei geeigneten Konzentrationen gerät das System ins Chaos, es ist keine Periodizität der Schwingung mehr zu erkennen, t_r geht in t_i über.[20]

Den Calvinzyklus zum Aufbau der Glukose aus Kohlendioxyd, gewissermaßen das Gegenstück der grünen Pflanzen zum Verbrennungsprozeß im Tier- und Bakterienbereich, haben wir schon kennengelernt (vgl. Abb. 2.46). Gesamtökologisch betrachtet müßten sich Zitratzyklus und Calvinzyklus die Waage halten, um das ökologische Gleichgewicht zu bewahren.

Es ist wohl sicher nicht zu hoch gegriffen, wenn man abschätzt, daß *Tausende* solcher mikroskopischer, biochemi-

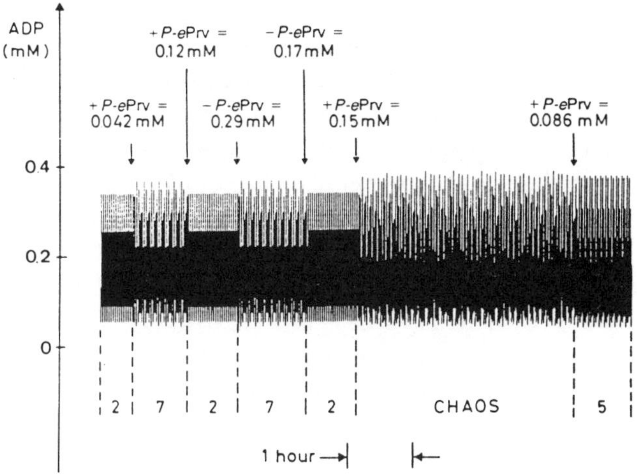

Abb. 3.7 Die Oszillation einer enzymatischen Reaktion mit zwei Enzymen des Zitratzyklus, der Pyruvatkinase und der Phosphofructokinase, die um ihre Substrate konkurrieren. Die Schwingungsfrequenzen und Amplituden können durch kleine Änderungen der Konzentrationen sich vervielfachen oder nach dem Verhulstschen Gesetz in Chaos übergehen.[20]

scher Zyklen die Funktion des Organismus aufrechterhalten – allein im zentralen Nervensystem mit seinen Synapsen dürften es viele Hunderte sein. Sie alle arbeiten nach einem genauen Zeitmaß, das durch die chemischen Reaktionsgeschwindigkeiten der einzelnen Schritte bestimmt wird und eventuell von der Konzentration der einzelnen Substrate abhängt: ein System von parallel geschalteten stabilen Eigenzeiten, t_r. Die mikroskopischen Eigenzeiten bedingen dann letztlich auch die makroskopischen lebenserhaltenden Rhythmen und Kreisläufe, den Herzschlag, die Atemfrequenz, die regelmäßige Verdauung, die Hormonzyklen, z.B. den Menstruationszyklus oder den Wachen-Schlafen-Rhythmus.

Neueste Untersuchungen über den Herzrhythmus haben

ein erstaunliches Phänomen gezeigt: das gesunde Herz schlägt keineswegs völlig regelmäßig, seine Oszillationen haben einen deutlich chaotischen Einschlag. Die Frequenzverteilung ist beim gesunden Herzen relativ breit; ein zu regelmäßiger, völlig uniformer Herzschlag ist sogar ein Alarmzeichen für einen bevorstehenden Herzinfarkt.[21]

Warum ist Chaos gesund? Die Abweichungen von der strengen Rhythmizität zeigen an, daß das System steuerbar und adaptationsfähig ist, und gerade dies ist ja eine der wichtigsten Eigenschaften des Lebendigen: Strukturerhalten und Strukturverändern gehören zusammen! Das Herz muß sich den wechselnden Anforderungen rasch anpassen im Rhythmus und auch im gesamten Metabolismus, wobei der Rhythmus ja nur das makroskopische Bild des Energiestoffwechsels im Herzen ist. Je besser das Herz sich anpassen kann, um so leichter kann es Streßsituationen körperlicher oder nervöser Art überstehen.[22] Auch hier das produktive Zeitgetriebe zwischen t_r und t_i.

3.3.2 Uhren

Alle in 3.3.1 besprochenen Eigenzeiten und noch viele andere sind in einem Organismus zusammengeschaltet, synchronisiert und ihrerseits durch Synchronisation mit der Umwelt in Verbindung gebracht. Der auffälligste Rhythmus ist natürlich der Tag-Nacht-Rhythmus, der circadiane Rhythmus. Bis vor etwa 20 Jahren glaubte man, daß der 24-Stunden-Rhythmus dem Menschen angeboren sei, daß seine *innere Uhr* von selbst diesen 24-Stunden-Rhythmus einhielte. Durch die bahnbrechenden Forschungen von Jürgen Aschoff und vielen anderen hat sich das als falsch erwiesen.[23, 24]

In Isolationsexperimenten waren freiwillige Versuchspersonen bereit, monatelang in unterirdischen Bunkern ohne jede zeitliche Kommunikation zur Außenwelt isoliert zu le-

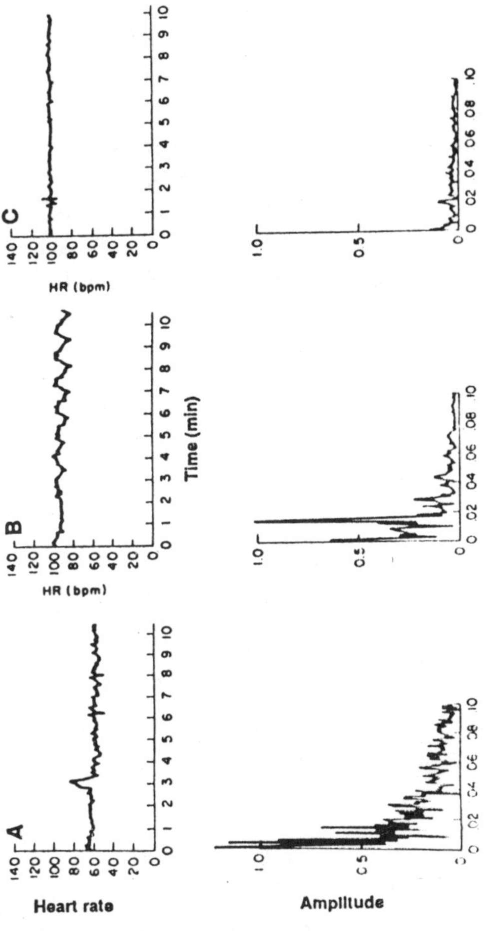

Abb. 3.8 Herzrhythmus und Frequenzspektren des Herzen.
a. Normales Herz
b. Rhythmizität hervorgerufen durch das sog. Cheyne-Stokes- Atmen
c. völlig konstanter Herzschlag bei Infarktgefahr.

ben, um ihre eigenen Zeitrhythmen sich im Leerlauf entwickeln zu lassen. Dabei waren sie komfortabel untergebracht, hatten zu lesen, was sie wünschten, Spiele, Schreibpapier, bekamen auf telefonische Anforderung Essen gebracht, das von Frau Aschoff zu jeder Tages- und Nachtzeit bereitet wurde, auch wenn diese sich aus tiefstem Schlaf dazu aufrappeln mußte und sich nichts anmerken lassen durfte. Der Mensch hat nämlich einen inneren Rhythmus, der länger als 24 Stunden, etwa 25 Stunden beträgt, und durch die Tagesereignisse, durch hell/dunkel, durch Mahlzeiten und Gewohnheiten auf 24 Stunden *heruntergeregelt* wird. Das ist in Abbildung 3.9 dargestellt.[24]

Die Versuchspersonen können auch nicht beurteilen, wie lange sie geschlafen haben; wenn sie glauben, ein Nickerchen gemacht zu haben, ist das gelegentlich ein Schlaf von 8 Stunden. Auch die Schlaf-Wach-Rhythmen verschieben sich völlig. Zu gewissen Zeiten wird wesentlich mehr geschlafen als gewacht. Die Experimente beweisen eine vollständige Zeitverschränkung, eine Resonanz zwischen den Eigenzeiten des Menschen und seiner Umwelt.[25]

Der 24-Stunden-Rhythmus der Erdumdrehung zwingt durch Resonanz dem Fünfundzwanzig-Stunden-Menschen den kosmischen Rhythmus auf.

3.3.3 Resonanzen

Zeitresonanzen, Synchronisation von Uhren gibt es in allen Bereichen des Lebens und sie sind jedem geläufig. Der Hund ist synchronisiert mit seinem Herrn, die Amsel singt ihr Morgenlied, die Fledermäuse holen sich in der Abenddämmerung die dann ausschwärmenden Insekten, überhaupt sind Räuber und Beute streng miteinander synchronisiert, und solche Systeme können nach dem Verhulstschen Gesetz in chaotische Oszillationen geraten.[26]

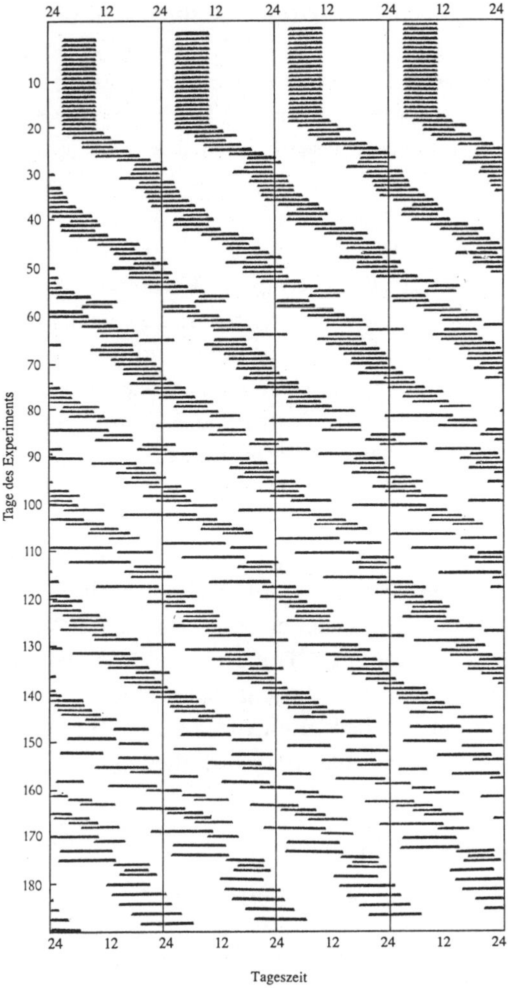

Abb. 3.9 Doppeltes Doppelraster des Schlaf-Wach-Rhythmus einer Versuchsperson, die zu Beginn noch vom Tagesrhythmus synchronisiert wurde, vom 20. Tag an aber ihre Beleuchtung selber bediente. Bald geht die Periodenlänge auf die eigene angeborene Zeit von 25 Stunden über, dadurch verschiebt sich der ›Tag‹ täglich um eine Stunde, nach 25 Tagen mußte man dem jungen Mann die Zeitung von gestern vorlegen.[24]

Alle *Symbiosen* sind zeitliche Resonanzen, ob es die Kolibakterien in unserem Darm sind, die uns bei der geregelten Verdauung helfen, oder die für das Rotschwänzchen höchst unangenehme Symbiose mit dem Kuckuck oder die Symbiosen auf einem Korallenriff oder die Symbiose zwischen Ameisen und Blattläusen – die Liste ließe sich beliebig fortsetzen.

Auch im Bereich der Biomoleküle gibt es Resonanzen. Das sei am Beispiel der Phospholipase A erläutert (Abb. 3.10).[27]

Die Phospholipase A ist ein Enzym, das für den Membranstoffwechsel und -abbau notwendig ist und dafür in der Evolution ›erfunden‹ wurde. Durch leichte Variationen während der Evolution sind daraus Enzyme mit ganz verschiedenen Aufgaben entstanden, die einen funktionalen Zeitbaum bilden: hier ist eine Molekülart mit den Erfordernissen der Umwelt in Resonanz getreten und hat sich ganz verschiedenen Funktionen angepaßt: aus der Grundstruktur entstanden so verschiedene Moleküle wie das Schlangengift der Klapperschlange, Kobra und vieler anderer Vipern, das Verdauungsenzym im Pankreas, der Bauchspeicheldrüse höherer Tiere und des Menschen, und das Gift der Biene.

Die Resonanz zyklischer Eigenzeiten ist *der* Mechanismus, mit dessen Hilfe die Natur ihre Einheit, ihre Ganzheit bewahrt.

3.3.4 Zeitbäume

In diesem Abschnitt soll noch einmal zusammenfassend dargestellt werden, wie über das System des Zeitbaumes die Zeiten in- und übereinandergreifen, und zwar nicht nur in den bisher diskutierten kosmischen oder biologischen Zeiten: es besteht immer auch eine Wechselwirkung mit der Geschichte und dem Individuum; und immer läuft es über das Schema des Zeitbaumes.

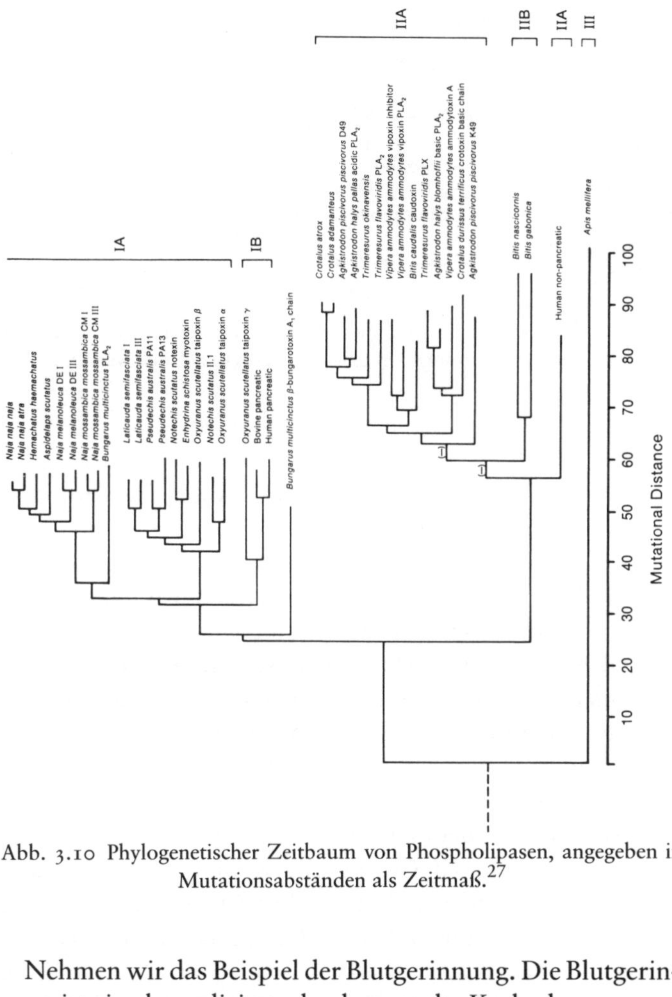

Abb. 3.10 Phylogenetischer Zeitbaum von Phospholipasen, angegeben in Mutationsabständen als Zeitmaß.[27]

Nehmen wir das Beispiel der Blutgerinnung. Die Blutgerinnung ist eine komplizierte, hoch geregelte Kaskade von enzymatischen Prozessen, die letzten Endes dazu führen, daß eine Wunde verschlossen wird. Das ist schematisch in Abbildung 3.11 dargestellt.

Warum ist der Prozeß so kompliziert und in Form eines Entscheidungsbaumes konstruiert?

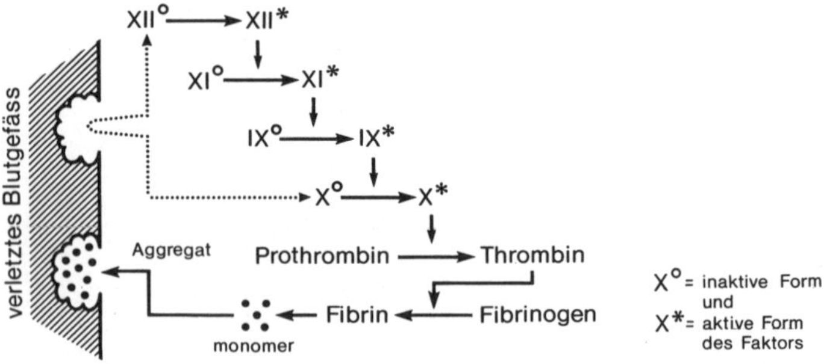

Abb. 3.11 Schema der Blutgerinnungskaskade. Der letzte Schritt ist die Umwandlung von Fibrinogen in Fibrin, welches die Wunde verstopft.[28]

An der Blutgerinnung sind die Gefäßwand, die Thrombozyten und die im Blutplasma vorhandenen Gerinnungsfaktoren beteiligt. Die Steuerung muß deshalb so fein und so genau sein, weil das Blut nur unter ganz speziellen Bedingungen der Verletzung gerinnen darf, denn sonst würden sich an allen möglichen Stellen des Gefäßsystems Gerinnsel, Thromben, in den Adern bilden, die zur Thrombose, wenn nicht gar zu einer Embolie führen könnten. Andererseits müssen Verletzungen und Wunden sofort geschlossen werden, sonst droht ein Verbluten. Das dynamische System der Blutgerinnung bewegt sich also auf dem schmalen Grat zwischen Thrombosegefahr einerseits und Gefahr des Verblutens andererseits, d.h., die Gerinnung muß außerordentlich fein gesteuert werden, und das ist nur über den Mechanismus eines Zeitbaumes möglich.

Dieser rein biologische Zeitbaum mündet unmittelbar in einen soziologisch-historischen Stammbaum ein, ist doch der Ausfall der Aktivierung des Faktors X der Blutgerinnung der Grund für die Bluterkrankheit, die nicht nur in das Leben vieler Einzelmenschen, sondern auch in die Politik eingegriffen hat. Bekanntlich hatten viele männliche Angehörige euro-

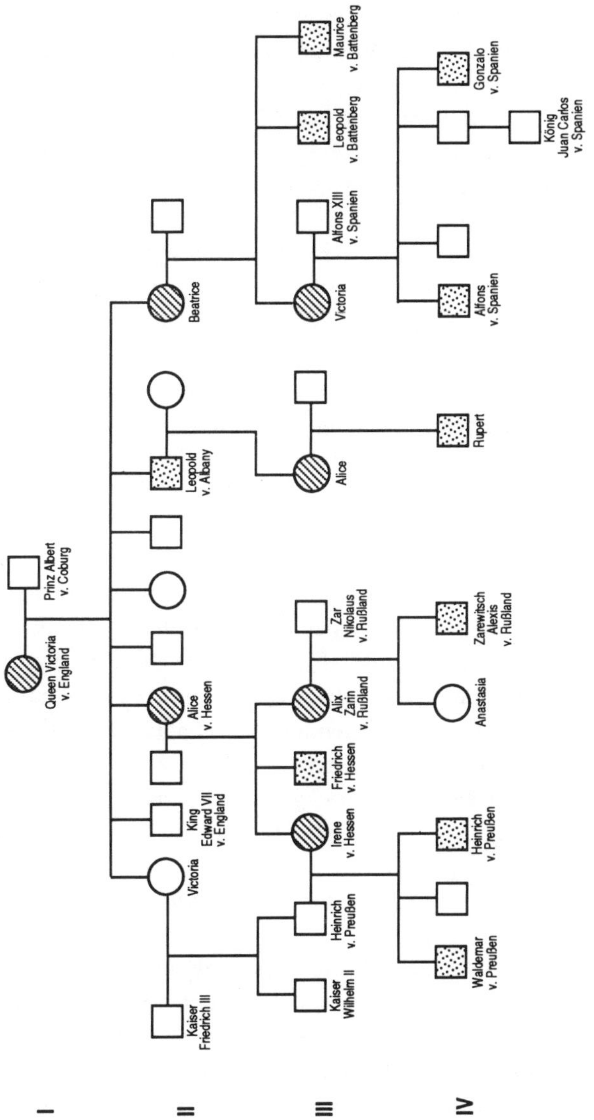

Abb. 3.12 Stammbaum der Bluterkrankheit in den europäischen Herrscherhäusern.[29] Schraffiert: nicht erkrankte Trägerinnen der Krankheit; gepunktet: Erkrankte.

päischer Herrscherhäuser, z. B. der letzte Zarewitsch, die Bluterkrankheit. Man kann nachweisen, daß die Bluterkrankheit in den Ovarien der sittenstrengen Queen Victoria entstanden ist. Die Krankheit wird über die Frauen weitergegeben, tritt aber nur bei Männern auf. Der Stammbaum ist in Abbildung 3.12 wiedergegeben.

Nicht auszudenken, wie die Geschichte verlaufen wäre, wenn der pompös-militaristische Kaiser Wilhelm II. nicht nur einen verkürzten Arm, sondern auch noch die Bluterkrankheit gehabt hätte, die er durchaus von seiner Großmutter Victoria hätte erben können.

Nur noch ein weiteres Beispiel für die Zeitverschränkung: die Bedrohung Roms durch die Kimbern und Teutonen. Etwa zu Beginn des zweiten vorchristlichen Jahrhunderts hat offenbar eine Serie von Springfluten weite Teile des Landes nördlich des heutigen Hamburg für dauernd überschwemmt, hervorgerufen durch irgendein kosmisches Ereignis, sei es eine große Vulkanexplosion mit riesigen Staubmassen und entsprechenden klimatischen Veränderungen, sei es durch andere kosmische Einflüsse. Die kosmische Zeit hat in die meteorologische Zeitskala eingegriffen und diese in das aktuelle Leben der dort wohnenden Germanen. Sie mußten auswandern; einige wanderten nach Italien, suchten dort seßhaft zu werden und wurden von Marius im Jahre 101 v. Chr. endgültig besiegt; nur wenige konnten sich in Alpentäler zurückziehen, die meisten wurden als Sklaven verkauft. Die Serie dieser Bifurkationsereignisse ist in Abbildung 3.13 dargestellt.

Typisch für solche Zeitbäume ist, daß nach der Bifurkation sozusagen die Geschichte ausgelöscht ist. Die trauernde Witwe des bei Vercelli gefallenen Legionärs weiß nichts von Springfluten an der Nordsee.

Zeitkreise t_r und Zeitsprünge t_i sind immer in einem Getriebe kombiniert, nach vorwärts gerichtet, beginnen immer wieder neu. Nur die t_r-Anteile lassen sich im Kausalschema

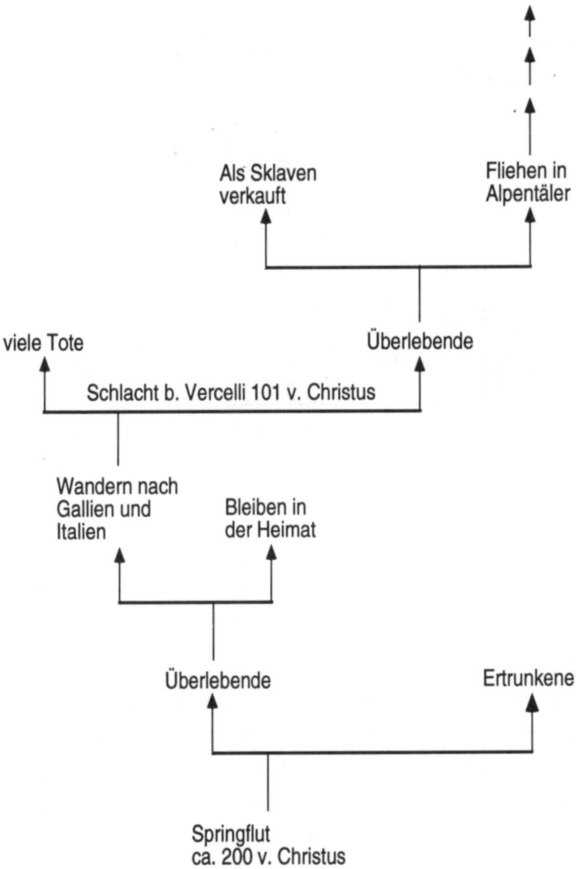

Abb. 3.13 Zeitbaum der durch die Kimbern und Teutonen ausgelösten Ereignisse.

fassen, die t_i-Anteile sind nicht prognosefähig und auch nur in begrenztem Maß der Retrognose zugänglich.

Leben ist – wie mehrfach betont – weit vom Gleichgewicht entfernt, eine dissipative Struktur. Was heißt das? Im Gleichgewicht befindet sich z. B. eine Kugel, wenn sie am Boden des

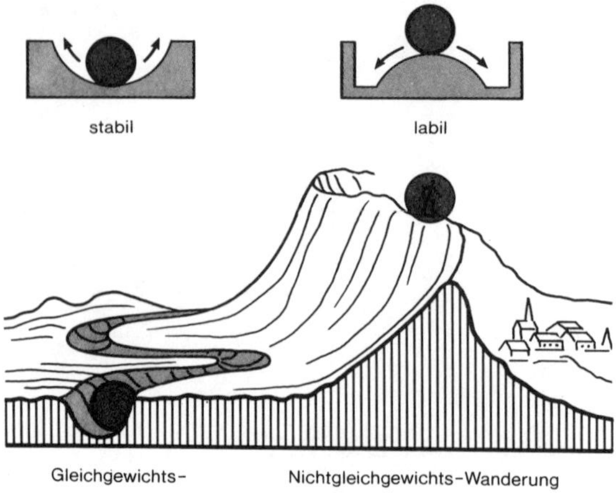

Abb. 3.14 Gleichgewichtssysteme. Links: die Kugel rollt zur tiefsten Stelle, pendelt dort hin und her und bleibt im Energieminimum liegen. Analog fließt der Fluß (hier die Kugel) in seinem Bett gemächlich bergab. Anders bei Nicht-Gleichgewichtssystemen – rechts: ein minimaler Stoß oder Ausrutscher führt zum Absturz.[30]

Gefäßes liegt. Auf ein dynamisches System übertragen, wäre die Kugel ›im Gleichgewicht‹, wenn sie in einer Rinne langsam bergab rollt, wie das in Abbildung 3.14 dargestellt ist. Im Ungleichgewicht bzw. in labilem Zustand ist die Kugel, wenn sie auf der Spitze eines Berges liegt – sie wird sofort nach der einen oder anderen Seite herabfallen. Alles Lebendige ist eine Nicht-Gleichgewichtswanderung, eine Gratwanderung, auf der das System nach der einen oder anderen Seite hin abstürzen kann und dabei in etwas Neues übergeht, eine Bifurkation erleidet.

Leben ist eine solche Gratwanderung. Das sei erläutert am Entstehen einer der gefährlichsten und schleichendsten Krankheiten, am Auftreten von Krebs.

Man kann überschlagsmäßig ausrechnen, daß das Manifestwerden von Krebs sozusagen ein Gleichgewicht des

Schreckens darstellt, denn dauernd entstehen in unserem Organismus maligne Zellen, die aber durch die körpereigenen Kontrollmechanismen abgefangen und vernichtet werden. Nur wenn die Krebsentstehung sehr viel stärker ist als die körpereigene Vernichtung, wird Krebs manifest.[31]

Gehen wir davon aus, daß Krebs ein Mutationsereignis ist. Die Größe des gesamten Genoms beträgt 3×10^9 Basenpaare, die Mutationsfrequenz liegt in der gleichen Größenordnung, also enthält jedes Genom eine Mutation. Da die Zahl der Körperzellen 10^{14}-10^{15} beträgt, gibt es in jedem menschlichen Organismus 10^{14}-10^{15} Mutationen. Von diesen sind etwa 10 % wirklich funktionell, so daß es 10^{13}-10^{14} relevante Mutationen geben dürfte. Welche dieser Mutationen sind nun wirklich relevant für die Krebsentstehung? Bei der Krebsentstehung sind die sog. Onkogene wichtig, das sind Gene, die für die geregelte Zellteilung eine Rolle spielen. Durch Mutation werden sie aktiviert und können zur Krebsentstehung führen. Aber nicht jedes dieser Onkogene wird durch Mutation im hier benutzten Sinne aktiviert, nicht jede Mutation führt also zur Krebsentstehung. Vorsichtig geschätzt kann man sagen, es gibt eine ›gefährliche‹ Mutation in 10^9 Basenpaaren. Das heißt also, ein Organismus enthält 10^4-10^5 gefährliche Mutationen in potentiellen Krebszellen. Bei einem Lebensalter von 70 Jahren = $2{,}5 \times 10^4$ Tagen könnten also 140-1400 Krebszellen pro Jahr oder rund eine Krebszelle pro Tag entstehen. Damit kann offenbar die körpereigene Abwehr gerade noch fertig werden. Dies ist freilich eine grobe Abschätzung; die Gefährlichkeit kann erniedrigt werden durch die Diploidie des Genoms oder dadurch, daß Krebs in einem Mehrstufen-Prozeß entsteht. Die Abschätzung würde sich erhöhen, wenn man berücksichtigt, daß stark proliferierendes Gewebe, z.B. Darmepithel oder Immunsystem, viel mehr Zellen produzieren, als in der Bilanz erscheinen. Und tatsächlich treten ja in stark proliferierenden Geweben Krebsgeschwulste bevorzugt auf.

In jedem reversiblen Zeitkreis sind irreversible Anteile enthalten, die früher oder später zu einer nicht aufhebbaren, einer irreversiblen Änderung führen: im Zeitgetriebe zwischen diesen beiden Zeitmodi vollzieht sich das Leben. Deshalb ist, wie mehrfach betont, auch der Tod ein Teil des Lebens. In Abbildung 3.15 sind wichtige zeitliche Ereignisse nach dem t_r-Modus und dem t_i-Modus gegenübergestellt.

Reversible Zeit t_r	**Irreversible Zeit t_i**
periodische, zyklische, strukturierte System	irreversible, evolutionäre Systeme
Maßzahl π = 3.141592...	Maßzahl δ = 4.669201...
Uhren	Urknall
Atome	Supernova
Galaxien	Vulkanismus
Planetensysteme	Mutation
Pulsare	Evolution
Schwarze Löcher	Geburt
Tag und Nacht	Krankheit
Ebbe und Flut	Tod
Jahreszeiten	Altern
Fahrpläne	Geschichte
Zellteilung	Revolution
Zyklen	Trennung
Herzrhythmus	Ideen
Neurospikes	Träume
Rituale	Wissen
Generationen	Kunst

Abb. 3.15 t_r-Strukturen links, und t_i-Ereignisse rechts.

3.4 Noch einmal: Groß und klein

Natürlich kommt keiner zurück.
Redensart.
Bis heute nicht.
Nicht einer.
Woher?
Gehen ist Gehen und Gehen.
Die Dinge lösen sich.
Soviel weiß die Forschung.
Oder, bitte, das Gästebuch.
Buch verliert Schrift!
Oder der Mund.
Mund verliert Rouge.
Die Dinge lösen sich.

Der Acker verliert seine Saat.
Der Tod verliert seine Toten.
Die Dinge, die zusammenpassen,
haben sich satt und fliegen auseinander.
So wie das All ganz allgemein.
Es explodiert unendlich langsam vor sich hin.
Wir fallen nicht, wie oft geträumt,
wir fliegen aufwärts auseinander.
So gesehen, bekommen die Dinge jetzt
erst ihr eigentliches Gewicht.
All und Überall, aufwärts
auseinander!
Weshalb sich gegen die allgemeine Entwicklung stemmen?

Hörst du? Stuhl!
Wach auf! Alter! Fauler!
Nur du und ich, wir sitzen hier noch fest.
Du auf Erden, ich auf dir.
Die Entwicklung hat uns überrollt, sagst du?

Noch lange kein Grund sich gehenzulassen, Alter!
Irgend etwas muß der Mensch doch immer wollen!
Irgend etwas hat die Stunde doch immer geschlagen![32]

Im Theaterstück *Groß und klein* von Botho Strauß wird die Unvereinbarkeit des Großen und Kleinen, des Besonderen und Alltäglichen, des Erhabenen und Trivialen demonstriert, und doch gehören beide dialektisch-dynamisch zusammen. Wir haben schon an früherer Stelle darüber gesprochen, daß die makroskopischen und mikroskopischen Systeme im Grunde inkompatibel sind, daß logische Übergänge zwischen ihnen nicht kontinuierlich hergestellt werden können. Das gilt ganz besonders für den Bereich des Lebendigen; die wissenschaftliche Methode stößt hier an grundsätzliche Probleme. Naturwissenschaft ist analytisch. Am klarsten hat das Descartes ausgedrückt, wenn er in seiner Abhandlung über die Methode sagt: »Wenn ein Problem zu komplex ist, als daß du es auf einmal lösen kannst, so zerlege es in so viele Unterprobleme, die dann entsprechend so klein sind, daß du jedes dieser Unterprobleme für sich lösen kannst.«[33]

Tatsächlich ist dies die einzig mögliche und auch heute noch gültige Handlungsweise beim wissenschaftlichen Vorgehen. Sie geschieht in der Erwartung oder Hoffnung, daß man nach Lösung aller Einzelprobleme die Mosaiksteinchen zu einem ganzen, vollständigen Bild zusammensetzen kann. Solche Untersuchungen kann man aber nur an *totem Material* anstellen, Wissenschaft am Lebendigen ist so immer *Anatomie*. Selbst wenn man durch Biopsie ein Teilsystem untersuchen würde, wäre doch in der Zwischenzeit der Gesamtorganismus weitergewachsen, hätte sich verändert; und das erzielte, isolierte Versuchsergebnis kann nicht mehr in das unveränderte Gesamtsystem eingepaßt werden. Dennoch gibt es keine andere Methode als die von Descartes, und wir müssen und werden sie weiter anwenden. Aber wir müssen uns beim Forschen darüber klar sein, daß in evolvierenden

Systemen der *Zeitpunkt der Untersuchung niemals eingeholt werden kann.* Das Ganze ist mehr als die Summe der Teile, groß und klein passen nicht zusammen, *Forschung kann niemals wirklich ganzheitlich sein.* Solange man sich dieser Grenze bewußt ist, ist das auch vollkommen in Ordnung. Aber die meisten Menschen verlangen von der Wissenschaft entweder eine ganzheitliche Totalbeschreibung der Welt, die positivistisch wäre und letzten Endes unmöglich ist, oder eine verschwommen-ganzheitliche ›Weltanschauung‹, die zu liefern nicht Aufgabe der Wissenschaft ist. Durch dieses Mißverständnis von den Grundlagen und Voraussetzungen wissenschaftlichen Arbeitens ist die Wissenschaft in unseren Tagen weithin in Mißkredit geraten.

Besonders deutlich wird diese Problematik in der Hirnforschung[34]: Seit Beginn des menschlichen Denkens ist es dem Menschen aufgegeben, über das Verhältnis von Körper und Geist, von Leib und Seele nachzudenken. Zweifellos hat der menschliche Geist seinen Sitz im Körper, auch wenn man geistige Bereiche, das Reich der Ideen, Metaphysik als vom Körper losgelöste Qualitäten annimmt. Der Leib ist zumindest das Substrat, aus dem der Geist hervortritt. Zwischen Körper und Geist gibt es viele Rückkopplungen. Man kann meist besser denken, wenn man in guter körperlicher Verfassung ist. Gedanken können den Menschen zu körperlicher Höchstleistung beflügeln, seelische Schmerzen und unverarbeitete Erlebnisse ihn körperlich schädigen. Was ist also das Verhältnis von Körper und Geist?

Das Organ, mit dem wir denken, ist das Gehirn. Dieses komplizierte Organ mit seinen Milliarden von Nervenzellen, die alle untereinander in Verbindung stehen und miteinander verschaltet sind, besitzt einen unvorstellbaren Komplexitätsgrad. Wie wird aus einer so komplexen Quantität eine neue Qualität, nämlich das menschliche Denken? Werden wir durch die Forschung der nächsten Generationen den menschlichen Geist materiell beschreiben können?

Die Grundstruktur des Gehirns ist genetisch festgelegt, das heißt seine Größe, die Zahl der Neuronen, die ungefähre Zuordnung einzelner Regionen zu bestimmten Funktionen wie Hörzentrum, Sehzentrum und so weiter, und es enthält bestimmte ererbte Programme, nach denen gewisse Denk- und Verhaltensschemata ablaufen. Das Gehirn kann aber auch lernen. Es ist gewissermaßen ein lernfähiger Computer. Beim Kleinkind werden bestimmte synaptische Verbindungen im Laufe der ersten Lebensjahre geknüpft. Drähte (das heißt hier Nervenfasern) wachsen auf bestimmte Ziele, auf andere Nervenfasern zu, verbinden und vernetzen so das ganze System miteinander, und zwar um so besser, zahlreicher und schneller, je mehr die Nervenfunktionen geübt werden.

Das Zentralnervensystem ist also doppelt komplex: Zum einen wird seine Struktur und Funktionsweise von vielen hundert Genen gleichzeitig und in vernetzter Weise bestimmt, und zum andern sind die wesentlichen Fähigkeiten epigenetisch, das heißt, sie werden erst erworben. Die Grundstruktur des Gehirns ist in der Evolution durch genetische Adaptation an die Umwelt entstanden. Aber das Gehirn kann zu Lebzeiten des Individuums durch epigenetische Adaptation an die individuelle Umwelt sich weiterentwickeln. Deshalb ist etwas so einfach Erscheinendes wie eine Definition von ›Intelligenz‹ nicht möglich. Und was man nicht definieren kann, kann man auch nicht gezielt verändern.

In der Neurophysiologie gibt es zwei grundsätzlich verschiedene Betrachtungsweisen, um deren Vereinigung man sich zur Zeit intensiv bemüht. Es sind dies die *generalisierende* Betrachtungsweise des Systemphysiologen und die *molekularbiologische* Betrachtungsweise des Neurochemikers.

Die generalisierende Betrachtungsweise des Systemphysiologen setzt im Grunde voraus, daß das System nicht als die Summe seiner Einzelteile erklärt werden kann. Deshalb werden unter bewußter Vernachlässigung von Einzelphänomenen ganze Gruppenphänomene bearbeitet, etwa die neuronale Aufarbeitung visueller Eindrücke auf dem Wege von der Netzhaut zur Großhirnrinde. Diese Forschungsrichtung bleibt deshalb immer Phänomenologie, wenn auch eine sehr raffiniert ausgefeilte und mit weitreichenden Konsequenzen.

Die molekularbiologische Betrachtungsweise geht davon aus, daß molekulare Ereignisse das biologische Geschehen steuern. Das ist eine richtige und notwendige Annahme. Das Zentralnervensystem ist jedoch ein fundamental-komplexes Netzwerk, in welchem das chemische Einzelereignis in nicht prognostizierbarer Weise makroskopische Vorgänge auslöst. Die einzelne Nervenzelle als Grundelement des Denkens gibt es nicht. Deshalb wird man auch hier nur an herausgegriffenen Modellen bestimmte Phänomene erklären können, eventuell auch an pathologischen Phänomenen wie Geisteskrankheiten. Aber man wird nicht versuchen können, das Programm des Programms des Zentralnervensystems zu entziffern, so daß es zu Prognosen taugt.

Die atomistische (demokritische) Wissenschaft ist aber nicht notwendigerweise der einzige Weg der Wissenschaft. Molekularbiologie ist in höchst erfolgreicher Weise auf dem atomistischen Weg sehr weit vorangekommen. Wenn sich aber erweist, daß das menschliche Gehirn molekularbiologisch nicht vollständig beschrieben werden kann, so ist dies nicht ein Versagen der Methode, sondern ein Verweisen in die Grenzen ihrer Axiomatik (einschließlich des Prinzips der fundamentalen Komplexität[18]). Die systemphysiologische Betrachtungsweise liefert sozusagen den Fahrplan des ganzen Systems. Hier kann man einen Vergleich mit dem Eisenbahnsystem heranziehen. Der Fahrplan der Deutschen Bundesbahn stellt zwar nicht die ganze Wirklichkeit des Eisenbahnnetzes dar, aber doch eine für den jeweiligen Zweck angepaßte exakte Beschreibung, in diesem Fall die Anweisung für den Reisenden, wann er wohin fahren kann. Für eine bestimmte Gruppe von Reisenden ist nicht einmal der gesamte Fahrplan notwendig. Für die Intercity-Reisenden – beispielsweise – genügt das zweiseitige ICE-Faltblatt, das wiederum, wie schon der Fahrplan, einen Extrakt eines Extraktes darstellt. Daß es in diesem System Weichen mit Stellwerken gibt, Signale, die richtig gestellt sein müssen, Lampenputzer, Stationsvorsteher und Leute, die Fahrpläne ausarbeiten, das interessiert den Intercity-Reisenden nur wenig. Er reduziert die Komplexität des Systems Eisenbahn auf das für ihn ›Erfahrbare‹.

Hirnforschung ist gerade in den letzten Jahren in ein besonders aufregendes Stadium getreten. Die Theoretiker der ›kognitiven Psychologie‹, die versuchen, Algorithmen für den Erkennungs- und Denkprozeß aufzustellen, und die experimentellen Neurophysiologen sind sich offenbar ein Stück nähergekommen. Wolf Singer vom Max-Planck-Institut für Hirnforschung konnte zeigen, daß bestimmte Hirnregionen durch ›Synchronisationswellen‹ mit Schwingungen von ungefähr 40 Hz miteinander in Resonanz treten.[35] Christoph v. d. Malsburg hatte solche Strukturen theoretisch vorhergesagt.[36]

Es dürfte aber eher wahrscheinlich sein, daß die Brücke zwischen ›Groß und klein‹, zwischen Geist und Leib von der wissenschaftlichen Forschung nicht wirklich überschritten werden kann. Wissenschaft ist ein Produkt des menschlichen Geistes. Dieses Produkt kann nicht über seinen Urheber hinausgehen. Philosophisch war das im Prinzip spätestens seit Kant klar. Karl Popper hat es auf andere Weise bestätigt. Materiell ist es nun gesichert für den Bereich der Biologie und die vom zentralen Nervensystem gesteuerten Bereiche, da diese die Qualität der fundamentalen Komplexität besitzen.[34]

In vielen Bereichen der modernen Wissenschaft zeichnet sich diese unüberbrückbare prinzipielle Kluft zwischen dem Ganzheitlichen und dem Detail, zwischen dem Großen und dem Kleinen ab. In der Quantenmechanik haben wir sie kennengelernt, der fundamentalste Ausdruck dafür scheint das

Gödelsche Theorem zu sein: »Alle widerspruchsfreien axiomatischen Formulierungen der Zahlentheorie enthalten unentscheidbare Aussagen«.[37]

3.5 Altern und Tod

Sein Leben lag aufgeschlagen da, nichts verbarg sich, weil sich nichts zu verbergen brauchte. Sah man ihn, so schien er ein Alter, auch in dem, wie er Zeit und Leben ansah; aber für die, die sein wahres Wesen kannten, war er kein Alter, freilich auch kein Neuer. Er hatte vielmehr das, was über alles Zeitliche hinausliegt, was immer gilt und immer gelten wird: ein Herz. Er war kein Programmedelmann, kein Edelmann nach der Schablone, wohl aber ein Edelmann nach jenem alles Beste umschließenden Etwas, das Gesinnung heißt. Er war recht eigentlich frei.[38]

Der Lebensprozeß besteht in einer Verflechtung von strukturerhaltenden Kreisprozessen und irreversiblen strukturverändernden Wachstums- und Alterungsprozessen. *Altern und Sterben ist Teil des Lebens*, Leben und Tod bilden eine Einheit. Im Kulturprozeß, der weithin von Todesangst vorangetrieben wird, ist oft versucht worden, diesen unlösbaren Zusammenhang zu verdrängen. Ich habe das genannt: das Menschheitsprojekt Unsterblichkeit.[39,40]

Für jedes höhere Lebewesen ist eine gewisse Lebensdauer charakteristisch. Das biblische Alter des Menschen beträgt siebzig bis achtzig Jahre, wie der 90. Psalm sagt: »Unser Leben währet siebzig Jahre, und wenn's hoch kommt, sind's achtzig Jahre, und wenn's köstlich gewesen ist, so ist's Mühe und Arbeit gewesen.« Mit Hilfe der modernen Medizin und Hygiene ist dieses Alter um vielleicht zehn Jahre verlängert worden. Aber selbst durch eine Weiterentwicklung der Medizin und Geriatrie wird sich die durchschnittliche Lebens-

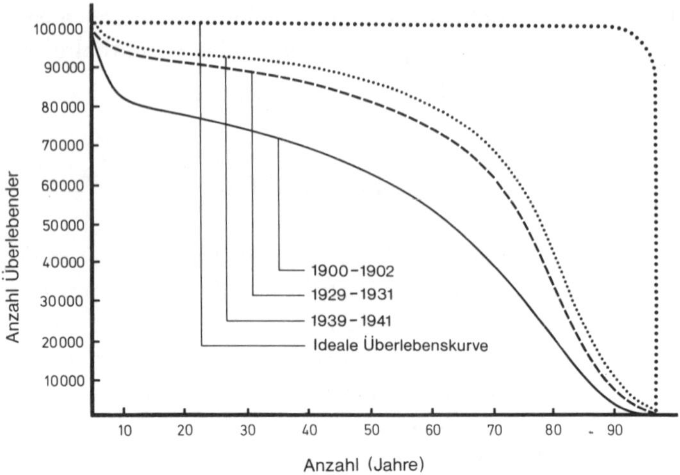

Abb. 3.16 Anzahl Überlebender pro 100 000 menschlicher Lebendgeburten in den USA seit Beginn der modernen Medizin.[41]

spanne nicht über hundert Jahre hinausschieben lassen. Mit der Verbesserung der medizinisch-hygienischen Vorsorge wird die Überlebenskurve immer mehr zum Rechteck (Abb. 3.16), das heißt immer mehr Menschen erreichen das maximal mögliche Alter. Dadurch steigt zwar die durchschnittliche, nicht aber die maximale Lebenserwartung. Diese maximale Lebensspanne muß irgendwie vorprogrammiert sein, denn selbst nahe verwandte Arten im Tierreich können eine vollkommen verschiedene durchschnittliche Lebenserwartung haben.

Es muß demnach ein irgendwie geartetes genetisches Programm für das Altern geben oder besser gesagt: für das Hinauszögern des Alterns – eine Chaos-Vermeidungsstrategie, die bei den einzelnen Arten mehr oder weniger gut entwickelt ist. Denn die biochemischen Grundmechanismen sind ja bei allen Arten und Organismen die gleichen: DNS trägt die genetische Information nach dem universalen genetischen Code. Diese wird in Proteine übersetzt, die praktisch mit den gleichen Enzymmechanismen sämtliche Auf- und Abbaureaktionen im Organismus bewirken.

Obwohl Altern also eine wie auch immer geartete, höchstwahrscheinlich sehr komplexe genetische Grundlage haben muß, kann man mit Sicherheit sagen, daß das Genom selbst, das heißt also die DNS-Information, nicht altert, denn sonst bekämen ja alte Eltern greisenhafte Kinder. Ein sechzigjähriger Vater und eine vierzigjährige Mutter müßten dann ein Kind haben, das bei der Geburt das ›biochemische Alter‹ eines Fünfzigjährigen hätte. Das ist natürlich Unsinn. Altern ist zwar genetisch vorprogrammiert, ist aber als Phänomen ein epigenetisches Ereignis.[42]

Als epigenetische Ereignisse bezeichnet man solche, die auf einer im Verlauf der Differenzierung neu hinzugekommenen Information beruhen.

Ist biochemisches Altern ein Altern von DNS? ›Altern‹ von Nukleinsäure, das heißt chemische Veränderungen an der Nukleinsäure, sind Mutationen. Jede Veränderung eines einzelnen Nukleinsäurebausteins kann im Prinzip als Mutation entdeckt werden, selbst wenn es nur *eine* Veränderung in dem Genom von 10^{10} Bausteinen des Menschen ist. Aus dem vorher Gesagten (auch alte Eltern haben junge Babies) geht eindeutig hervor, daß die Nukleinsäure von Keimbahnzellen, das heißt der weiblichen Eizelle und der männlichen Samenzellen, biochemisch nicht altern. Wenn Altern mit der DNS zusammenhinge, so wäre zu erwarten, daß die somatischen Zellen, das heißt die differenzierten Zellen, eine höhere Mutations- beziehungsweise Zerfallsrate in ihren Nukleinsäuren haben als die Keimbahnzellen. Dafür gibt es keinen Anhalt und auch keinen vernünftigen Grund. Zwar gibt es epigenetische Veränderungen an der Nukleinsäure, möglicherweise ist der Krebs eine solche (man könnte Krebs als eine Alters- beziehungsweise Degenerationserscheinung von Zellen definieren) – er ist aber eindeutig eine krankhafte Erscheinung und hat mit dem normalen Altern nichts zu tun. Altern kann dem-

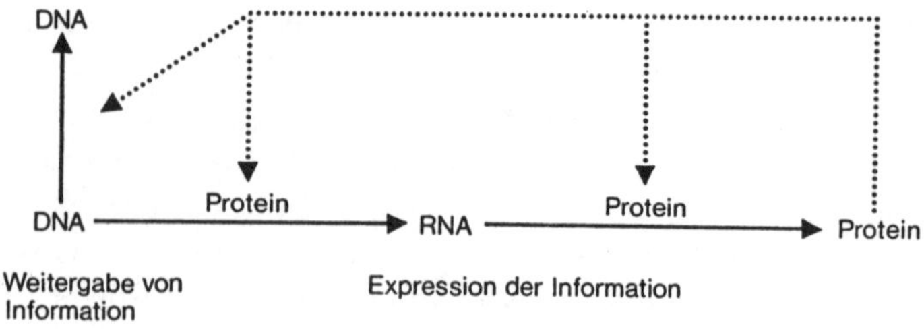

Abb. 3.17 Fehler-Rückkopplung bei der Proteinbiosynthese. Die genetische Information wird zunächst in Ribonukleinsäure umgeschrieben (Transkription) und diese dann in die ›richtige‹ Proteinsequenz übersetzt (Translation). Da die so hergestellten Proteine an ihren eigenen Herstellungsprozessen mitwirken, können sich eventuell auftretende Fehler aufschaukeln.

nach keine ›Erkrankung‹ der Nukleinsäure sein, es ist ein epigenetisches Phänomen, das allerdings von der Nukleinsäure her programmiert ist, da die durchschnittliche Lebenserwartung genetisch bedingt ist.

Sind diese Veränderungen nun programmiert, oder sind sie zufällige, allmähliche Degenerationserscheinungen? Wir wissen es nicht. Das Ensemble der Proteine, welches den Organismus repräsentiert, erscheint uns statisch. Ein Mensch ändert sein Aussehen nur allmählich. Tatsächlich ist jeder Organismus ein dynamischer Zustand, in dem alles fließt. Im dynamischen Auf- und Abbau werden Proteine neu synthetisiert. Die Proteinbiosynthese ist aber mit einem endlichen Fehler behaftet, das heißt: das ganze System des Organismus ist ein hochgradig rückgekoppeltes System (Abb. 3.17).

Die Information für die Synthese der Proteine wird dem genetischen Speicher entnommen. Nach dieser Instruktion werden Proteine synthetisiert, die wiederum bei der Synthese weiterer Proteine mitwirken. Wenn also in dieser Synthese irgendwo auch nur ein kleiner Fehler gemacht wird, so kann sich dieser durch Rückkopplung aufschaukeln und schließlich zu einer Fehlerkatastrophe führen.

Das Schema von Abbildung 3.17 ist ein Iterationsschema:

der gleiche Prozeß wird viele Tausende Male wiederholt und das Ergebnis in den Prozeß zurückgefüttert. Damit ist ein solches System grundsätzlich ›in der Gefahr‹, einen Umschlag ins deterministische Chaos, eine Bifurkation zu erleiden. In unserem Labor haben wir die Fehlerrate der Proteinbiosynthese nach verschiedenen Methoden gemessen und dabei eine Fehler-Vermeidungsstrategie der Proteinsynthese-Maschine aufgedeckt, worüber an anderer Stelle berichtet wurde.[43,44]

Wir haben nun schon an zahlreichen Stellen rückgekoppelte Systeme kennengelernt. Es könnte also durchaus sein, daß das Altern ein komplexes rückgekoppeltes System im Sinne der Iterationsgleichung von Abbildung 1.10 bzw. 3.17 darstellt. Das würde bedeuten, daß das Proteinbiosynthese-System von einer bestimmten Fehlerrate an und bei einer bestimmten Synthesegeschwindigkeit chaotisch wird: Bei einem scharfen Schwellenwert würde die Biosynthesemaschine der Zelle plötzlich und katastrophenartig zusammenbrechen. Vielleicht ist das der »biochemische Tod«.[45]

Alt werden, würdig alt werden im Hinblick auf den Tod, kann eines der größten Ziele eines recht gelebten menschlichen Lebens sein. Goethe sagt in den *Maximen und Reflexionen*: »Alt werden, heißt, selbst ein neues Geschäft antreten, alle Verhältnisse verändern sich und man muß entweder zu handeln ganz aufhören oder mit Willen und Bewußtsein das neue Rollenfach übernehmen«.[46]

3.6 Zeit der Liebe

Selige Sehnsucht

Sagt es niemand, nur den Weisen,
Weil die Menge gleich verhöhnet,
Das Lebendge will ich preisen,
Das nach Flammentod sich sehnet.

In der Liebesnächte Kühlung,
Die dich zeugte, wo du zeugtest,
Überfällt dich fremde Fühlung,
Wenn die stille Kerze leuchtet.

Nicht mehr bleibest du umfangen
In der Finsternis Beschattung,
Und dich reißet neu Verlangen
Auf zu höherer Begattung.

Keine Ferne macht dich schwierig,
Kommst geflogen und gebannt,
Und zuletzt, des Lichts begierig,
Bist du, Schmetterling, verbrannt.

Und solang du das nicht hast,
Dieses: Stirb und werde!
– bist du nur ein trüber Gast
Auf der dunklen Erde.[47]

Sterben und Werden gehören zusammen, sind ein dialektisches Prinzip, genauso wie Chaos und Ordnung, wie reversible Zeit t_r und irreversible Zeit t_i. Die treibende Kraft innerhalb der *Lebenszeit* ist das ›Prinzip Eros‹.[48]

Im Spannungsfeld des Eros, der Liebe wird die Evolution von Formen vorangetrieben. Die treibende Kraft dieses irreversiblen Prozesses ist die Polarität der Liebe.

Das erste wissenschaftliche Symposium, von dem sich der Name aller analogen Veranstaltungen dieser Art ableitet, ist das von Platon ›protokollierte‹ – allerdings fiktive – Gastmahl (= Symposium) des Sokrates mit seinen Schülern. Sie führen dabei ein Lehrgespräch über die Liebe und die verschiedenen *Stufen der Liebe*. Danach gibt es verschiedene Formen der Liebe, eine mehr animalische gewöhnliche, die allem Lebendigen als Triebkraft, als Eros innewohnt. Dieser

Trieb äußert sich bei den einzelnen Lebewesen sehr verschieden und auch bei den Menschen teils in mehr animalischer, teils in höherer Form. Es ist – nach Platon – die Aufgabe des Menschen, den Eros entsprechend seinen Fähigkeiten in einer höchstmöglichen Form zu verwirklichen, zu sublimieren. Es gibt viele Stufen der Liebe, und wir bezeichnen im gewöhnlichen Sprachgebrauch nur eine dieser Stufen, die wir mit dem Namen des Ganzen belegen, das in Wirklichkeit viel umfassender ist.

> Alle Menschen sind fruchtbar sowohl dem Leibe als der Seele nach, und wenn sie zu einem gewissen Alter gelangt sind, so strebt unsere Natur, zu erzeugen [...] Die nun dem Leibe nach zeugungslustig sind, wenden sich mehr zu den Frauen und sind auf diese Art verliebt, indem sie sich durch Kinderzeugen Unsterblichkeit und Andenken und Glückseligkeit wie sie meinen, für alle künftige Zeit verschaffen. Die aber mehr seelische als leibliche Zeugungskraft besitzen, was ziemt denen? Weisheit und jede andere Tugend, deren Erzeuger auch alle die Dichter sind und die Künstler, denen man zuschreibt, erfinderisch zu sein. Die größte aber und bei weitem schönste Weisheit ist die, welche sich in der Anordnung der Staaten und des Hauswesens zeigt, deren Namen Besonnenheit ist und Gerechtigkeit.[49]

Auf diese Weise wird sittliches Handeln, das ›Schöne‹, als eine höhere sublimierte Form des gewaltigen Urtriebes Eros beschrieben.

> Denn dies ist die rechte Art, Liebe zu praktizieren, daß man von dem einzelnen Schönen beginnend jenes *einen* Schönen wegen immer höher hinaufsteige, gleichsam *stufenweise* von einem zu zweien, und von zweien zu schönen Gestalten, und von den schönen Gestalten zu den schönen Sitten und Handlungsweisen, und von den schönen Sitten zu den schönen Kenntnissen, bis man von den Kenntnissen endlich zu jener Kenntnis gelangt, welche von nichts anderem als eben jenem

> Schönen selbst die Kenntnis ist, und man zuletzt also jenes Selbst, was schön ist, erkenne.[49]

Liebe ist ein Prozeß. Sie ist geradezu die Antithese des Statischen.[50] Liebe evolviert über t_i-Schritte, sie hat keine Uhren. Den Liebenden schlägt keine Stunde, so sagt man. In meine Terminologie übersetzt: Sie läßt sich nicht in einem Uhren-System mit t_r einfangen, im Gegenteil: wenn den Liebenden die Stunde schlägt, so ist das für die Liebe und die Liebenden tödlich.

> Julia: Wilt thou be gone? it is not yet near day:
> It was the nightingale, and not the lark,
> that pierced the fearful hollow of thine ear;
> Nightly she sings on yond pomegranate-tree:
> Believe me, love, it was the nightingale.
> Romeo: It was the lark, the herald of the morn,
> No nightingale; look, love, what envious streaks
> Do lace the severing clouds in yonder east:
> Nights candles are burnt out, and jocund day
> Stands tiptoe on the misty mountain tops.
> I must be gone and live, or stay and die.[51]

Die absolute Prävalenz des Zeitmodus t_i in der Liebe macht sie so unberechenbar, so ganz und gar nicht mechanistisch. Liebe ist immer einmalig, Liebe und Liebe läßt nicht vergleichen, so wenig wie sich Eigenzeiten auf verschiedenen Zweigen des Zeitbaums vergleichen lassen. Und das rückt die Liebe auch in die Nähe zum Tod. Im Französischen heißt der Orgasmus: la petite mort. Hinterher ist nichts mehr so wie früher, die Bifurkation hat in gewisser Weise die Vergangenheit nach dem chaotischen Durchgang ausgelöscht; Liebe kommt wie ›der Blitz aus heiterem Himmel‹, als Bifurkation.

Liebe ist ein Vertrauensvorschuß. Ohne diesen Vertrauensvorschuß kann die Welt und das menschliche Zusammenleben einfach nicht funktionieren.[52] »Ohne Vertrauen gäbe es keinen Handel, man vertraut darauf, daß die Zahlung erfolgt. Ohne Vertrauen gäbe es keine Verträge.«[53] Dieser Vertrauenssprung der Liebe ist ein Befreiungsschlag, ein Sprung ins Offene, ein t_i-Sprung mit all seinen Gefahren.

> Komm! ins Offene, Freund! Zwar glänzt ein Weniges heute
> Nur herunter und eng schließet der Himmel uns ein.
> Weder die Berge sind noch aufgegangen des Waldes
> Gipfel nach Wunsch und leer ruht von Gesange die Luft.
> Trüb ists heut, es schlummern die Gäng und die Gassen und fast will
> Mir es scheinen, es sei, als in der bleiernen Zeit.[54]

Der *Sprung ins Offene* ist die Reaktion auf die *bleierne Zeit*, hier hat der Dichter Hölderlin das Zeitgetriebe von t_i und t_r auf eine Weise angesprochen.

Im abendländischen Denken ist die zentrale Stellung der Liebe als die treibende Kraft, der Motor evolutiver, materieller, moralischer, künstlerischer und religiöser Prozesse vom platonischen Ursprung einerseits und der galileischen Prophetie von Christus andererseits im paulinischen Denken zusammengefaßt worden, wo es heißt:

»Nun aber bleibt Glaube, Hoffnung, Liebe, diese drei; aber die Liebe ist die größte unter ihnen.«[55]

Dies erscheint als der vielleicht wesentlichste Beitrag abendländischen Denkens (und Fühlens) zur Kulturgeschichte der Menschheit.

> Es gibt jedoch im galiläischen Ursprung des Christentums noch eine andere Anregung, die zu keinem der drei Hauptstränge (göttliche Kaiser, hebräische Propheten, Aristoteles) des Denkens so richtig paßt. Sie legt das Schwergewicht weder auf den herrschenden Kaiser, noch auf den erbarmungslosen Moralisten oder den unbewegten Beweger. Sie hält fest an den zarten Elementen der Welt, die langsam und in aller Stille durch Liebe wirken; und sie findet ihren Zweck in der gegen-

wärtigen Unmittelbarkeit eines Reichs, das nicht von dieser Welt ist. Liebe herrscht weder, noch ist sie unbewegt; auch ist sie ein wenig nachlässig gegenüber der Moral. Sie blickt nicht in die Zukunft; denn sie findet ihre eigene Belohnung in der unmittelbaren Gegenwart.«[56]

Vielleicht ist Liebe der am wenigsten präzise zu beschreibende Anteil des Weltprozesses, eben wegen ihrer temporalen Eigentümlichkeit, im wesentlichen nach dem t_i- Modus zu verlaufen. Deswegen ist Liebe selbstverständlich nicht wissenschaftsfähig. Dessenungeachtet ist Liebe doch die stärkste Kraft im Reich des Lebendigen, sie ist gewissermaßen die Fortsetzung der kosmischen Urknallbewegung und -entfaltung über einfache Einzeller bis hin zu den Sublimationen des menschlichen Geistes und Gemütes. Und sie bringt Neues, nur Neues hervor!

3.7 Das Entstehen des Neuen

Das Rätsel gibt es nicht.
Wenn sich eine Frage überhaupt stellen läßt, so kann *sie auch beantwortet werden.*
[...]

Denn Zweifel kann nur bestehen, wo eine Frage besteht; eine Frage nur, wo eine Antwort besteht, und diese nur, wo etwas gesagt *werden* kann.

Wir fühlen, daß, selbst wenn alle möglichen *wissenschaftlichen Fragen beantwortet sind, unsere Lebensprobleme noch gar nicht berührt sind. Freilich bleibt dann eben keine Frage mehr; und eben dies ist die Antwort.*

Die Lösung des Problems des Lebens merkt man am Verschwinden dieses Problems.
[...]

Es gibt allerdings Unaussprechliches. Dies zeigt *sich, es ist das Mystische.*

> *Die richtige Methode der Philosophie wäre eigentlich die: Nichts zu sagen, als was sich sagen läßt, also Sätze der Naturwissenschaft – also etwas, was mit Philosophie nichts zu tun hat –, und dann immer, wenn ein anderer etwas Metaphysisches sagen wollte, ihm nachzuweisen, daß er gewissen Zeichen in seinen Sätzen keine Bedeutung gegeben hat. Diese Methode wäre für den anderen unbefriedigend – er hätte nicht das Gefühl, daß wir ihn Philosophie lehrten – aber* sie *wäre die einzig streng richtige.*
>
> *Meine Sätze erläutern dadurch, daß sie der, welcher mich versteht, am Ende als unsinnig erkennt, wenn er durch sie – auf ihnen – über sie hinausgestiegen ist.*
>
> *[...]*
>
> *Er muß diese Sätze überwinden, dann sieht er die Welt richtig.*
>
> *Wovon man nicht sprechen kann, darüber muß man schweigen.*[57]

Wittgenstein setzt mit diesen Sätzen eigentlich den Schlußpunkt unter die klassische Naturwissenschaft und Philosophie, wenn er sagt: »Das Rätsel gibt es nicht [...] es gibt allerdings Unaussprechliches. Dies zeigt sich, es ist das Mystische. [...] Wovon man nicht sprechen kann, darüber muß man schweigen.« Das Buch der Wissenschaft ist damit endgültig zugeklappt, die Welt endgültig gespalten in die statische, reversible Welt der Ratio, der Vernunft, der Wissenschaft einerseits, und die Welt der Rätselhaftigkeit, des unerwartet Aufbrechenden, des Mystischen, des geheimnisvollen Schweigens andererseits.

Ich will mich damit nicht zufriedengeben und das Dilemma von den ›zwei Kulturen‹ nicht akzeptieren. Ich will »die Kluft zwischen der technisch-naturwissenschaftlichen und der philosophisch-künstlerischen Welt überbrücken helfen.«[58] Der Ansatz des Zeitbaumes scheint mir ein Beitrag hierzu zu sein. In den Wissenschaften, insbesondere in der Biologie, ist es in den letzten Jahren möglich, ja notwendig geworden, die Frage zu stellen: *Wie entsteht Neues?* Als ich mir diese Frage in meiner Wissenschaft, der Molekularbiologie zu stellen begann, bemerkte ich, daß eine solche Frage nicht behandelt werden könnte, ohne eine neue Auffassung der Zeit zu konzipieren. Morphogenese, Proteinbiosynthese, Zeugung, Altern, Tod – alle irreversiblen und das heißt doch einmaligen Ereignisse des Lebens, erfordern zu ihrer Beschreibung ein Aufbrechen des bisherigen starren Raum-Zeit-Schemas in Physik und Philosophie. So entstand das Konzept der evolvierenden Struktur des Zeitbaumes, welcher das *Sein und seine Evolution* beschreiben kann. Eine Wissenschaft vom Werden ist im Entstehen. Ich bin überzeugt, daß der hier dargestellte Begriff des *Zeitbaumes*, den ich exemplarisch auf einige wenige kosmologische und biologische Systeme angewendet habe und der sich natürlich in beliebig viele Systeme hinein erweitern ließe, – daß eben dieser Begriff des Zeitbaumes es erstmalig erlaubt, das Entstehen des Neuen in einer offenen Welt zu beschreiben.

Anmerkungen

Vorwort

1 Meine erste wissenschaftliche Publikation: K. Freudenberg und F. Cramer, *Die Konstitution der Schardinger-Dextrine , und* α, β, γ, in: Zs. für Naturforschung 3b, S. 464 (1948).
2 F. Cramer, *Die Wirkungsweise der Enzyme bei biochemischen Synthesen*, in: »Ruperto-Carola«. Mitteilungen der Vereinigung der Freunde der Universität Heidelberg X, Bd. 23 (1958), S. 173-179.
3 F. Cramer, *Chaos und Ordnung – Die komplexe Struktur des Lebendigen*, Stuttgart 1988 (4. Aufl. 1991) (jetzt auch als insel taschenbuch).
4 F. Cramer, W. Kaempfer, *Die Natur der Schönheit*. Frankfurt / Main 1992.
5 Vgl. F. Cramer / W. Kaempfer, *Der Zeitbaum*, in: Der Komet, hg. v. H. M. Enzensberger, Frankfurt/Main 1990.
6 W. Kaempfer, *Die Zeit und die Uhren*, Frankfurt/Main 1991.
7 W. Kaempfer, *Die Zeit des Menschen*, Frankfurt/Main 1993.

Kapitel 1

1 W. Shakespeare, *Hamlet*, 1. Akt, 5. Szene, Vers 188-190.
2 W. Shakespeare, *Nicht Angst mir eigen*, aus: *21 Sonette*, deutsch von Paul Celan, Frankfurt/Main 1967, S. 41, Hervorhebung vom Verfasser.
3 Aurelius Augustinus, *Confessiones*, 11. Buch, in: *Bibliothek der Kirchenväter*, hg. v. Franz Xaver Reithmayr, Kempten 1884, S. 380.
4 Vgl. F. Cramer / W. Kaempfer, *Der Zeitbaum*, in: Der Komet, hg. v. H. M. Enzensberger, Frankfurt/Main 1990.
5 Platon, *Timaios*, 47 A-D.
6 Diels / Kranz, *Fragmente der Vorsokratiker*, Heraklit 22 B 91; Anaximander 12 A9, B1; Parmenides, 28 B 2 und B 6 und B 8.
7 Vgl. D. R. Hofstadter, *Gödel, Escher, Bach*, Stuttgart 1979, S. 33-36.
8 E. J. Dijksterhuis, *Die Mechanisierung des Weltbildes*, Berlin–Göttingen–Heidelberg 1956, S. 7.
9 J. T. Fraser, *Die Zeit: Vertraut und fremd*, Basel 1988, S. 49.
10 Platon, *Timaios* 37 C und D.
11 W. Kaempfer, *Die Zeit und die Uhren*, Frankfurt/Main 1991.
12 Ovid, *Metamorphosen*, 1. Buch, Verse 1-4 und 416-437, Leipzig 1971.
13 Aristoteles, *Physik* IV, 10-14; 11, 220a, 24-25.

14 Helga Nowotny, *Eigenzeit*, Frankfurt/Main 1989.
15 Aristoteles, *Physik* III, 201 A 11.
16 Apostel Paulus, *1. Brief an die Korinther*, Kapitel 13, 9-12.
17 Augustinus, *Confessiones*, Buch 11, 27.
18 Nikolaus v. Kues, *De docta ignorantia – Die gelehrte Unwissenheit*, hg. v. Akad. d. Wiss. Heidelberg, Hamburg 1979.
19 Laurence Sterne, *Das Leben und die Ansichten Tristram Shandys*, Wiesbaden 1946, S. 10 u. 6.
20 A. Koyré, *Galileo Studies*, Hassocks 1978, S. 34.
21 M. Carrier / J. Mittelstraß, *Johannes Kepler*, in: *Klassiker der Naturphilosophie*, hg. v. G. Böhme, München 1989, S. 142.
22 Johannes Kepler, Brief an Fabricius vom 26. 1. 1607, in: *Keplers Gesammelte Werke*, hg. v. M. Caspar, III, 235-236, München, Berlin 1929.
23 William Gilbert, *De Magnete*, in: Isis, Bd. 74, (1983), S. 22-37.
24 J. Kepler, *Einwände gegen Aristoteles*, in: N. Kopernikus, *1. Entwurf seines Weltsystems*, sowie eine Auseinandersetzung Johannes Keplers mit Aristoteles über die Bewegung der Erde, hg. v. R. Rossmann, Darmstadt 1986, S. 78-90.
25 *Astronomia nova* 26-27, in: *Keplers Gesammelte Werke*, Bd. III, S. 25-27.
26 J. Kepler, *Mysterium Cosmographicum*, in: *Keplers Gesammelte Werke*, Bd. VIII, S. 46-48; *Epitome*, in: *Keplers Gesammelte Werke*, Bd. VII, S. 268-270.
27 J. T. Frazer, *Die Zeit: Vertraut und fremd*, Basel 1988, S. 57 u. 58.
28 Galileo Galilei, *Le opere di Galileo Galilei*, Edizione Nazionale, Firenze, 1890-1909, VII 260, Dialogo II.
29 E. J. Dijksterhuis, *Die Mechanisierung des Weltbildes*, Berlin, Göttingen, Heidelberg 1956, S. 376.
30 Goethe, *Faust*, 1. Teil, Studierzimmer, Vers 1995 u. 1996.
31 Isaac Newton, *Mathematische Prinzipien der Naturphilosophie*, Scholium, hg. v. G. Böhme, Frankfurt/Main 1988.
32 J. T. Fraser, *Die Zeit – vertraut und fremd*, Basel 1988, S. 61.
33 G. J. Withrow, *The Measurement of Time*. It's Role in Scientific Thoughts since Galileo, in: Interdisciplinary Science Reviews 1991, Bd. 16; S. 367-373.
34 F. Cramer, *Chaos und Ordnung. Die komplexe Struktur des Lebendigen*, Stuttgart 1991, 4. Aufl., Kap. 8, S. 242 ff.
35 Ilya Prigogine, *Vom Sein zum Werden. Zeit und Komplexität in den Naturwissenschaften*, München–Zürich 1979.
36 Denis Diderot, *D'Alemberts Traum*, in: *Philosophische Schriften*, Bd. 1, Berlin 1961, S. 526; zitiert nach Ilya Prigogine / Isabelle Stengers, *Dialog mit der Natur*, München 1980.

37 F. Cramer, *Chaos und Ordnung*, Stuttgart 1991, 4. Aufl., dort: »Klassische Physik – die Ausklammerung der Zeit«, S. 247/248.
38 Bertolt Brecht, *Das Leben des Galilei*, 9. Szene, in: *Gesammelte Werke*, Bd. 3, Frankfurt/Main 1967, S. 1311.
39 Edgar Hunger, *Von Demokrit bis Heisenberg*, Braunschweig 1960, S. 46.
40 F. Cramer, *Chaos und Ordnung*, Stuttgart 1991, 4. Aufl., S. 32f.
41 Ebenda, S. 249f.
42 Ludwig Boltzmann, *Über die Unentbehrlichkeit der Atomistik in der Naturwissenschaft*, in: Annalen der Physik und Chemie 396 (1897) S. 232-247.
43 Karl Popper, *Ausgangspunkte*, Hamburg 1979, S. 233.
44 R. P. Feynman / R. B. Leghton / Math Sand, *The Feynman Lectures on Physics*, Bd. 1, Reading, Mass., 1965, 3. Aufl., Kap. 46-6, 46-7.
45 F. Cramer, *Chaos und Ordnung*, Stuttgart 1991, 4. Aufl., S. 255.
46 W. Kaempfer, *Die Zeit und die Uhren*, Frankfurt/Main 1991, S. 46ff.
47 F. Cramer, *Chaos und Ordnung*, Stuttgart 1991, 4. Aufl.
48 F. Cramer / W. Kaempfer, *Die Natur der Schönheit. Zur Dynamik der Schönen Formen*, Frankfurt/Main 1992, S. 9-53.
49 F. Cramer / W. Kaempfer, *Der Zeitbaum*, in: Der Komet, hg. v. H. M. Enzensberger, Frankfurt/Main 1990.
50 I. Kant, *Prolegomena*, 2. Teil, § 14 A 72, 73, Kant, *Werke*, Bd. V, Frankfurt/Main 19, S. 159.
51 E. R. Harrison, *Kosmologie. Die Wissenschaft vom Universum*, Darmstadt 1983.
52 Ebenda, S. 249.
53 R. Penrose, *Computerdenken*, Heidelberg 1991, S. 423.
54 J. D. Barrow / F. J. Tipler, *The anthropic cosmological principle*, Oxford 1988.
55 F. Cramer, *The Entropic versus the Anthropic Principle*, in: *The Anthropic Principle*, hg. v. F. Bertola u. U. Curi, 1989, S. 221-240.
56 James Lovelock, *Das Gaia-Prinzip*, Zürich/München 1991.
57 Vgl. a. J.D. Barrow, *The World within the World*, Oxford 1988, S.330ff.
58 Immanuel Kant, *Kritik der reinen Vernunft, Transzendentale Analytik, Phänomena und Noumena*, B 295 A 236, Bd. III, S. 267, 268, Frankfurt/Main 1956.
59 A. Einstein, *Physik und Realität*, in: The Journal of the Franklin Institute, 221 / 3, (1936), zitiert nach A. Einstein, *Aus meinen späten Jahren*, Stuttgart 1984, 3. Aufl., S. 85, 86.
60 Ebenda, S. 106.
61 W. Kaempfer, *Die Zeit und die Uhren*, Frankfurt/Main 1991, S. 46.
62 Ebenda, S. 51ff.

63 A. Einstein / M. Born, *Briefwechsel*, München 1969, S. 215.
64 R. P. Feynman / R. B. Leghton / Math Sand, *The Feynman Lectures on Physics*, Bd. 1, 1965, Reading, Mass. 3. Aufl., Kap. 17-1 und 17-3.
65 Ebenda, Kap. 17-4, 17-5.
66 I. Kant, *Kritik der reinen Vernunft*, Transzendentale Ästhetik § 6 (B 49, A 33 und B52, A 35) Theorie-Werkausgabe, Wiesbaden 1956, S.80-82.
67 J. W. v. Goethe, *Gedichte in zeitlicher Folge*, Bd. 1, Frankfurt/Main 1978, S. 511.
68 Carl Friedrich v. Weizsäcker, *Aufbau der Physik*, München 1985, insbes. S. 47-162 u. S. 287-378 u. S. 489 ff.
69 R. P. Feynman / R. B. Leghton / Math Sand, *The Feynman Lectures on Physics*, Bd. 1, 1965, 3. Aufl., dort 6-10, 38-1 bis 38-8, 52-1 bis 52-11.
70 E. Scheibe, *Die Kopenhagener Schule*, in: *Klassiker der Naturphilosophie*, hg. v. G. Böhme, München 1989, S. 374-392.
71 Ebenda, S. 374.
72 N. Bohr, *The Causality Problem in Atomic Physics*, in: *New theories and physics*, Paris 1930, S. 20 (zit. nach l.c. 70).
73 E. Scheibe, *Die Kopenhagener Schule*, in: *Klassiker der Naturphilosophie*, hg. v. G. Böhme, München 1989, S. 382.
74 W. Heisenberg, *Gesammelte Werke*, hg. v. H. P. Dürr / H. Rechenberg, Abt. C., *Allgemeinverständliche Schriften*, Bd. I,1984, S. 179.
75 W. Pauli, in: *Aufsätze und Vorträge über Physik und Erkenntnistheorie*, Braunschweig 1961, S. 20.
76 C. F. v. Weizsäcker, *Die Geschichte der Natur*, Göttingen 1956.
77 E. Scheibe, *Die Kopenhagener Schule*, in: *Klassiker der Naturphilosophie*, hg. v. G. Böhme, München 1989, S. 391.
78 P. C. W. Davies / J. R. Brown, *Der Geist im Atom*, Basel 1988, S. 158.
79 E. N. Lorenz, *Deterministic Nonperiodic Flow*, in: Journal of Atmosph. Science 20 (1963), S. 130.
80 Ilya Prigogine, *Zeit, Struktur und Fluktuation* (Nobel Vortrag), in: Angew. Chemie 90 (1978), S. 705-715.
81 E. Jantsch, *Die Selbstorganisation des Universums*, München 1982, S. 34 ff.
82 J. W. v. Goethe, *Zur Spiraltendenz der Vegetation*, in: Sämtliche Werke, Bd. 24: *Schriften zur Morphologie*, Frankfurt/Main 1987, S. 787-789.
83 F. Cramer / W. Kaempfer, *Der Zeitbaum*, in: Der Komet, hg. v. H. M. Enzensberger, Frankfurt/Main 1990.
84 B. Mandelbrot, *Die fraktale Geometrie der Natur*, Basel 1987, S. 90 b.
85 I. Newton, *Philosophia naturalis principia mathematica*, Cambridge 1713, 2. Aufl., S. 484.
86 *Enzyklopädie, Philosophie- und Wissenschaftstheorie*, hg. v. Jürgen Mittelstraß, Bd. 1, S. 636, 637.

87 F. Cramer, *Chaos und Ordnung*, Stuttgart 1991, S. 232.
88 W. Heisenberg, *Der Teil und das Ganze. Gespräche im Umkreis der Atomphysik*, München 1986.
89 I. Prigogine / Isabelle Stengers, *Order out of chaos*, London 1984.
90 F. Cramer, *Chaos und Ordnung*, Stuttgart 1991, 4. Aufl., S. 236-238.
91 I. Prigogine, *Vom Sein zum Werden*, München–Zürich, 4. Aufl., 1985, S. 14.

Kapitel 2

1 Bibel, 1. Buch Mose, Kap. 1, 1-10.
2 F. Cramer / W. Kaempfer, *Die Natur der Schönheit*, Frankfurt/Main 1992, S. 361.
3 P. Celan, *Mohn und Gedächtnis*, in: Gesammelte Werke, Bd. 3, Frankfurt/Main 1983, S. 59.
4 R. Kippenhahn, *Licht vom Rande der Welt*, Stuttgart 1984, S. 130ff.
5 S. W. Hawking, *Eine kurze Geschichte der Zeit*. Die Suche nach der Urkraft des Universums, Reinbek 1988.
6 Frankfurter Allgemeine Zeitung, 28. April 1992, Nr. 99, S. 11.
7 S. Weinberg, *Die ersten drei Minuten*, München 1980, S. 113 ff.
8 Hans Elsässer, *Weltall im Wandel, Die neue Astronomie*, Stuttgart 1985.
9 Ebenda, S. 213.
10 S. W. Hawking, *Eine kurze Geschichte der Zeit*, Reinbek 1988, S. 215-216.
11 Georg Christoph Lichtenberg, *Sudelbücher* C 301 (1772/73).
12 S. W. Hawking, *Eine kurze Geschichte der Zeit*, Reinbek 1988, S. 107-146.
13 Ebenda, S. 116.
14 Ebenda, S. 124.
15 Albert Hofmann, *LSD, mein Sorgenkind*, Stuttgart 1979, S. 5-7.
16 Wolfgang Pauli, *Aufsätze und Vorträge über Physik und Erkenntnistheorie*, Braunschweig 1961, S. 115.
17 Vgl. B. d'Espagnat, *Quantumtheory and Reality*, in: Scientific American, November 1979.
18 A. Aspect / J. Dalibard / G. Roger, Physical Review Letters, Bd. 79, 1982, S. 1804.
19 Vgl. *Der Geist im Atom*, hg. v. P. C. Davies / J. R. Brown, Basel 1988 (jetzt auch als insel taschenbuch).
20 F. Capra, *Das Tao der Physik*, Bern, München, Wien 1989, 11. Aufl., S. 308 ff.

21 F. Cramer / W. Kaempfer, *Die Natur der Schönheit*, Frankfurt/Main 1992, S.42/43.
22 *Vom Reiz der Sinne*, hg. v. Alfred Maelicke, Weinheim, New York, Basel, Cambridge 1990, S. 17.
23 F. Hucho, *Von der Peripherie zum Gehirn: Alle Nervenaktivität ist elektrisch*, in: *Vom Reiz der Sinne*, hg. v. A. Maelicke, Weinheim 1990, Kap. 2, S. 13-23.
24 E. Pöppel, *Grenzen des Bewußtseins. Über Wirklichkeit und Welterfahrung*, Stuttgart 1985, S. 32.
25 Marie-Luise von Franz, *Der Individuationsprozeß*, in: C. G. Jung, *Der Mensch und seine Symbole*, Olten u. Freiburg i. Br. 1984, 7. Aufl., S. 211.
26 C. G. Jung, zitiert nach F. David Peat, *Synchronizität*, Wien 1991, 2. Aufl., S. 21.
27 Aldous Huxley, *The Doors of Perception*, London 1954.
28 D. Aigner / D. Scholz, *Ayahuasca – Liane der Geister*, in: Pharmazie in unserer Zeit, 14, S. 65-76, 1985.
29 Gabriele Beck, *Ayahuasca*, Hess. Rundfunk, 2. Programm, Sendung v. 30.01.86.
30 F. Cramer / W. Kaempfer, *Die Natur der Schönheit*, Frankfurt/Main 1992, S. 231 u. S. 286.
31 H. Elsässer, *Weltall im Wandel*, Stuttgart 1985, S. 284.
32 Frankfurter Allgemeine Zeitung vom 30.05.92., Nr. 125, Artikel Hubert Markl.
33 S. Hildebrandt / A. Tromba, *Panopticum*, Heidelberg 1987, S.145.
34 Ebenda, S.145.
35 Ebenda, S.11.
36 Kristallaufnahme; vgl. W. Schumann, *Mineralien aus aller Welt*, München 1991, S. 181.
37 Skyline; vgl. A. Schliack, *New York New York*, Hamburg 1985, S. 22f.
38 H. Elsässer, *Weltall im Wandel*, Stuttgart 1985, S.152.
39 Spermatozoon, nach Großer Brockhaus, Bd. 10, S. 606, Wiesbaden 1980.
40 G. Czihak, H.L. Langer, H. Ziegler, *Biologie*, Berlin–Heidelberg 1984, S.476.
41 J. Müller-Karch / B. Heydemann, *Elementare Kunst in der Natur*, Neumünster 1989, S.149.
42 H. Curtis, *Biology*, New York 1968, S. 732.
43 Vgl. z.B. F. Cramer, *Chaos und Ordnung*, Stuttgart 1991, S. 61.
44 V. Ingram, *Gene Evolution and the Hemoglobins*, in: Nature 1961 (189), S. 704-708; A. Efstradiadis et al., *The Structure and Evolution of the Human β-Globin Gene Family*, Cell 21 (1980), S.653-668.
45 X. Zhu, in: Science 1991, Bd. 251, S. 90.

46 A. Erikson, in: Proceedings National Academy of Sciences 1991, Bd. 88, S. 3441.
47 Ilya Prigogine, *Vom Sein zum Werden*, München–Zürich 1985, 4. Auflage, S. 15.
48 A. Koyré, *Étude Newtonian*, Paris 1968.
49 Zit. nach I. Prigogine, *Vom Sein zum Werden*, München–Zürich 1985, 4. Auflage, S. 210.
50 A. Einstein / M. Besso, *Correspondance 1903-1955*, Paris 1972, S. 499 u. S. 538.
51 I. Prigogine, *Vom Sein zum Werden*, München–Zürich 1985, 4. Auflage, S. 226.
52 I. Prigogine, *Vom Sein zum Werden*, München–Zürich 1985, 4. Auflage, S. 227 u. 228.
53 Ebenda, S. 247.
54 Vgl. F. Cramer / W. Kaempfer, *Die Natur der Schönheit*, Frankfurt/Main 1992, S.121 ff.
55 Georg Christoph Lichtenberg, *Sudelbücher* A 1 (1765-1770).
56 B. Mandelbrot, *Die fraktale Geometrie der Natur*, S. 348, Basel 1987.
57 Erwin Chargaff, *Alphabetische Anschläge*, Stuttgart 1990, 2. Aufl., S. 29-42.
58 Otto Hahn, *Mein Leben*, München 1968.
59 M. Eigen, *Reaktionsgeschwindigkeiten*, in: Jahrb. d. Max-Planck-Ges. 1966, S.47 ff.
60 F. Cramer /W. Kaempfer, *Die Natur der Schönheit*, Frankfurt/Main 1992, S. 257-260.
61 Frankfurter Allgemeine Zeitung vom 2. 6.1992, Nr. 127, S. 9.
62 G. Küffner, *Aus modernen Müllöfen kommt fast nur noch warme Luft*, in: Frankfurter Allgemeine Zeitung v. 16. 6. 92. Nr. 138, S. T 1.
63 B. Fritsch, *Mensch–Umwelt–Wissen*, Zürich–Stuttgart 1991, S.216.
64 F. Cramer, *Amazonas*, Frankfurt/Main 1991.
65 F. Cramer, *Chaos und Ordnung*, Stuttgart 1991, 4. Aufl., S. 291-293.
66 Hubert Markl, *Natur als Kulturaufgabe. Über die Beziehung des Menschen zur lebendigen Natur*, Stuttgart 1986.
67 H. Jonas, *Das Prinzip Verantwortung*, Frankfurt/Main 1979.
68 F. Cramer, *Fortschritt durch Verzicht*, München 1975.
69 D. u. D. Meadows / Joergen Randers, *Die neuen Grenzen des Wachstums*, Stuttgart 1992.
70 Juan Ramón Jiménez, *Herz, stirb oder singe*, Zürich 1977, S. 67.

Kapitel 3

1 M. Eigen, *Perspektiven der Wissenschaft*, Stuttgart 1988, S.129/130.

2 M. Eigen / P. Schuster, *The Hypercycle – a Principle of Natural Self-Selection*, Heidelberg–New York 1979.

3 Ch. Darwin, *Die Entstehung der Arten durch natürliche Zuchtwahl*, (1858), Stuttgart 1976.

4 Th. Kuhn, *Die Struktur wissenschaftlicher Revolutionen*, Frankfurt/Main 1976.

5 F. Ayala, *The Mechanism of Evolution*, in: Scientific American 239, Sept. 1978, S.48.

6 H. Küntzel / B. Piechulla / U.Hahn, *Consensus Structure and Evolution of 5s-RNA*, in: Nucleic Acids Res. 11 (1983), S.893-900.

7 J. Monod, *Zufall und Notwendigkeit*, München 1971.

8 F. Cramer, *Chaos und Ordnung*, Stuttgart 1991, S.120-124.

9 F. Cramer, *Chaos und Ordnung*, Stuttgart 1991, S.127 -131.

10 Die Bibel, *Das Buch Hiob*, 39. Kap., Vers 1 -16.

11 E. Schierenberg / R. Cassada, *Der Nematode Caenorhabditis elegans: ein entwicklungsbiologischer Modellorganismus*, in: Biologie in unserer Zeit 16 (1986), S.1-7; J. S. Laufer / G. v. Ehrenstein, *Nematode Development after Removal of Egg Cytoplasm*, in: Science 211 (1981), S.402-405.

12 Vgl. F. Cramer, *»Denn nur also beschränkt war je das vollkommene möglich [...] « Eine wissenschaftliche Interpretation von Goethes Gedicht Metamorphose der Tiere*, in: Sitzungsberichte der Heidelberger Akad. d. Wiss., Math.-nat. Klasse, Berlin, Heidelberg, New York, Tokyo, 1983, S.17-30.

13 F. Cramer / H. J. Gabius, *New Carbohydrate Binding Proteins (Lektins) in Human Cancer Cells and their Possible Role in Cell Differentiation and Metastasation*, in: *The Jerusalem Symposium on Quantum Chemistry and Biochemistry*, Vol.18, hg. v. B. Pullmann, P.O.P. Tso, E. L. Schneider, Dordrecht 1985, S.187-205.

14 F. Cramer, *Zell-Zell-Erkennung über Glykoprotein-Lektin-Wechselwirkungen*, in: *Erkennen als geistiger und molekularer Prozeß*, hg. v. F. Cramer, Weinheim 1991, S.218-220; H. J. Gabius / K. Vehmeyer / R. Engelhardt / G. A. Nagel / F. Cramer, *Carbohydrate Binding Proteins of Tumor Lines with Different Growth Properties I.*, in: Cell Tissue Res. 241 (1985), S. 9-15

15 W. Gehring / R. Nöthinger, *The imaginal discs of Drosophila*. In: *Developmental systems: insects*, hg. v. S. Counce / C. H. Waddington, Vol. 2, New York 1973, S.211-290.

16 Vgl. a. F. Cramer / W. Kaempfer, *Die Natur der Schönheit*, Frankfurt/Main 1992, S.275/276.
17 Ch. Nüsslein-Volhard / E. Wieschaus, *Mutations Affecting Segment Number and Polarity in Drosophila*, in: Nature 287 (1980), S. 795-801; Ch. Nüsslein-Volhard, Jahrb. d. Max-Planck-Ges. 1990, München, Göttingen 1991, S.175-178.
18 Vgl. a. F. Cramer, *Fundamental Complexity, A Concept in Biological Sciences and Beyond*, in: Interdisciplinary Science Reviews 4 (1979), S.132-139.
19 Die Bibel, *Der Prediger Salomo*, Kap. 3, Vers 1 -12.
20 M. Markus / B. Hess, *Transitions between Oscillator Modes in a Glycolytic Model-System*, in: Proceedings, National Acadamy of Science USA 81 (1984), S. 4394-4398.
21 *Is it Healthy to be Chaotic?* Bericht von Robert Pool, in: Science 243 (1989), S. 604-607; G. Morfill / H. Scheingraber, *Chaos ist überall*, Berlin–Frankfurt / Main 1991, S. 146-168.
22 A. Goldberger / D. Rigney / B. West, in: Scientific American, Februar 1990, S. 35-41.
23 J. Aschoff / R. Wever, *The circadian system of man*, in: *Handbook of Behavorial Neurobiology*, Bd. 4, 1981, S. 311-329.
24 A. Winfree, *Biologische Uhren*, Heidelberg 1988, S.38.
25 R. E. Kronauer, *Principles of Human Circadian Rhythms*, hg. v. M. Moore, C. Czeisler: *Mathematical modelling of circadian systems*. New York 1984, S. 105-128.
26 Vgl. F. Cramer, *Chaos und Ordnung*, Stuttgart 1991, 4. Aufl., S. 189-191.
27 F. Davidson / E. Dennis, *Evolutionary Relationships and Implications for the Regulation of Phospholipase A2 from snake Venom to Human Secreted Forms*, in: Journal of Mol. Evolution 31 (1990), S. 228-231.
28 Vgl. F. Cramer, *Chaos und Ordnung*, Stuttgart 1991, 4. Aufl., S. 135-137.
29 nach L. Stryer, *Biochemistry*, San Francisco 1975, S. 177.
30 nach F. Cramer, *Chaos und Ordnung*, Stuttgart 1991, 4. Aufl., S. 34.
31 Diese Überlegungen und Berechnungen verdanke ich Dr. Matthias Cramer, Institut für Genetik der Universität Köln.
32 Botho Strauß, *Groß und klein*, München 1980, S. 232/233, Szene *»Falsch verbunden«*.
33 R. Descartes, *Von der Methode*, 2. Teil, Abs. 7, Darmstadt 1960, S. 15.
34 F. Cramer, *Chaos und Ordnung*, Stuttgart 1991, S. 300-303.
35 W. Singer, *The formation of cooperative cell assemblies in the visual cortex*, in: J. exp. Biol. 155, 177-197 (1990); – *Search for coherence: a basic principle of cortical self organization*, in: Concepts Neurosci. 1 (1990), S. 1-26.

36 C. v. d. Malsburg, *A neural architecture for the representation of scenes*, in: McGaugh, J. L., Weinberger, N. M. & Lynch, G. (Hg.), *Brain Organization and Memory: Cells, Systems and Circuits*, New York: Oxford University Press (1990), S. 356-372. – C. v. d. Malsburg, *Considerations for a Visual Architecture*, in: R. Eckmiller (Hg.), *Advanced Neural Computers*, 1990, Amsterdam: North-Holland, S. 303-312. – C. v. d. Malsburg, *Network self-organization*, in: S. F. Zornetzer, J. Davis and C. Lau (Hg.), *An Introduction to Neural and Electronic Networks*, 1990, Academic Press, S. 421-432.

37 Kurt Gödel, *Über formal-unentscheidbare Sätze der principia mathematica und verwandter Systeme*, in: Monatshefte für Mathematik und Physik, 38, 1931, S. 173-198.

38 Theodor Fontane, *Der Stechlin*, München 1969, S. 389.

39 F. Cramer / W. Kaempfer, *Die Natur der Schönheit*, Frankfurt/Main 1992, S. 383-387.

40 F. Cramer, *Chaos und Ordnung*, Stuttgart 1991, S. 256 ff.

41 H. C. Schröder, *Biochemische Grundlagen des Alterns*, in: Chemie in unserer Zeit, 20, 1986, S. 128-138.

42 F. Cramer, *Death – from Microscopic to Macroscopic Disorder*, in: *Synergetics – from Microscopic to Macroscopic Order*, hg. v. E. Frehland, Heidelberg–Berlin 1984, S. 220-228.

43 F. Cramer / W. Freist, *Molecular Recognition by Energy Dissipation, a New Enzymatic Principle: the Example Isolucine-Valine*, in: Accounts of Chemical Research 20 (1987), S. 79-84.

44 U. Englisch / D. Gauss / W. Freist / S. Englisch / H. Sternbach / F. von der Haar, *Fehlerhäufigkeit bei der Replikation und Expression der genetischen Information*, in: Angew. Chemie 97 (1987), S. 1033-1043.

45 A. Garcia-Tejedor / F. Moran / F. Montero, *Influence of the Hypercyclic Organization on the Error Threshold*, in: Journal of Theor. Biol. 127 (1987), S. 393-402.

46 Goethe, *Maximen und Reflexionen*. Nr. 259, 5. Band, 2. Heft 1825, in: Sämtliche Werke, Bd. 21, München 1963, S. 27.

47 J. W. v. Goethe, *Gedichte in zeitlicher Folge*, Bd. 2, Frankfurt/Main 1978, S. 61.

48 F. Cramer / W. Kaempfer, *Die Natur der Schönheit*, Frankfurt/Main 1992, S. 251 ff.

49 Platon, *Werke* (Rowohlts Klassiker), Bd. 2, Hamburg 1957, S. 235 ff.

50 Vgl. auch E. Fromm, *Haben und Sein*, Stuttgart 1976.

51 W. Shakespeare, *Romeo and Juliet*, 3. Akt, 5. Szene.

52 F. Cramer, *Chaos und Ordnung*, Stuttgart 1991, 4. Aufl., S. 299 f.

53 Niklas Luhmann, *Vertrauen. Ein Mechanismus der Reduktion von sozialer Komplexität*, Stuttgart, 2. Aufl., 1973.

54 F. Hölderlin, *Der Gang auf's Land*, Hölderlin Werke und Briefe, hg. v. F. Beißner / J. Schmidt, Bd. 1, S. 109, Frankfurt/Main 1969.

55 Die Bibel, 1. *Brief des Paulus an die Korinther*, 13.

56 A. N. Whitehead, *Prozeß und Realität*, Frankfurt/Main 1987, S. 612/613.

57 Ludwig Wittgenstein, *Tractatus logico-philosophicus*. Schlußsätze. Frankfurt/Main 1971.

58 F. Cramer, *Chaos und Ordnung*, Stuttgart 1991, 4. Aufl., S. 12.

Register

Abklingkurve 140 f., 194, 197
Aktionspotential 168
Albertus Magnus 29
d'Alembert 40
Alexander der Große 24
Alpha Centauri 69 f.
Alter des Universums 56
Altern 71, 87, 253 ff., 264
Altersbestimmung 196 f.
Amazonas 204
Analoguhr 24
Anatomie 248
Anaximander 16 f.
Anthropisches Prinzip 52, 54 f.
Apfelmännchen 94, 117
Archaebakterien 206, 208
Aristoteles 23 ff., 29, 31 f., 35, 38, 41, 49, 71, 113, 116
Aschoff, Jürgen 234
Aspect, Alain 162, 164
Atemfrequenz 233
Äthertheorien 109
Atmung 61
Atom 62, 112, 135 f.
Atomschwingungen 100
Atomtheorie 109, 112
Attraktionszentrum 93 f.
Attraktor 101, 120
Augustinus 12, 28
Axiome 59
Axon 166 f.
Ayahuasca 174

Bäcker-Transformation 90 ff., 97
Barrow, John 55 f.
Baryon 53 f.
Beck, Gabriele 174
Beebles, Jim 131
Bellsches Theorem 162 f.
Besso, Michele 182
Bienen 238
Bienenwabe 175 ff.
Bifurkation 84, 86 f., 92, 97, 116 f., 119, 121, 124 f., 141, 144, 158, 161, 188, 208, 214, 218, 225, 229 f., 242, 244, 257, 260
Biologie 80, 182, 191, 194, 201, 263
Blitz 87, 111
Bluterkrankheit 241 f.
Blutgerinnung 239 f.
Blutkreislauf 61, 102, 143
Bohm, David 82
Bohr, Niels 77 ff.
Bohrsches Atommodell 22
Boltzmann, Ludwig 46 f.
Born, Max 79
Brahe, Tycho 34
Brander 56
Brecht, Bertolt 43

Caenorhabditis elegans 226, 228
Calvin-Zyklus 204, 206, 232
Carter, Brandon 56
Cassinische Teilung 165
Chandrasekharsche Grenze 153 f.
Chaos, deterministisches 75, 83 f., 85
Chaostheorie 72 f., 97 f., 122
Christus 261
Clausius, Rudolf 44
Coincidentia oppositorum 29
Contergan 227, 229
Corona 127, 133, 136, 138
Cytochrom 215 ff.

Dampfmaschine 43 f.
Darwin, Charles 209, 215 f., 218

de Broglie, Maurice 109
Delphi, Orakel von 70
Demokrit 112, 114
Dendriten 166 f.
Depression 106
Descartes, René 248
Deuterium 136
Dicke, Bob 131
Diderot, Denis 40 f.
Digitaluhr 25
DNS 193, 217, 222, 226, 255
Doppelhelix 119, 208 f.
Doppelpendel 93
Doppelsterne 156
Doppler, Christian 130
Doppler-Effekt 129 ff.
Drogen 174
Drosophila 227

Eigen, Manfred 200, 214, 220, 223
Eigenfrequenz 141, 144, 151, 174, 193
Eigenzeit 26, 66, 115, 118, 139, 141, 151, 158 f., 161, 174 f., 188, 196, 199, 203 f., 208, 211, 214, 218, 230, 233 f., 236, 238
Einstein, Albert 20, 38, 61, 63 ff., 65 f., 109, 136, 153, 182
Einstein-Podolsky-Rosen-Experiment 162
Eizelle 226
Elektron 77, 133, 135 f., 141, 143
Elemente 135
Embryo 226
Embryonalwachstum 229
Empedokles 113
Empfindungsvermögen 112
Energiepakete 115
Energiesatz 43
Entelechie 27, 33, 49, 113
Entropie 42, 45, 48, 50, 53 f., 111, 115, 187 f.
Entropiefeld 51
Entropiegesetz 44, 46, 49 f., 53, 58, 111, 115, 134, 186
Erdatmosphäre 205
Ereignis 71 f.
Ereignishorizont 154, 158
Erfahrungshorizont 166
Erhaltungsgesetze 20
Eros 258 f.
Erwartungskataloge 80
Euler, Leonhard 189
Evolution 51, 55, 87, 98, 104, 111, 113, 117 f., 120, 161, 174, 178, 180, 199, 208 ff., 213 ff., 223 f., 230, 238, 250, 264
Evolutionsbaum 13, 214, 217
Evolutionsfeld 110 f., 114, 174

Fahrpläne 102
Fehlerkatastrophe 226
Feigenbaum, Moritz 94
Feigenbaumzahl 94
Feldbegriff 103, 109
Felder 108, 111 f.
Feldgleichung 111
Feldtheorie 109, 111, 116
Fernordnung 89
Fernwirkung 109
Feyerabend, Paul 76
Feynman, Richard 47
Finalität 26, 29, 74
Fluktuationen 49, 89
Fourier-Transformation 85
Fraktale Dimension 190
Fraktale Zeit 105 f.
Friedmann, Alexander 131
Fusionsenergie 53, 146
Fusionsreaktor 54, 149

Gaia-Hypothese 56 f., 71, 201
Galaxien 128 f., 132 f., 136, 138, 175

Galilei, Galileo 35, 37, 39, 42, 111, 113
Gamov, George 131
Ganzheit 71, 79 f., 161, 163, 238
Geburt 104
Gegenwart 70, 73, 80, 183, 187, 262
Gehirn 249 f.
Gelatine 178 f.
Gene 226, 250
Generation 209
Generationenfolge 231
Genetischer Code 125, 225, 254
Genom 221 f., 245, 255
Geschichte 89, 238
Geschichtlichkeit 80
Geschichtszeit 62, 118
Gestalt 71, 174 f.
Gibbsches Potential 111 f.
Gilbert, William 32
Gleichgewicht 46, 48, 88, 99, 105, 111, 114, 149, 151 f., 183, 202, 205, 213, 243 f.
Glykoproteine 227
Gödelsches Theorem 253
Goethe, J.W. 106, 120, 257
Golem 80
Gotisches Gewölbe 176, 184
Gratwanderung 244
Gravitation 51, 57, 101, 109, 132, 148 f., 151, 153
Gravitationsfeld 82, 110, 112, 153 f., 165
Gravitationskollaps 103, 151 f., 186
Gravitationskonstante 56
Gravitationszentren 94
Grossmann, S. 94
Grundelemente 31

Hadronen 135
Hahn, Otto 196
Halbwertszeit 196 ff.
Halleyscher Komet 175, 182
Halluzinationen 160
Halluzinogene 160
Hamlet 11
Hämoglobin 177 f., 215
Hawking, Steven 156
Heisenberg, Werner 79, 113 f., 223
Heisenbergsche Unschärferelation 72, 76
Helium 136
Helmholtz, Hermann 43
Heraklit 16
Herder, J.G. 118
Herz 143
Herzinfarkt 234
Herzrhythmus 102, 233
Herzsprung-Russel-Diagramm 146 f.
Hess, Benno 231
Hintergrundstrahlung 54, 131 ff., 143
Hiob 226
Hirnforschung 249, 252
Hofmann, Albert 160, 174
Höhlengleichnis 28
Hölderlin, F. 261
Homöoboxen 229
Hormonzyklen 233
Hubble-Konstante 128, 130 f.
Huxley, Aldous 174
Huygens, Christiaan 40
Hyperzyklus 119, 214, 218, 220 ff., 223 f.

Indeterminismus 81 f.
Interferenzversuche 78
Irreversibilität 45, 47 ff., 53, 134, 181
Iteration 51, 92, 104
Iterationsgleichung 105 ff.
Iterationsschema 256

Joule 43
Julia-Mengen 94 f.
Jung, C.G. 171

Kaempfer, Wolfgang 10, 61
Kant, I. 51, 54 ff., 72, 124, 252
Kaskaden 196
Kausal-Zeit-Schema 39
Kausalität 74, 78
Kepler, Johannes 32 ff., 36, 113
Kernenergie 53
Kernfusionsenergie 207
Kernfusionsreaktionen 146
Kettenreaktionen 200
Kimbern 242 f.
Klimakollaps 57
Kohlenstoffe 136
Koinzidenz 171
Kollaps 152
Komplementarität 71, 77 f., 213
Komplexität 71, 251 f.
Konvergenz 159, 161, 174-177, 179
Kopenhagener Deutung 81
Kopernikus, Nikolaus 32
Korrespondenz 175
Kraft 108 f.
Kreativität 106, 113
Kreatürlichkeit 125
Krebs 229, 244 f., 255
Kreisprozeß 206, 231, 253
Kristalloberfläche 180
Kuhn, Thomas 76, 215
Kurtoglu, Deniz 10

Lamarck, Jean-Baptiste 209
Laplacescher Dämon 81
Lebenserwartung 254, 256
Leibniz, G.W.F. 189
Lektine 227
Leptone 135
Lichtenberg, J.Chr. 152
Lichtgeschwindigkeit 40, 50, 63 f., 66, 68 f., 162 f.
Lichtquant 77
Liebe 257, 259 ff.
Lorentz-Transformation 60, 63 f., 67
Lorenz, E.N. 85
Lovelock, James 56
LSD 160
Lyssenko, T.D. 209

Makromolekül 55, 141, 220, 223, 225
Makrowelt 83
Malsburg, Christoph v.d. 252
Mandelbrot, Benoît 96, 105
Mandelbrot-Menge 94 f., 97, 117
Manhattan 175, 181
Marius 242
Materiebegriff 112 ff.
– materia prima 113
– materia secunda 113
Maxwell-Lorentzsche Theorie 60
Mayer, Julius Robert 43
Menstruation 100, 102
Menstruationszyklus 233
Metafluktuation 98
Metamorphose 24, 26, 27
Michelson-Versuch 64
Mimikri 176, 186, 214
Minkowski 65
Molekülschwingungen 102
Mond 100, 158
Monstrositäten 99
Morphogenese 116, 227, 229, 264
Motor 102
Mutation 115, 214 f., 245
Myonen 135
Mysterium cosmographicum 33

Naturgeschichte 104, 211
Nervenfasern 250

Nervenimpulse 231
Nervensystem 227, 233
Nervenzellen 166ff., 249, 251
Netzwerk 57, 71, 118, 201, 204, 223, 251
Neuron 166f., 250
Neutrinos 135
Neutronen 53, 135f., 138f., 154
Neutronenstern 149, 154
Newton, Isaac 18, 26f., 31f., 37-43, 45-51, 53, 56, 61, 65, 86f., 97, 103, 109, 158, 188f., 218
Nikolaus von Kues 29
Nukleinsäure 141, 215f., 219, 221, 255f.
Nüsslein-Volhard, Christiane 229

Oberschenkelknochen 176, 184
Ödipus 70
Ökosystem 57, 71, 194, 201f.
Onkogene 145
Ontogenese 225f., 230
Ovid 24

Parmenides 17f.
Paulisches Ausschließungsprinzip 50, 153f.
Paulus 28
Pendel 45, 93, 100
Pendeluhr 35, 40
Penrose, Roger 155
Penzias, Arno 131
Periodisches System 194f.
Perpetuum mobile 59
Phospholipase 238f.
Photonen 53f., 66, 135, 142, 152, 163f.
Photosynthese 55
Pi-Mesonen 133, 135
Plancksche Konstante 40
Planeten 34, 36, 40, 45, 65, 93, 101f., 108, 134, 145
Planetensystem 27, 62, 101, 138, 219
Plasmazustand 146
Plasmiden 216
Platon 16, 20ff., 24, 27f., 33f., 38, 102, 113f., 258f.
Pneumatheorie 109
Poincaré, Henri 84ff.
Pöppel, Ernst 169
Popper, Karl 46, 252
Positron 135f.
Potentialität 25
Potentielle Energie 111
Prigogine, Ilya 87f., 91, 97, 114, 180f., 183, 186ff.
Proteinbiosynthese 53, 135f., 139, 141, 143, 154
Protonenmasse 56
Prozessualität 53
Prozeß 18, 70f.
Prozeßform 65
Pyramiden 25
Pythagoras 112

Quanten 50
Quantenmechanik 40, 73, 75ff., 85, 97, 109, 114, 152, 191, 223, 252
Quantentheorie 50, 76, 81, 83
Quarks 133, 135, 141f.
Quasispezies 213

Radioaktivität 194ff.
Raumkoordinate 111
Raumzeit 66ff., 70f., 77, 78, 88f., 111, 155
Relativitätstheorie 29, 40, 59, 61, 63, 66, 69ff., 76, 116, 118, 129, 151ff., 155
Resonanz 159, 161, 163ff., 166,

175, 203, 212, 218, 227, 229f., 236, 238
Reversibilität 18, 31, 51, 53, 66
Rote Riesen 151
Röteln 229
Rotverschiebung 128
Rückkopplung 92, 249, 256
Rudolf II. 34

Saturn 165
Scheibe, E. 75, 77
Schlaf-Wach-Rhythmus 237
Schlangengift 238
Schmetterling 176, 186, 214
Schmetterlingseffekt 86
Schneekristall 46
Scholastik 29, 32
Schönheit 71
Schopenhauer 65
Schöpfungsgeschichte 83, 124ff.
Schuster, Peter 223
Schwarzes Loch 66, 103, 151-158
Schwarzkörpertemperatur 145
Schwellenwert 230, 257
Schwere 32, 35, 37, 39, 50, 108
Schwingquarz 100
Seifenblasen 175f.
Selbst-Desorganisation 111
Selbstorganisation 49ff., 54, 98, 103f., 105, 111-115, 183, 220, 225
Selektionsdruck 215
Seltsamer Attraktor 51, 94, 105, 115f., 117f., 124, 188
Shakespeare, W. 11
Singer, Wolf 252
Singularität 128, 133, 152, 155ff.
Sinusfunktion 101ff.
Sokrates 20
Sonne 145
Sonnenzeit 26
Spermatozoon 175, 183
Spin-Quantenzahl 50, 154
Spiralen 99f., 106
Stammbäume 87, 97, 111, 117, 151, 214, 216, 227, 241f.
Sterben 87, 208, 253, 258
Sterne, Hauptreihe der 146
Sterne, Laurence 31, 42
Sternwarten 25
Stickstoff 136
Stonehenge 25
Strukturen, dissipative 88
Supernova 149f.
Symbiose 238
Synchronizität 71, 159, 161, 166, 171, 234
Synchroton 150, 156
Systemzeit 25

Tag-Nacht-Rhythmus 234
Tangensfunktion 101, 103
Technik 39
Teleologie 45, 134
Teufel 50
Teutonen 242f.
Thales 16f.
Thermodynamik 59, 182, 186
– Erster Hauptsatz 43
– Zweiter Hauptsatz 43ff., 46, 49, 51, 54, 58, 111, 134, 181, 183, 186, 188
Thomas von Aquin 29
Thorne, Kip 156
Thrombose 240
Tiefdruckgebiet 173, 175
Tintenfüßler 176, 185
Tipler, Frank 55f.
Tod 71, 104, 106, 246, 253, 257, 264
Transformationsgleichungen 63
Treibhauseffekt 203
Trypsin-Inhibitoren 179

Turbine 176, 185
Turbulenzen 87, 175

Uhr 40, 42, 53, 100, 161, 196, 236
Umweltkatastrophe 57
Unbestimmtheitsrelation 78
Universum 54
Unruhe 40, 100
Unsterblichkeit 253
Uranspaltung 196
Urknall 53, 125, 127f., 131, 132ff., 139ff., 152, 155, 158, 199, 208, 218
Ursprung 123f.
Ursuppe 219

Valenzkräfte 88
Vektor 99, 104
Verbrennungsprozeß 203
Verdauungsenzym 238
Vergangenheit 69f., 73, 80f., 183, 187
Verhulstsches Gesetz 94, 120, 233, 236
Vertikalsystem 106
Vertikaltendenz 100
Vertrauen 261
Verzweigung 89f.
Vorsokratiker 16, 83, 114

Wahlverwandtschaften 120
Wahrscheinlichkeit 79f.
Wärmetod 46, 53f., 115, 134
Warteschleife 121, 123
Wasserstoff 136
Weißer Riese 152
Weißer Zwerg 151, 154
Weizsäcker, C.F. von 80, 82
Welle-Teilchen-Dualismus 77
Wellenpakete 77, 109
Welskop, Monika 10
Weltanschauung 249
Weltbildapparat 39
Weltformel 20, 106f., 114
Weltzeituhr 64
Wilhelm II. 242
Wilson, Robert 131
Wirkungsquantum 40
Wittgenstein, Ludwig 263
Wunder 128, 175

Zeitalter der Chemie 143
Zeitattraktor 103
Zeitfeld 51, 108, 180
Zeitgetriebe 229, 234, 246, 261
Zeithelix 104f.
Zeitkollaps 103
Zeitkoordinate 112
Zeitkreis 62, 100, 115, 121, 141, 164, 166, 205, 225, 230, 242, 246
Zeitlosigkeit 23, 103
Zeitpfeil 16, 18f., 103, 134, 188
Zeitpunkt 81, 189
Zeitsprung 51, 122
Zeitstrom 119
Zeitstufe 105
Zeitverschränkung 159, 203, 236
Zellstoffwechsel 61
Zenon 18f.
Zentralnervensystem 211, 250f.
Zerfallsreihe 87, 196, 198
Zeugung 106, 264
Zitronensäurezyklus 61, 220f., 231ff.
Zukunft 69f., 73, 80f., 84, 183, 187, 262

Zu dieser Ausgabe

insel taschenbuch 1849: Der Text folgt der gebundenen Ausgabe: Friedrich Cramer, Der Zeitbaum. Grundlegung einer allgemeinen Zeittheorie. © Insel Verlag Frankfurt am Main und Leipzig 1993. 2. Auflage 1994. Umschlagfoto: The Image Bank